专项职业能力考核培训教材

WPS办公软件应用

重庆市职业技能鉴定指导中心　组织编写

中国劳动社会保障出版社

图书在版编目（CIP）数据

WPS 办公软件应用 / 重庆市职业技能鉴定指导中心组织编写. -- 北京：中国劳动社会保障出版社，2024. （专项职业能力考核培训教材）. -- ISBN 978-7-5167-6578-4

Ⅰ. TP317.1

中国国家版本馆 CIP 数据核字第 2024PF9949 号

中国劳动社会保障出版社出版发行

（北京市惠新东街 1 号　邮政编码：100029）

*

北京市白帆印务有限公司印刷装订　　新华书店经销

787 毫米 ×1092 毫米　16 开本　13.25 印张　238 千字

2024 年10月第 1 版　　2024 年10月第 1 次印刷

定价：36.00 元

营销中心电话：400-606-6496

出版社网址：http://www.class.com.cn

本书编委会

主　任　王华源

副主任　蔡　勇

委　员　刘珊珊　邓仁康　李宝丹　孙　霞

本书编审人员

主　编　胡定奇

副主编　何显文

编　者　魏　勇　何秀玲

主　审　朱红星

前　言

职业技能培训是全面提升劳动者就业创业能力、促进充分就业、提高就业质量的根本举措，是适应经济发展新常态、培育经济发展新动能、推进供给侧结构性改革的内在要求，对推动大众创业万众创新、推进制造强国建设、推动经济高质量发展具有重要意义。

为了加强职业技能培训，《国务院关于推行终身职业技能培训制度的意见》（国发〔2018〕11号）、《人力资源社会保障部　教育部　发展改革委　财政部关于印发“十四五”职业技能培训规划的通知》（人社部发〔2021〕102号）提出，要完善多元化评价方式，促进评价结果有机衔接，健全以职业资格评价、职业技能等级认定和专项职业能力考核等为主要内容的技能人才评价制度；要鼓励地方紧密结合乡村振兴、特色产业和非物质文化遗产传承项目等，组织开发专项职业能力考核项目。

专项职业能力是可就业的最小技能单元，劳动者经过培训掌握了专项职业能力后，意味着可以胜任相应岗位的工作。专项职业能力考核是对劳动者是否掌握专项职业能力所做出的客观评价，通过考核的人员可获得专项职业能力证书。

为配合专项职业能力考核工作，在人力资源社会保障部教材办公室指导下，重庆市职业技能鉴定指导中心组织有关方面的专家编写了专项职业能力考核培训教材。教材严格按照专项职业能力考核规范编写，内容充分反映了专项职业能力考核规范中的核心知识点与技能点，较好地体现了科学性、适用性、先进性与前瞻性。相关行业和考核培训方面的专家参与了教材的编审工作，保证了教材内容与考核规范、题库的紧密衔接。

专项职业能力考核培训教材突出了适应职业技能培训的特色，不但有助于读者通过考核，而且有助于读者真正掌握相关知识与技能。

本教材在编写过程中，得到了中才文化教育（深圳）集团有限公司、北京金山办公软件股份有限公司的大力支持与协助，在此表示衷心感谢。

教材编写是一项探索性工作，由于时间紧迫，不足之处在所难免，欢迎各使用单位及读者提出宝贵意见和建议，以便教材修订时补充更正。

目　录

培训任务 4　WPS 其他应用

培训任务 1

WPS 文字应用

学习单元 1

文字基础操作

一、WPS 文字界面介绍

启动 WPS 文字应用程序后，其工作界面主要由首页、标签栏、功能区（包括快速访问工具栏）、编辑区和状态栏，如图 1–1 所示，WPS 文字界面说明见表 1–1。

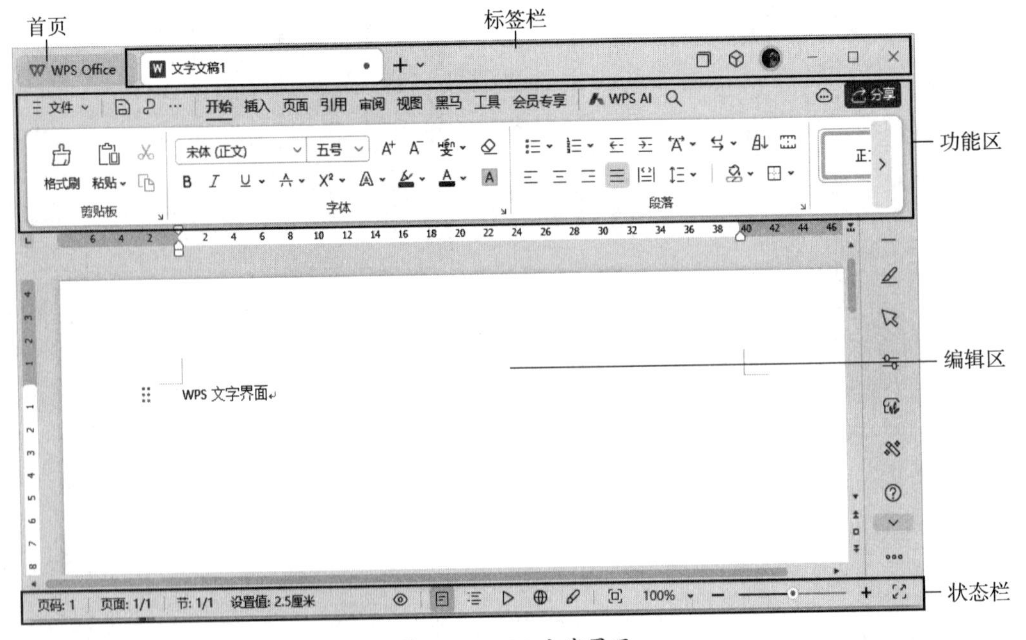

图 1–1　WPS 文字界面

表 1-1　　WPS 文字界面说明

名称	说明
首页	管理所有文档文件夹，包括云文档
标签栏	显示当前正在编辑文档的文件名信息和文档窗口控制按钮
功能区	功能区包含“文件”菜单、功能区选项卡和快速访问工具栏 “文件”菜单包括文档操作的基本命令，如新建、打开、保存、输出、打印、分享、加密、备份、选项、帮助等 “功能区选项卡”主要包括文档格式排版的基本命令，选择一个选项卡后，功能区下方会显示该选项卡各功能命令按钮。功能区选项卡中默认有开始、插入、页面、引用、审阅、视图、工具、会员专享等。其他的功能选项卡会在操作过程中根据选中对象自动在功能区展开 单击“快速访问工具栏”中的快捷图标按钮，可以快速执行相应操作
编辑区	在该区域可以进行文档的编辑
状态栏	显示当前文档的页数、字数、使用语言、输入状态、视图切换方式、缩放标尺等信息，可通过右击显示或隐藏相应的状态信息。其中，视图按钮用于切换文档的视图方式，缩放标尺用于调整当前文档的显示比例

二、文档的基本操作

1. 新建空白文档

方法一：双击“WPS 快捷方式”图标，打开“首页”界面，单击“新建”标签选项或单击“新建”按钮，进入“新建”界面，在界面上方选择“文字”选项，然后单击新建“空白文档”，即可创建一个名为“文字文稿 1”的空白文档。

方法二：创建一个空白文档后，使用组合键【Ctrl+N】可以继续创建空白文档。

方法三：单击“文件”右侧下拉按钮，在弹出的列表中选择“文件”选项，从级联菜单中单击“新建”按钮，创建空白文档。

2. 运用模板创建文档

单击“新建”按钮，在“新建”页面中选择“文字”选项，在工作区选择推荐的模板，也可以在搜索框中输入需要的模板类型，然后在搜索结果中单击需要的模板，在打开的对话框中下载并应用模板。

3. 打开文档

方法一：选择文档，快速双击。

方法二：选择文档，右击，在选项卡中单击“打开”。

方法三：在 WPS 文档窗口，单击“文件”菜单，选择“打开”命令，在弹出的“打开文件”对话框中选中文档，单击“打开”按钮。

4. 保存文档

（1）新建文档第一次保存。单击“快速访问工具栏”的“保存”按钮，打开“另存为”对话框。在“另存为”对话框中，先选择保存文档的位置，然后输入文件名（系统默认的文件名为“文字文稿 1”），选择文件类型（系统默认的扩展名为“.docx”），最后单击“保存”按钮。返回 WPS 工作区，在标题栏可以看到已更名的文件。

（2）保存为其他格式的文档。为便于和其他软件交互传递信息，WPS Office 文字在保存文档时支持多种文件格式，如 .doc，.docx，.dot，.wps，.wpt 等。

系统默认文字文稿存放位置为“WPS 云盘”。要存放到本地磁盘，可以点击“我的电脑”，选择需要存放的位置。为便于与其他文字文稿软件交换文件，存放的文件类型通常选择“Microsoft Word 文件（*.docx）”。

5. 输出文档

当完成文档的内容编辑后，可以选择输出为 PDF、图片或 PPT 等。操作时单击“文件”菜单，在打开的下拉式菜单中选择输出方式。

以输出 PDF 文档为例，单击“输出 PDF”命令，打开“输出为 PDF”对话框，根据要求设置输出后的 PDF 文档名、输出页码范围和保存位置等，设置后单击“开始输出”按钮，如图 1-2 所示。

三、文档内容的编辑

1. 文字输入

文档内容主体是文字，文字输入是 WPS 文字处理中的基本操作，一般分为以下两步。

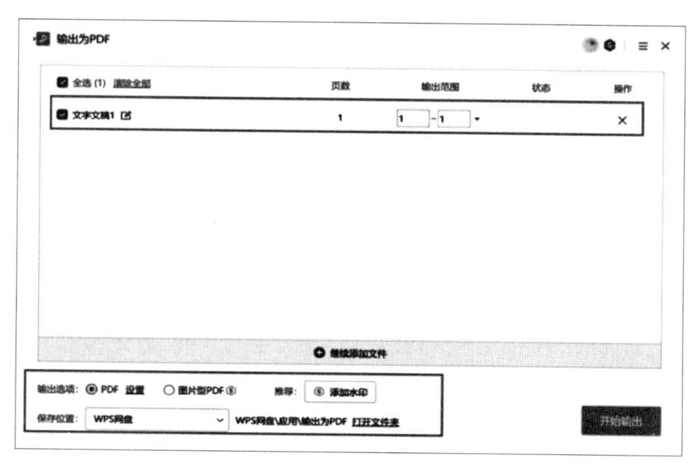

图 1-2　PDF 文档输出设置

（1）定位插入点。在文档要输入文字的位置单击，就会出现闪烁的竖线，闪烁竖线处就是插入点，如图 1-3 所示。

图 1-3　文本插入点

（2）输入文本。确定插入点后，即可输入文本内容，可以是文字、数字、英文字母、特殊字符等。如果要输入特殊字符，单击“插入”选项卡中的“符号”命令，在展开的选项框中选择需要的特殊字符，如图 1-4 所示。

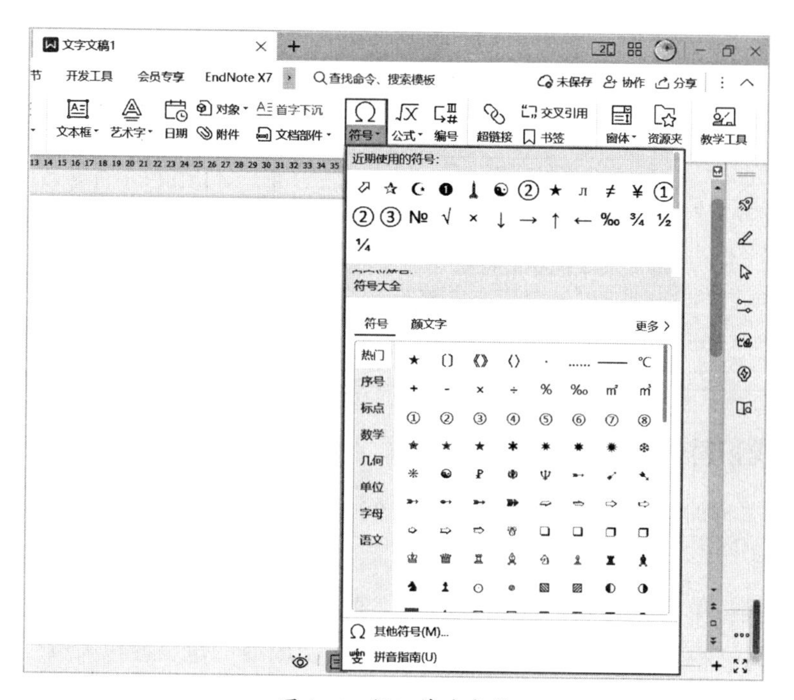

图 1-4　插入特殊字符

2. 文本选取

文本选取的方法主要有三种。

（1）鼠标选定。将光标移至要选定部分的第一个文字的左侧，拖动鼠标至要选定部分的最后一个文字右侧，此时选定的文本呈现深色底纹。

文档窗口的左侧空白区域称为选定区，当鼠标移到此处时，鼠标成右上箭头⇗，此时可以单击鼠标实现对行或段落的选定。

（2）键盘选定。将插入点定位到要选定的文本行的起始位置，在按【Shift】键的同时，按相应的光标移动键，便可将选定文本的范围扩展到相应位置。键盘选定的快捷键与效果见表 1–2。

表 1–2　键盘选定的快捷键与效果

快捷键	效果
【Shift+ ↑】	选定上一行
【Shift+ ↓】	选定下一行
【Shift+PageUp】	选定上一屏
【Shift+PageDown】	选定下一屏
【Ctrl+A】	选定整个文档

（3）组合选定。组合选定的操作见表 1–3。

表 1–3　组合选定的操作

效果	操作方法
选定一段	将光标移动到指向该句的任何位置，按【Ctrl】键并单击鼠标
选定连续区域	将光标定位到要选定文本的起始位置，按【Shift】键，鼠标单击要选定文本的结束位置
选定矩形区域	按【Alt】键，用鼠标拖动要选定的矩形区域
选定不连续区域	按【Ctrl】键，单击选定不同的区域

3. 查找和替换

在编辑文本时，经常需要批量检查或修改指定内容，可以使用“查找和替换”功能。

（1）查找。单击“开始”选项卡中的“查找替换”命令，在下拉式菜单中选择“查找”，打开“查找和替换”对话框的“查找”选项卡。在“查找内容”文本框中输入要查找的文字内容，再通过“查找上一处”或“查找下一处”按钮，切换显示要查

找的文字，也可单击“突出显示查找内容”，如图 1-5 所示，文档中所有与查找内容相同的文本会被高亮显示。

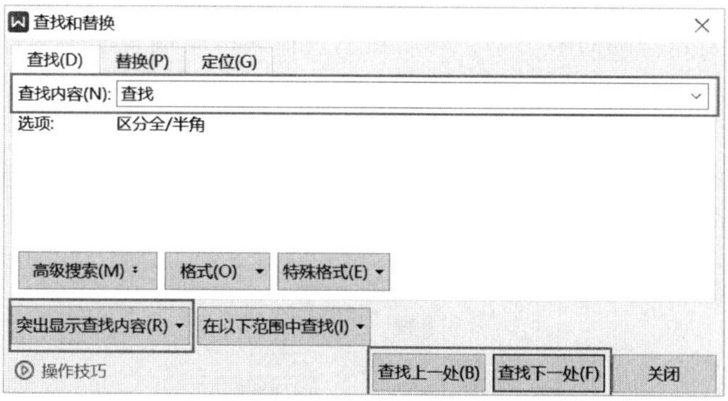

图 1-5 “查找和替换 / 查找”对话框

（2）替换。单击“开始”选项卡中的“查找替换”命令，在下拉式菜单中选择“替换”，打开“查找和替换”对话框的“替换”选项卡。

在“查找内容”输入框中输入替换前的文本信息，在“替换为”输入框中输入替换后的文本信息。再通过“查找上一处”或“查找下一处”按钮，切换显示要替换的文字。单击“替换”按钮，只替换当前查找的文本；单击“全部替换”，则替换文档中所有符合条件的文本。若需要更详细地设置查找匹配条件，可以在如图 1-6 所示的对话框中单击“高级搜索”按钮，进行相应的设置。

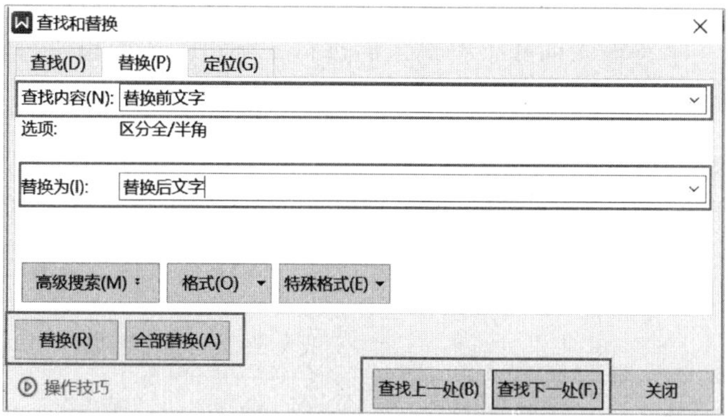

图 1-6 “查找和替换 / 替换”对话框

对字体格式进行替换设置时，在“查找和替换”对话框中单击“格式”命令，在下拉式菜单中对要查找或替换的对象进行字体格式的要求，如字体、段落、样式等；也可通过“清除格式设置”，清除已设置的全部格式。

对特殊字符进行替换设置时，在“查找和替换”对话框中单击“特殊格式”命令，在下拉式菜单中会出现段落标记、制表符等，如图 1–7 所示。

（3）定位。单击“开始”选项卡中的“查找替换”命令，在下拉式菜单中选择“定位”，打开“查找和替换”对话框的“定位”选项卡，如图 1–8 所示。先在“定位目标”窗口选择要定位的对象类型，然后在右边输入框中输入相关信息进行定位。

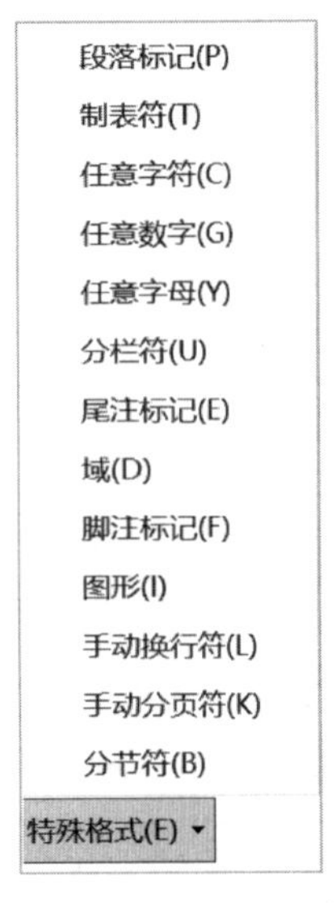

图 1–7 “特殊格式”下拉式菜单

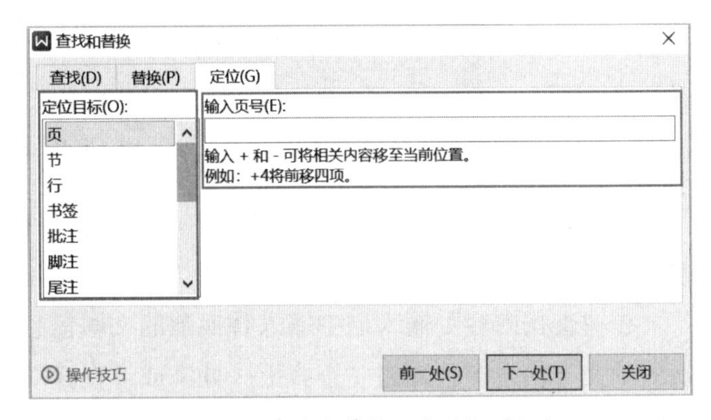

图 1–8 “查找和替换 / 定位”对话框

4. 字符格式设置

字符格式设置是指对字符的字体、字号、字形、颜色及字符间距等进行设置。字符格式设置可以在字符输入前或字符输入后进行，字符输入前可进行新格式设置，字符输入后可修改字符格式。

（1）字体的基本格式

1）使用“开始”选项卡的字体功能。使用“开始”选项卡中“字体”组中的相关命令按钮，如图 1–9 所示，可快速设置或更改字体、字号、字形、颜色等格式。

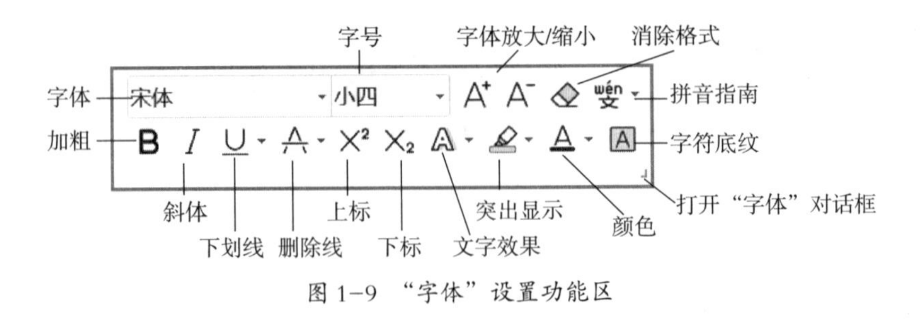

图 1–9 “字体”设置功能区

2）使用“字体”对话框。打开“字体”对话框的方法有两种，一是单击“开始”

选项卡中“字体”组右侧的右下箭头；二是选中文本后右击，在打开的快捷菜单中选择“字体”命令。在“字体”对话框中也可进行字符间距设置，如图 1-10 所示。

3）使用格式刷。选中已设置格式的文本，单击“开始”选项卡中的“格式刷”按钮，再将指针拖曳过要设置格式的文本，完成格式复制。当需要多次复制同一格式时，可以双击“开始”选项卡中的“格式刷”按钮，完成格式复制操作后，再单击“开始”选项卡中的“格式刷”按钮将其关闭。

（2）字符间距设置。字符间距是指两个字符间的宽度，可进行加宽和紧缩设置。首先选中需要设置字符间距的文本，打开“字体”对话框，切换至“字符间距”选项卡，根据需要设置缩放、间距和位置，具体数值可直接在对应的输入框中输入，数值单位可以单击小三角按钮重新选择，完成设置后单击“确定”按钮，如图 1-11 所示。

图 1-10 “字体 / 字体”对话框

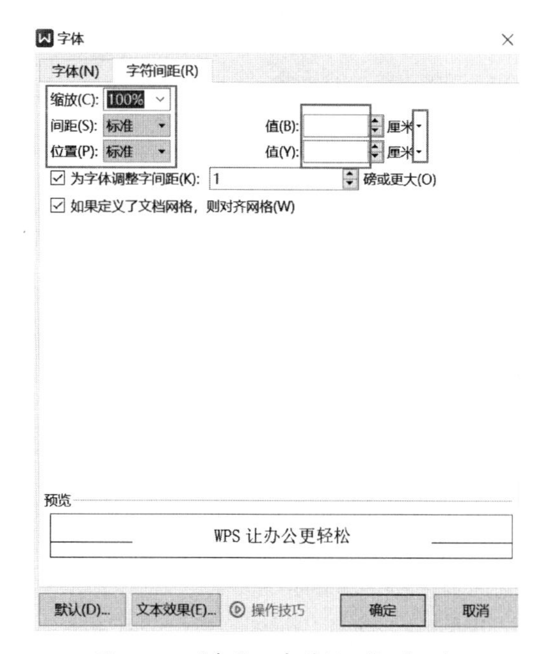

图 1-11 “字体 / 字符间距”对话框

5. 段落格式设置

段落格式设置是指对整个段落的外观格式进行设置。段落以【Enter】键作为结束标识符，若要换行输入但不想产生新段落，可以按【Shift+Enter】键。

段落设置可使用“开始”选项卡中“段落”组的相关命令按钮，如图 1-12 所示；也可以在“段落”对话框中根据需要进行设置。

（1）“缩进与间距”设置。打开“段落”对话框，在“缩进和间距”选项卡中进行设置，最后单击“确定”按钮，如图 1-13 所示。

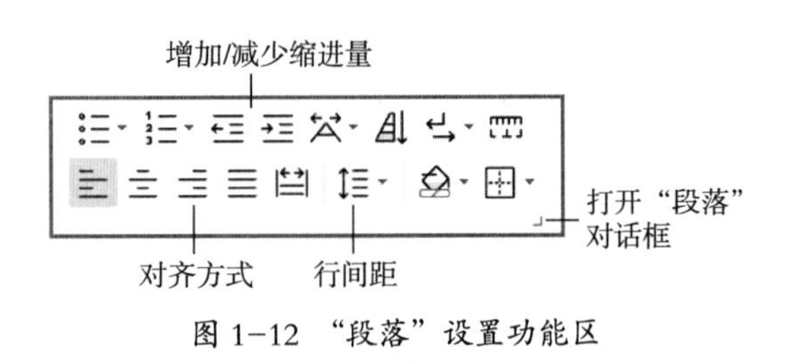

图 1-12 “段落”设置功能区

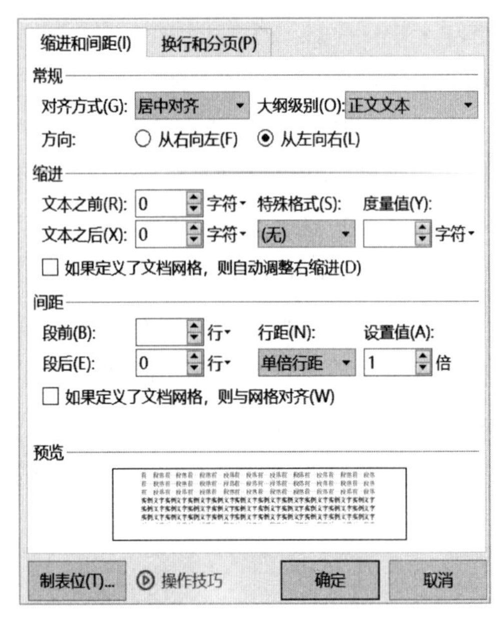

图 1-13 “段落 / 缩进和间距”对话框

1）段落对齐方式设置。WPS 提供左对齐、居中对齐、右对齐、两端对齐和分散对齐这五种对齐方式，WPS 默认对齐方式是两端对齐。

2）缩进设置。缩进是指段落文字的边界相对于左、右页边界的距离。缩进的格式如下。

①文本之前：段落左侧边界与左页边界保持一定的距离。

②文本之后：段落右侧边界与右页边界保持一定的距离。

③首行缩进：段落首行第一个字符与左侧边界保持一定的距离。

④悬挂缩进：段落除首行以外的其他各行与左侧边界保持一定的距离。

3）间距设置。段落间距是指段与段之间的距离，包括段前间距、段后间距；行距是指段落中文本行之间的垂直距离，WPS 默认的行距是单倍行距。

（2）“换行和分页”设置。打开“段落”对话框，切换至“换行和分页”选项卡，根据需要进行相关设置，最后单击“确定”按钮，如图 1-14 所示。

图 1-14 “段落 / 换行和分页”对话框

实训任务

创业计划书编辑

小明即将毕业，打算自己创业，于是写了一份“创业计划书（草稿）.docx[①]”，运用 WPS 文字功能熟练完成对文档的基本编辑，最终版面效果如图 1–15 所示。

图 1–15　文档版面效果

1. 设置字体格式

将全篇文档全部设置为“微软雅黑”字体。

按【Ctrl+A】全选整篇文档，单击“开始”选项卡中的“字体”项，然后在“字体”下拉列表中输入或查找“微软雅黑”字体，如图 1–16 所示。

图 1–16　设置字体格式

2. 设置段落格式

将全篇文档全部设置为段前、段后均为“0.5 行”，行距为“固定值 25 磅”，对齐方式为“两端对齐”。

按【Ctrl+A】全选整篇文档，右击鼠标，从弹出的菜单中单击“段落”项，然后在“段落”对话框中进行设置，如图 1–17 所示。

①下载地址为 https://www.class.com.cn/fg/#/resource/paperBookDetail?id=f314199e77114b63110fad11fe9e3a4d。

3. 查找和替换操作

将文档中的“计划书”全部替换为“策划方案”。

按【Ctrl+H】快捷键打开“查找和替换”对话框的“替换”选项卡，在“查找内容”输入框中输入“计划书”，在“替换为”输入框中输入“策划方案”，单击“全部替换”按钮，如图 1-18 所示。

图 1-17　设置段落格式

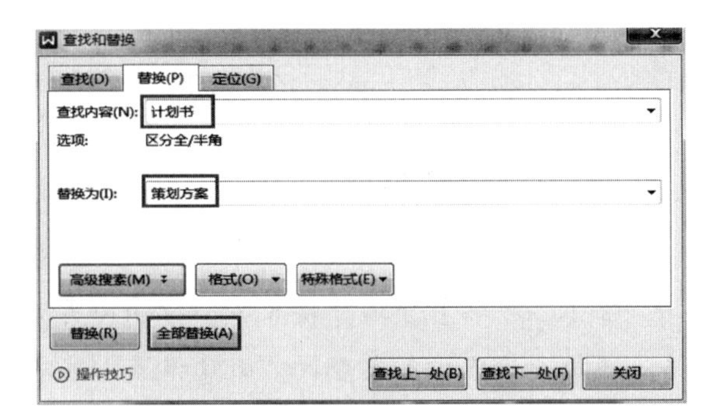

图 1-18　替换需要的字符

4. 设置标题字符间距

将第一页的大标题“创业策划方案”的字符间距设置为“加宽 0.5 厘米”，添加下划线，段前段后设置为“1.5 行”，对齐方式为“居中对齐”。

选中目标文字或段落，右击，在弹出的快捷菜单中选择“字体”，打开“字体”对话框，切换到“字符间距”项，在“间距”下拉列表中选择“加宽”，在右侧“值”输入框中输入“0.5”，单位为厘米，如图 1-19 所示。然后添加下划线，并设置居中对齐。

5. 设置段前分页

将以编号“二、三、四、五、六、七、八”开头的大标题另起一页，将目标大标题放置在每页的顶端位置。

选中其中一个或多个标题，然后右击打开“段落”对话框，切换到“换行和分页”选项卡，在“分页”功能组中勾选“段前分页”，如图 1-20 所示。

图 1-19　设置字符间距

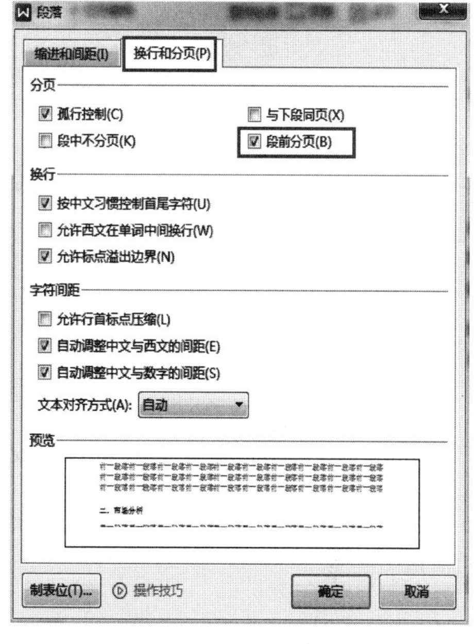

图 1-20　设置段前分页

6. 保存并输出

保存当前编辑过的文档，并将当前文档输出为 PDF 格式文件。

（1）单击软件左上角的“文件”菜单，从下拉列表中单击“输出为 PDF”。

（2）在打开的“输出为 PDF”对话框中，勾选当前文档，然后单击“开始输出”，如图 1-21 所示。

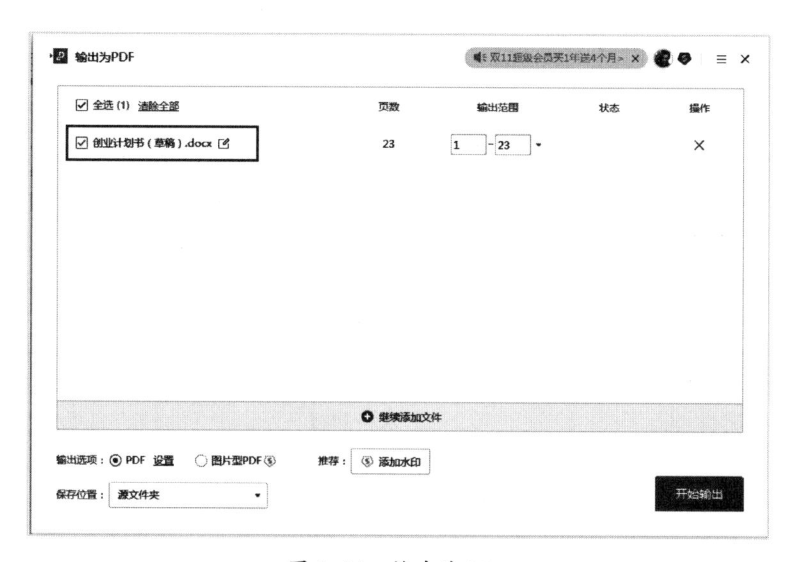

图 1-21　输出为 PDF

学习单元 2

文档中的表格基础操作

一、表格的创建

1. 使用表格网格创建

单击“插入”选项卡中的“表格”按钮，按住鼠标左键拖动，在网格区选择行数和列数，如图 2–1 所示，松开鼠标左键即可完成表格创建。

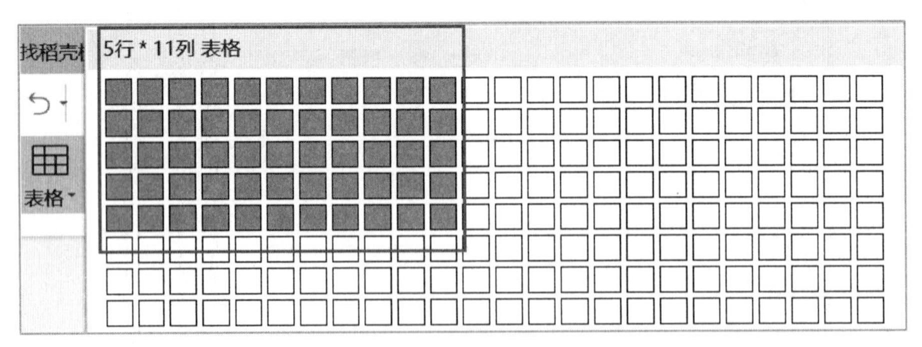

图 2–1　表格网格

2. 使用“插入表格”命令创建

将光标定位在需要插入表格的位置，单击“插入”选项卡中的“表格”按钮，在下拉式列表中选择“插入表格”命令，打开“插入表格”对话框。

在表格尺寸栏“列数”和“行数”输入框中输入需要设置表格的数值，同时在列宽选择栏中点选“自动列宽”，设置完成后，单击“确定”按钮，如图 2–2 所示。

3. 将文本转换成表格

在文档中，可以将用段落标记、逗号、制表符、空格或其他特定字符隔开的文本转换成表格。

先选定要转换成表格的文本，再单击“插入”选项卡中的“表格”按钮，在下拉式列表中选择“文本转换成表格”命令，在打开的“将文字转换成表格”对话框中的表格尺寸栏中设置“列数”和“行数”，在文字分隔位置栏中选择或输入一种分隔符，单击“确定”按钮，如图 2–3 所示。

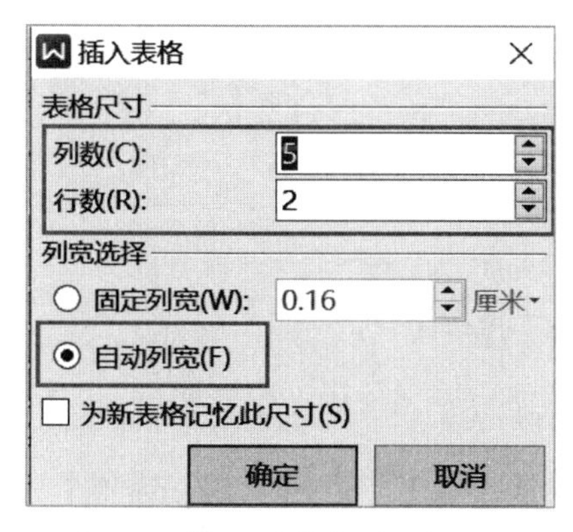

图 2–2 “插入表格”对话框设置

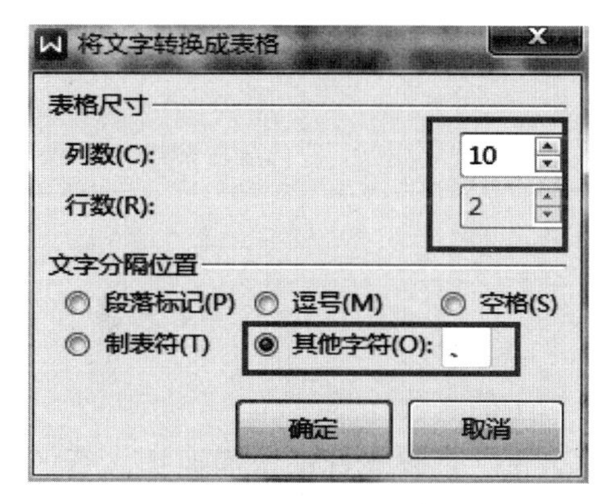

图 2–3 文字转换表

二、表格的美化

表格创建后，经常会对表格进行美化，以满足用户的要求。

1. 调整行高和列宽

（1）调整行高

方法一：将光标定位到需要改变行高的边框线上，此时光标变为一个垂直的双向箭头，拖动表格边框线到所需的行高位置。

方法二：选定表格中要改变行高的行，单击“表格工具”选项卡，在“高度”设置输入框中输入所需行高的数值。

（2）调整列宽

方法一：将光标定位到需要改变列宽的边框线上，此时光标变为一个水平的双向箭头，拖动表格边框线到所需的列宽位置。

方法二：选定表格中要改变列宽的列，单击“表格工具”选项卡，在“宽度”设置输入框中输入所需列宽的数值。

（3）自动调整表格。表格的自动调整包括适应窗口大小、根据内容调整表格、行列互换、平均分布各行、平均分布各列。具体操作方法为：选定表格或将光标移至表格中任一单元格，单击“表格工具”选项卡中的“自动调整”，在下拉选项中选择相应的命令。

2. 插入单元格、行或列

（1）插入单元格。将光标移至需要插入单元格的位置，单击“表格工具”选项卡中的“打开‘插入单元格’对话框”按钮，如图 2–4 所示。在“插入单元格”对话框中选中相应的单选按钮，单击“确定”按钮，即可完成单元格的插入。

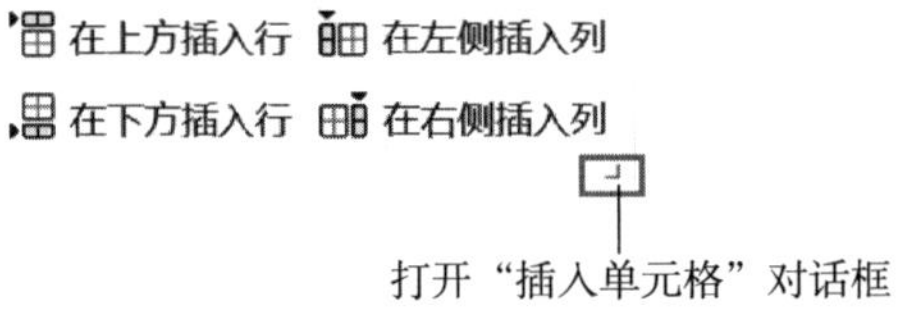

在上方插入行　在左侧插入列
在下方插入行　在右侧插入列
打开“插入单元格”对话框

图 2–4　打开“插入单元格”对话框

（2）插入行

方法一：将光标移至需要插入行的单元格位置，单击“表格工具”选项卡中的“插入”按钮，在弹出的选项卡中选择“在上方插入行”或“在下方插入行”。

方法二：将光标移至需要插入行的单元格位置，右击，在弹出的快捷菜单中移至“插入”命令，在其级联菜单中选择“在上方插入行”或“在下方插入行”。

（3）插入列

方法一：将光标移至需要插入列的单元格位置，单击“表格工具”选项卡中的“插入”按钮，在弹出的选项卡中选择“在左侧插入列”或“在右侧插入列”。

方法二：将光标移至需要插入列的单元格位置，右击，在弹出的快捷菜单中移至“插入”命令，在其级联菜单中选择“在左侧插入列”或“在右侧插入列”。

3. 拆分单元格

将光标移至要拆分的单元格位置，单击“表格工具”选项卡中的“拆分单元格”按钮，在打开的“拆分单元格”对话框中输入要拆分的列数和行数，视情况勾选“拆分前合并单元格”，单击“确定”按钮。

4. 表格自动套用格式

WPS 提供预设的表格样式，用户在制作表格时可直接套用。

将光标移至表格内部，单击“表格样式”选项卡中的“样式”下拉按钮，在下拉式列表中选择合适的预设样式，如图 2–5 所示，完成表格格式套用。

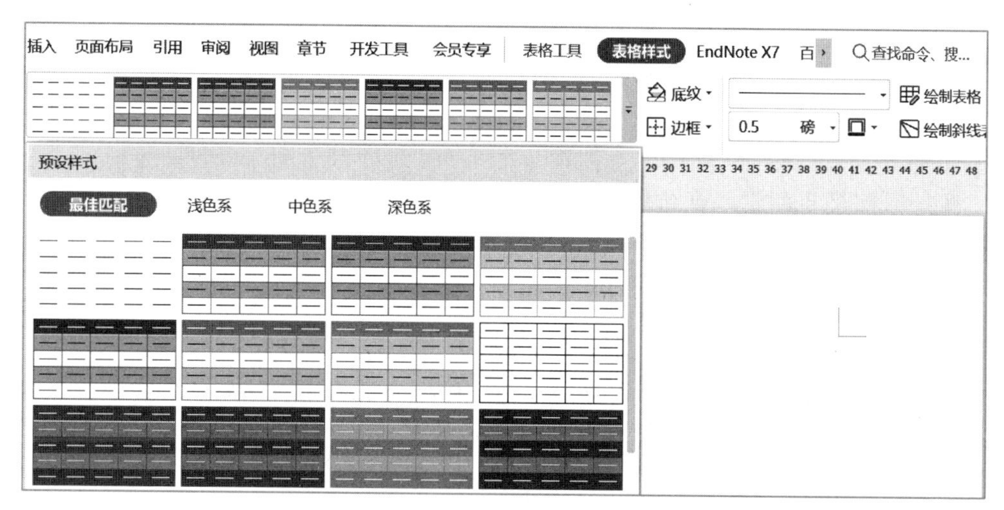

图 2–5　表格的预设样式

5. 设置边框

方法一：选中要设置边框的表格对象，单击“表格样式”选项卡中的“线型”下拉按钮，在下拉选项中选择框线线型；单击“线型粗细”下拉按钮，在下拉选项中选择框线宽度；单击“边框颜色”下拉按钮，在下拉选项中选择框线颜色；单击“边框”按钮，在下拉选项中选择需要设置格式的框线种类；如图 2–6 所示。

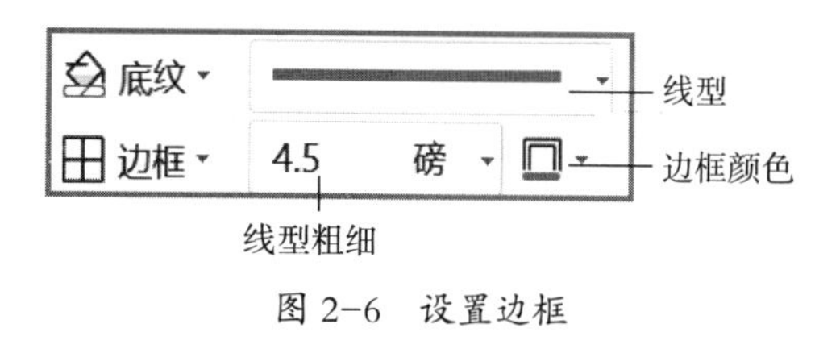

图 2–6　设置边框

方法二：选中要设置边框的表格对象，单击“表格样式”选项卡中的“边框”按钮，在下拉选项中单击“边框和底纹”，打开“边框和底纹”对话框，在“边框”选项卡中设置所需参数，单击“确定”按钮。

6. 设置底纹

选中要设置底纹的表格对象，单击“表格样式”选项卡中的“底纹”按钮，在下拉选项中单击所需的颜色。

三、表格的数据处理

1. 单元格的概念

单元格是表格的基本单位，每个单元格的地址是用列标和行号标识的。一般列标在前、行号在后，列标用英文字母 A、B、C……表示，行号用数字 1、2、3……表示。例如，表格第一列第一行的单元格可用 A1 表示。

2. 表格的数据计算

将光标移至要存放运算结果的单元格中，单击“表格工具”选项卡中的“公式”命令，在打开的“公式”对话框中完成相关数据运算设置。

（1）使用公式计算。公式可以使用的运算符有 +、-、*、/、^、%、= 等，输入公式时应在英文半角状态下输入，英文字母不区分大小写，如图 2-7 所示。

（2）使用函数计算。公式中可使用函数，使用时需将函数粘贴到公式中，并填上相关表格范围参数，如图 2-8 所示。

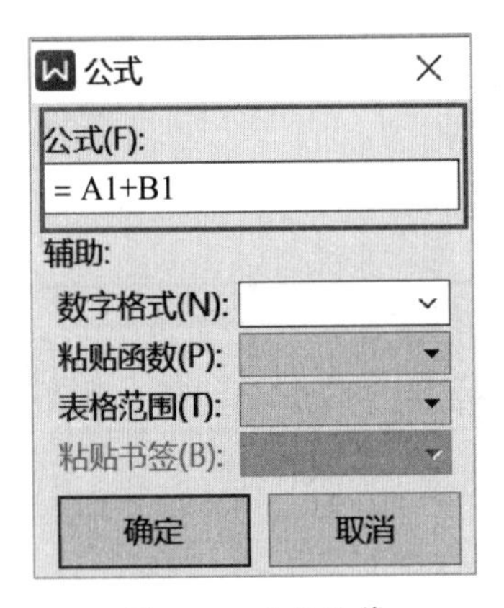

图 2-7　公式计算

图 2-8　函数计算

表格范围参数的意义有：ABOVE 表示对当前单元格以上的数据进行计算，BELOW 表示对当前单元格以下的数据进行计算，LEFT 表示对当前单元格左边的数据进行计算，RIGHT 表示对当前单元格右边的数据进行计算。

（3）使用“快速计算”。“快速计算”只支持求和、平均值、最大值、最小值这四种计算。

四、表格的可视化应用

1. 图表插入

将光标定位到要插入图表的位置，单击“插入”选项卡中的“图表”按钮，在打开的“图表”对话框中选择要插入的图表类型，如图 2–9 所示。选中刚插入的图表，单击“图表工具”选项卡中的“编辑数据”命令，在打开的 WPS 表格文件中编辑相关数据，如图 2–10 所示。

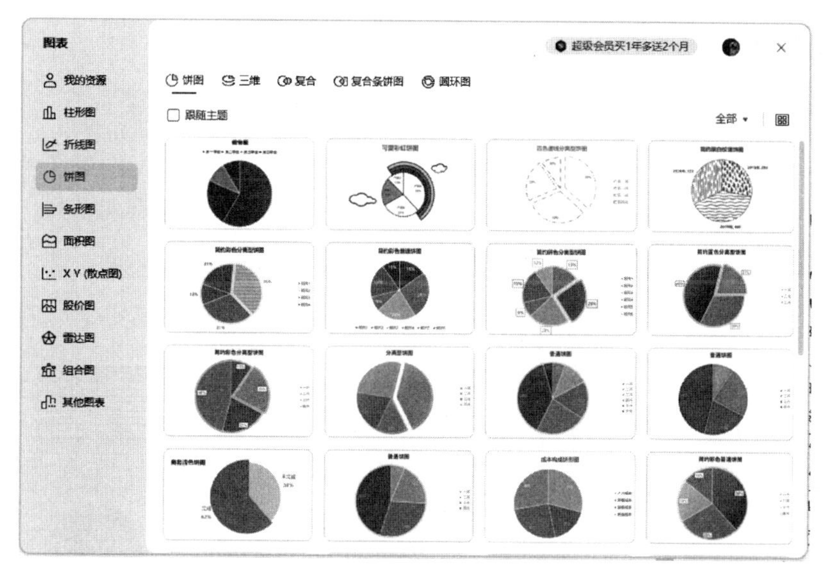

图 2–9　选择图表类型

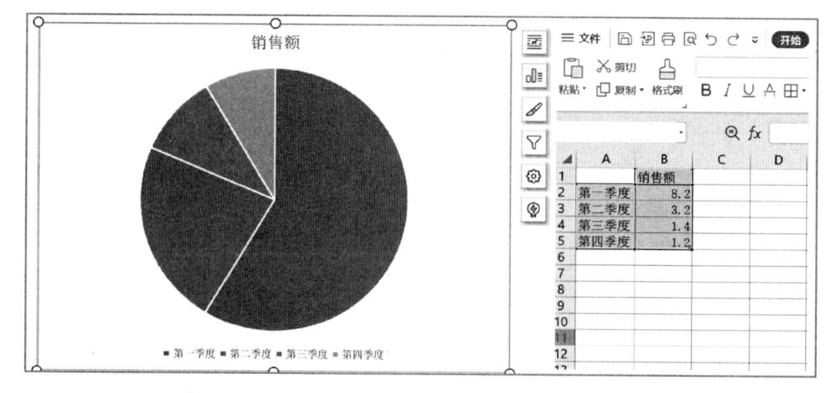

图 2–10　编辑图表数据

2. 图表样式设计

图表主要由标题、图例、数据标签、趋势线等元素组成。图表样式设计主要包括图表元素、颜色、布局等设置。方法是选中图表后，通过“图表工具”选项卡中的相应命令实现对图表样式效果的设计，如图 2–11 所示。

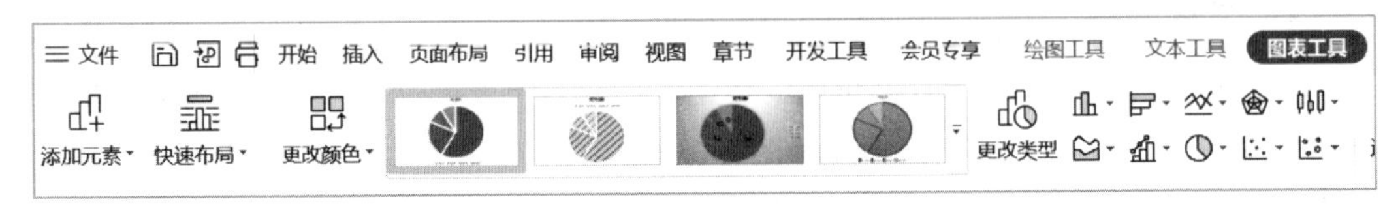

图 2–11 “图表工具”选项卡

实训任务

编辑个人简历及考试成绩单

运用 WPS 文字功能，熟练完成对“个人简历及考试成绩单（原始素材）.docx”的基本编辑与排版，最终效果如图 2–12 所示。

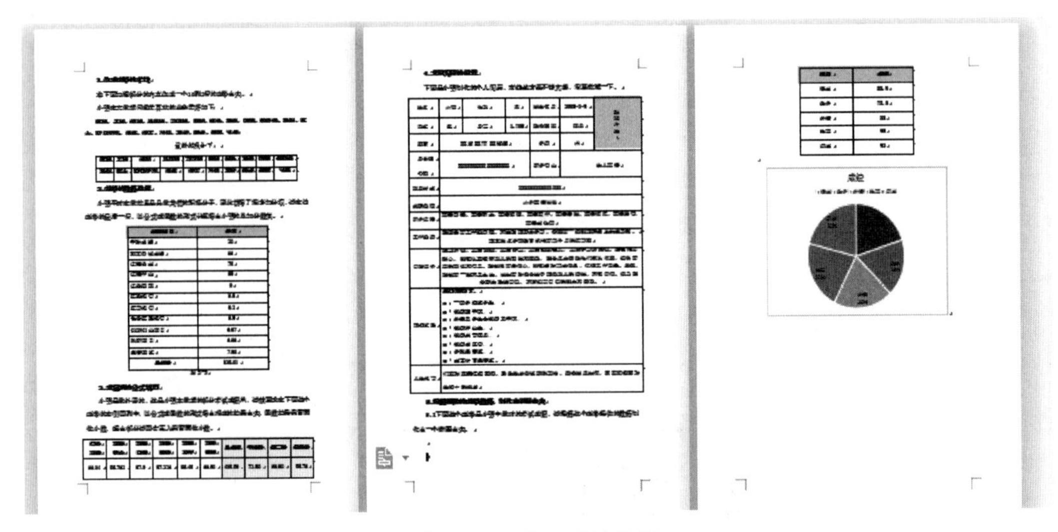

图 2–12 完工后的效果

1. 生成表格的考核

“小明的业余爱好有打篮球、踢足球、打排球、打乒乓球、打羽毛球、打网球、游泳、跑步、跳绳、跳健身操、做瑜伽、爬山、骑自行车、滑板、滑雪、冲浪、攀岩、拳击、摔跤、电竞。”将这 20 项业余爱好以表格形式展示，根据项目总数和文字内容确定生成 10 列 2 行的表格。

选中目标文字，单击“插入”选项卡，在“表格”下拉列表中单击“文本转换成

表格”（见图 2-13），打开“将文字转换成表格”对话框，在“表格尺寸”列数栏中输入“10”，行数栏自动变更为“2”，在“文字分隔位置”中选中“其他字符”并输入“、”，如图 2-14 所示。

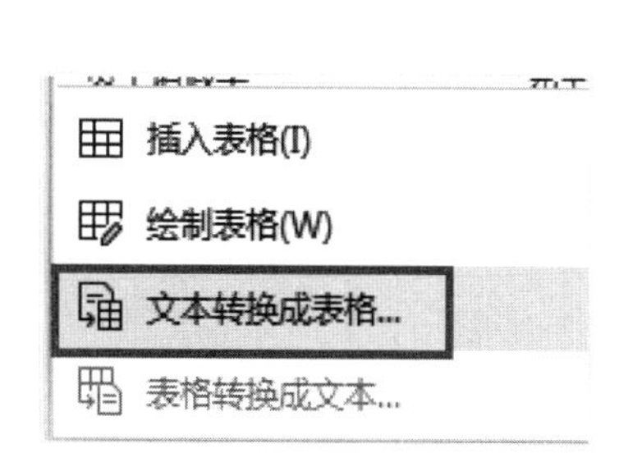

图 2-13 “文本转换成表格”选项

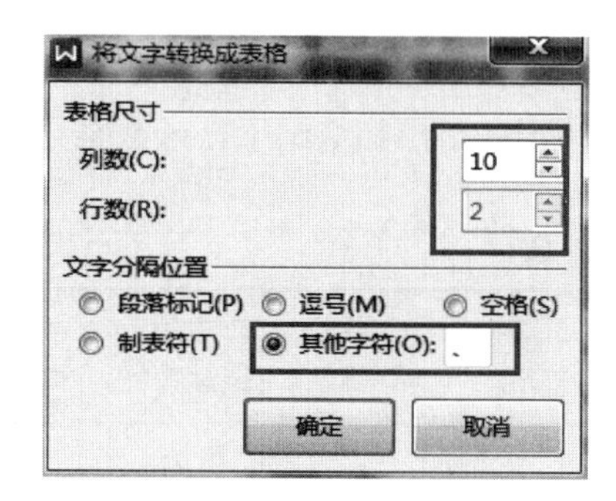

图 2-14 相关参数设置

2. 表格的数据处理

小明品学兼优，获得了很多加分项，请在表 2-1 的最后一行以公式或函数的形式计算得出小明的总加分数值。

表 2-1　　小明的加分项

加分项目	分值
平时成绩	10
期末考试成绩	88
课程论文	76
课程作业	89
课堂表现	9
实验报告	8.8
实习报告	9.1
社会实践报告	8.9
创新创业项目	9.67
科研项目	8.88
竞赛获奖	7.66
总加分	

将光标定位到“总加分”单元格右侧的空白单元格内，单击“表格工具”选项卡中的“*fx* 公式”。在出现的“公式”对话框中，查看并确保出现的是“=SUM

(ABOVE)”，单击“确定”按钮。如果不是“=SUM(ABOVE)”，在“公式”输入框中输入“=SUM（ABOVE）”后单击“确定”按钮。

3. 成绩单的公式填写

小明的专业是外语，其外语成绩见表 2–2，请按要求在表格的右侧四列中以公式或函数的形式得出相应结果，函数结果保留两位小数（四舍五入）。

表 2–2　　小明的某次英语成绩

综合英语	英语听力	英语口语	英语阅读	英语写作	英语语法	总成绩	平均分	最高分	最低分
88.34	56.781	67.9	67.218	66.45	88.90				

（1）将光标定位到“总成绩”单元格下面的空白单元格内，单击“表格工具”选项卡中的“*fx* 公式”，在出现的“公式”对话框中，手工输入“=SUM(A2:F2)”，或者输入“=A2+B2+C2+D2+E2+F2”；并在“数字格式”输入框中直接输入“0.00”，或者从右侧的下拉列表里选择“0.00”，如图 2–15 所示。

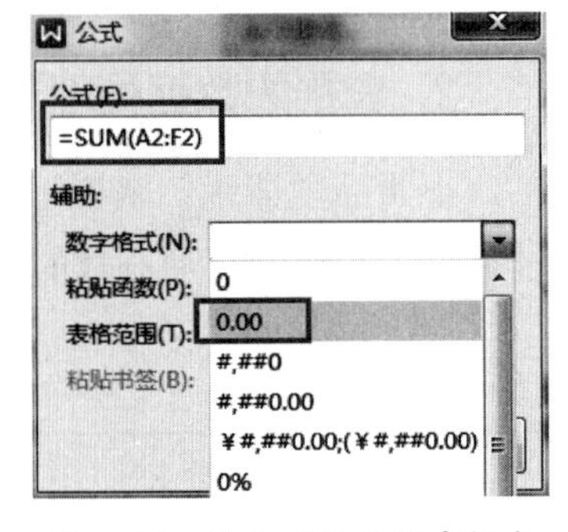

图 2–15　输入函数及数字格式

（2）重复上述步骤，依次在其他三列空白单元格内输入“平均分”的公式“=AVERAGE(A2:F2)”，“最高分”的公式“=MAX(A2:F2)”，“最低分”的公式“=MIN(A2:F2)”，注意“数字格式”均设置为“0.00”。

4. 表格的布局设置

小明制作的个人简历布局不够美观，需要通过排版进行美化。

（1）表格行高设置。将所有表格的行高设置为最小值 1 厘米。

选中表格，单击“表格工具”选项卡中的表格行高设置输入框，在框中直接输入“1”，默认单位为“厘米”，如图 2–16 所示。

（2）表格总列宽设置。当前表格总体太宽，两侧的列线都已超过左右页边距，应适当收缩表格的总列宽，要求总列宽不能超过左右页边距。

选中表格，或者将光标定位到当前表格的任意单元格内，然后右击，在弹出的快捷菜单里选择“自动调整”级联菜单中的“根据窗口调整表格”，如图 2–17 所示。

也可以选中表格，或者将光标定位到当前表格的任意单元格内，然后单击“表格工具”选项卡中的“自动调整”组，在下拉列表中选中“适应窗口大小”。

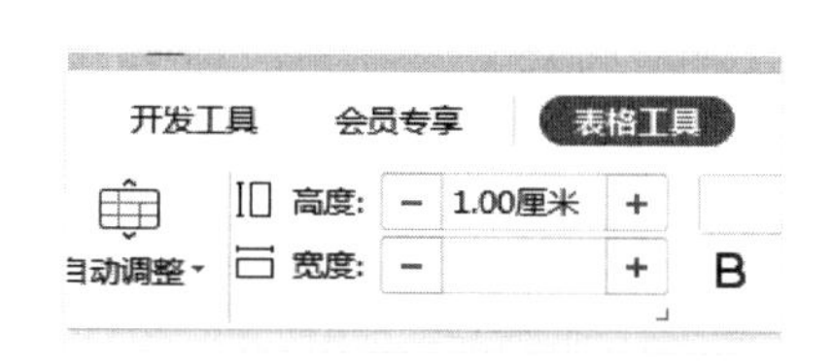

图 2-16　设置表格行高

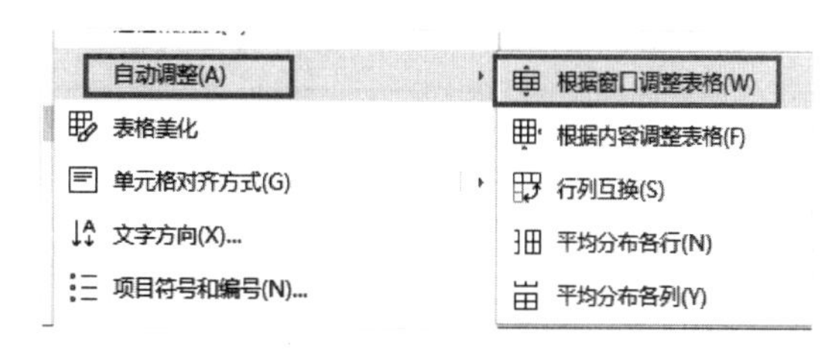

图 2-17　自动调整表格的宽度

（3）合并单元格。将表格右上角带有灰色底纹的 6 个单元格合并为一个单元格，并在合并后的单元格内插入纵（竖）向文字“贴照片处”（插入的这几个字必须是竖向排列）。

框选右上角待合并的单元格，右击，在弹出的快捷菜单中选择“合并单元格”，也可以单击“表格工具”选项卡中的“合并单元格”，如图 2-18 所示。

在合并后的单元格输入“贴照片处”，右击，在弹出的快捷菜单中选择“更改文字方向”，也可以单击“表格工具”选项卡中“文字方向”下拉列表中的“垂直方向从左往右”，如图 2-19 所示。

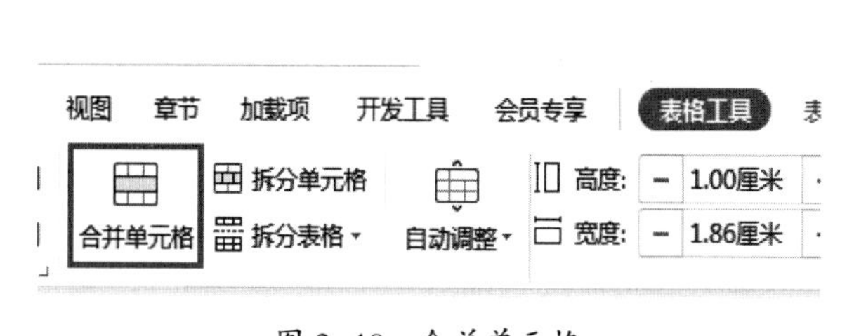

图 2-18　合并单元格

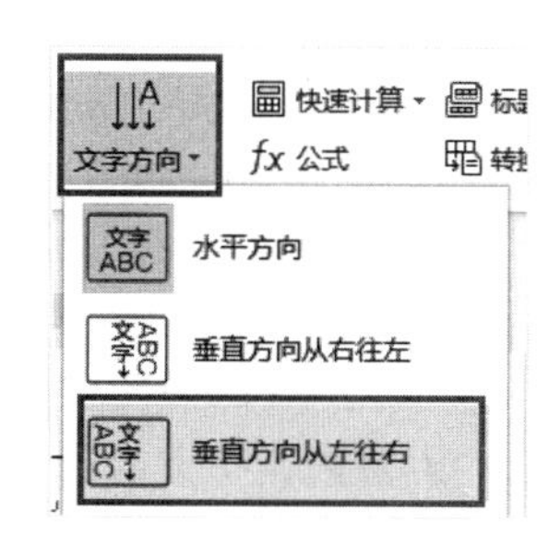

图 2-19　设置文字方向

（4）表格边框的设置。将表格的外框线宽度（粗细）设置为“1.5 磅”，内框线保持不变。

选中表格后右击，在弹出的快捷菜单中选择“边框和底纹”，在“边框和底纹”对话框中单击左侧“网格”，在“宽度”的下拉框里选择“1.5 磅”，单击“确定”按钮。

5. 数据的图表化

（1）表 2-3 是小明的考试成绩，根据该表的数据制作饼图。

表 2-3　　小明的考试成绩

科目	成绩 / 分
语文	88.9
数学	78.5
外语	88

续表

科目	成绩 / 分
地理	95
历史	93

1）将光标移到需要插入图表的位置，单击“插入”选项卡中的“图表”选项，如图 2-20 所示。

2）在弹出的“图表”对话框中单击“饼图”，并在右侧单击“饼图（预设图表）”选项卡中的“图表”选项，如图 2-21 所示。

图 2-20　插入图表

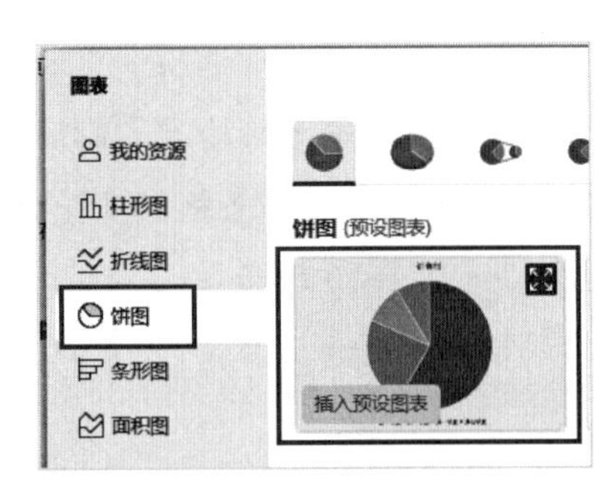

图 2-21　选择饼图

3）选中并复制表 2-3 中的内容。

4）右击默认生成的饼图，在弹出的快捷菜单中选择“编辑数据”选项，在打开的电子表格中粘贴复制的内容，并调整目标数据范围，确保调整的范围包含粘贴的数据（见图 2-22），然后关闭该电子表格。

（2）在生成的图表中添加科目名称和所占百分比。

单击生成的饼图，然后单击饼图侧边工具栏中的“图表元素”，在弹出的右侧菜单“快速布局”选项卡中单击“布局 1”，如图 2-23 所示。

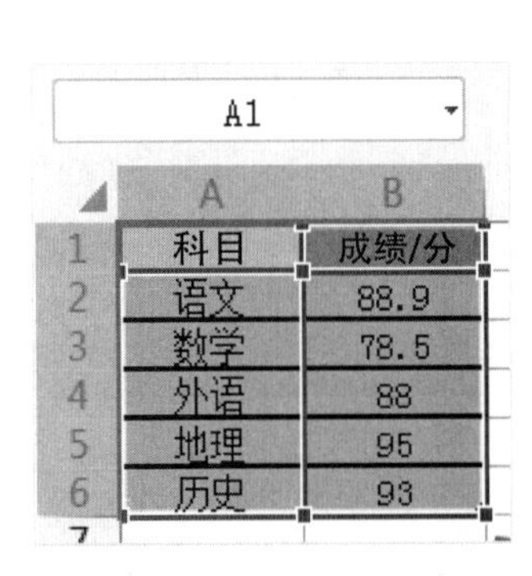

图 2-22　粘贴数据并调整范围

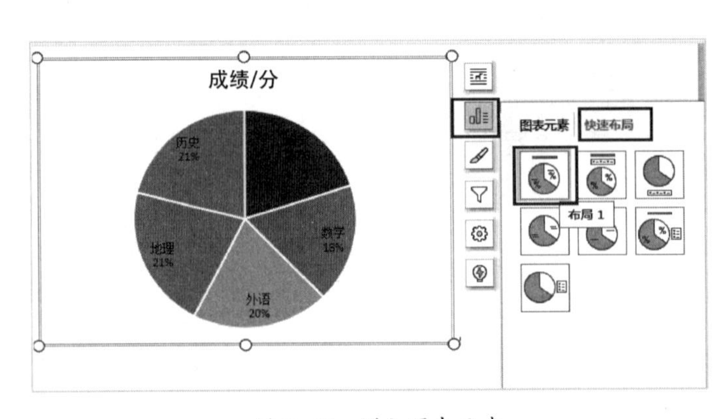

图 2-23　增加图表元素

常规文档排版

一、图文混排

WPS 办公软件强大的编辑和排版功能，除了体现在文本处理、表格处理上，还体现在图形处理上。

1. 设置图片

（1）插入图片。在 WPS 文档中可以插入来自本地、扫描仪、手机及 WPS 自带资源夹的图片。下面以插入本地图片为例进行讲解。

将光标移到文档需要插入图片的位置，单击“插入”选项卡中的“图片”按钮，在下拉选项中选择“本地图片”，在打开的“插入图片”对话框中找到需要插入的图片文件，选中图片文件后单击“打开”按钮，如图 3–1 所示。

（2）图片裁剪

方法一：选中需要裁剪的图片，单击“图片工具”选项卡中的“裁剪”下拉按钮，展开的图片裁剪选项有“按形状裁剪”或“按比例裁剪”，如图 3–2 所示。若选择“按形状裁剪”，直接选择相应的形状，再通过拖动形状四周的黑色调节按钮进行形状的移动和调整；若选择“按比例裁剪”，可进行自由比例裁剪，也可以选择系统默认的裁剪比例。

方法二：选中需要裁剪的图片，单击图片右侧的裁剪按钮，出现“按形状裁剪”

和“按比例裁剪”选项，如图 3-3 所示，后续操作步骤同方法一。

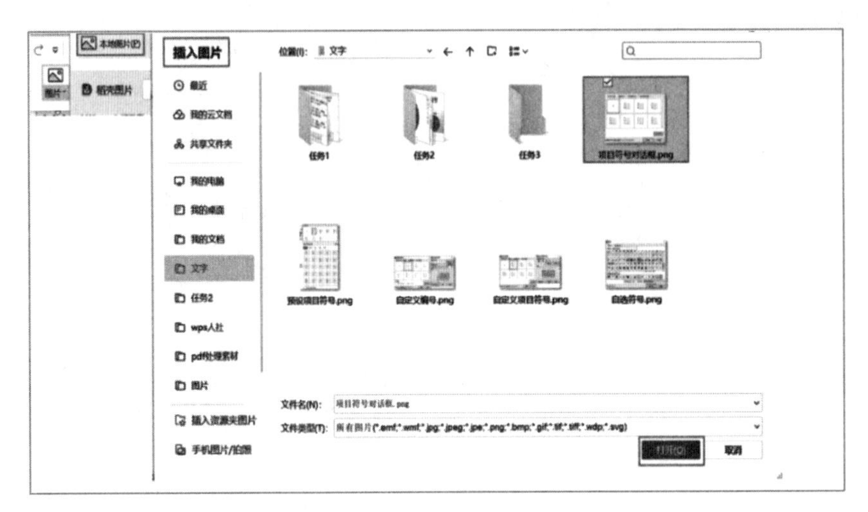

图 3-1　插入图片

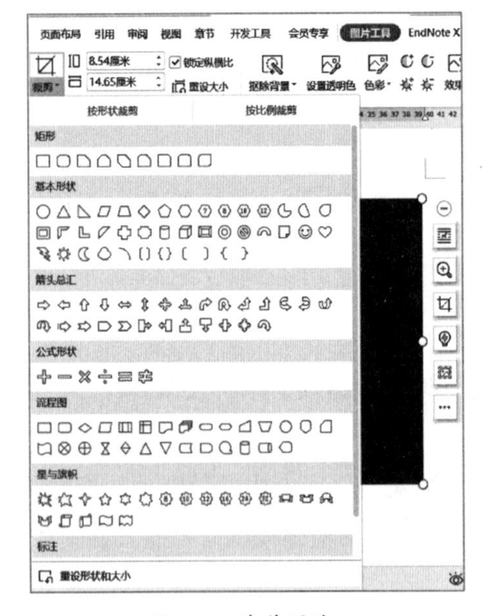

图 3-2　裁剪图片 1

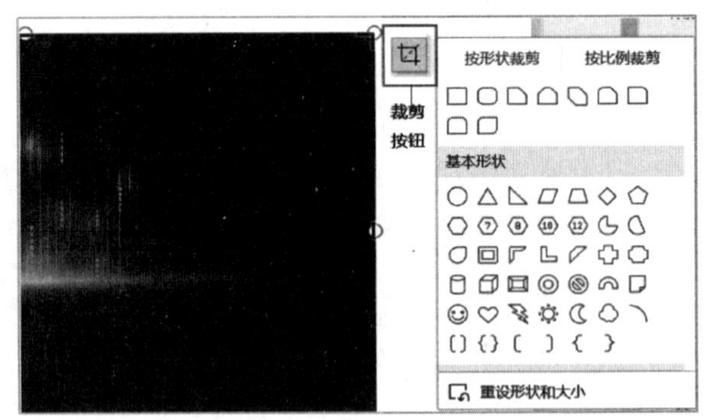

图 3-3　裁剪图片 2

（3）图片布局

1）设置图片大小与位置

方法一：选中需要调整的图片，将鼠标移至图片四个角的控制点，当鼠标变成箭头，按住鼠标左键进行拖动，可以等比例改变图片的大小；将鼠标移至图片四条边的控制点，当鼠标变成箭头，按住鼠标左键进行拖动，可以改变图片的高度或宽度。

方法二：选中需要调整的图片，在“图片工具”选项卡中直接对图片的高度和

宽度进行调整。若勾选“锁定纵横比”，则高度与宽度等比例进行调整，如图 3–4 所示。

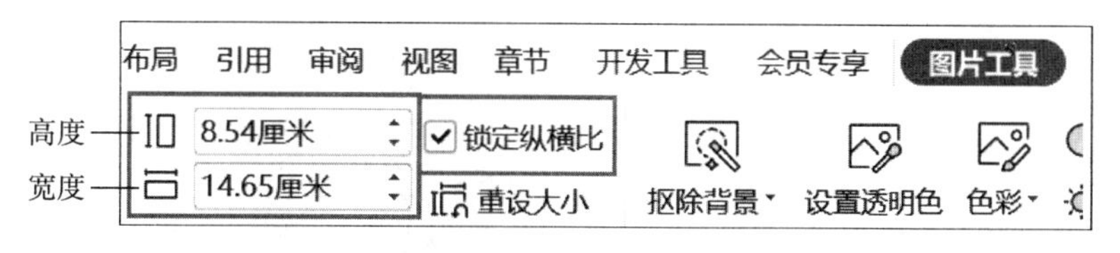

图 3–4 调整图片大小

方法三：选中需要调整的图片，右击，在弹出的快捷菜单中选择“文字环绕”级联菜单中的“其他布局选项”，在“布局”对话框的“大小”选项卡中可以对图片的高度、宽度、旋转、缩放参数进行详细设置，如图 3–5 所示。

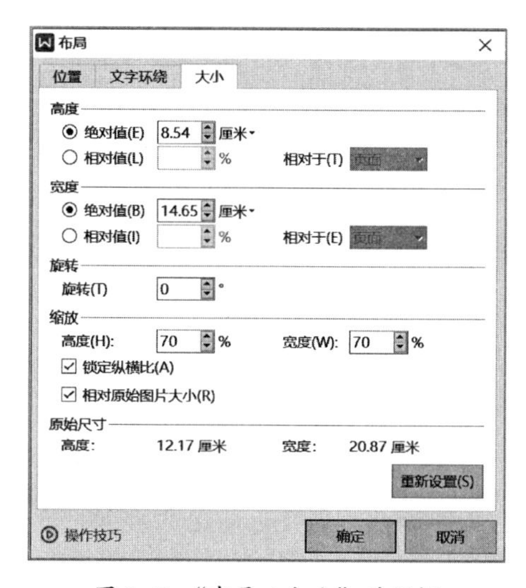

图 3–5 “布局 / 大小”对话框

2）设置文字环绕方式。WPS 提供的文字环绕方式有嵌入型、四周型、紧密型、衬于文字下方、浮于文字上方、上下型和穿越型，默认为嵌入型。设置图片的文字环绕方式有以下几种方法。

方法一：选中图片，右击，在弹出的快捷菜单中选择“文字环绕”级联菜单中的“其他布局选项”，在“布局”对话框的“文字环绕”选项卡中可以详细设置文字环绕方式的参数，如图 3–6 所示。

方法二：选中图片，单击图片右侧的“布局选项”按钮，在展开的选项中选择合适的文字环绕方式，如图 3–7 所示。

3）设置位置。将要调整位置图片的文字环绕方式设置为除“嵌入型”以外的其他文字环绕方式，再进行位置调整。

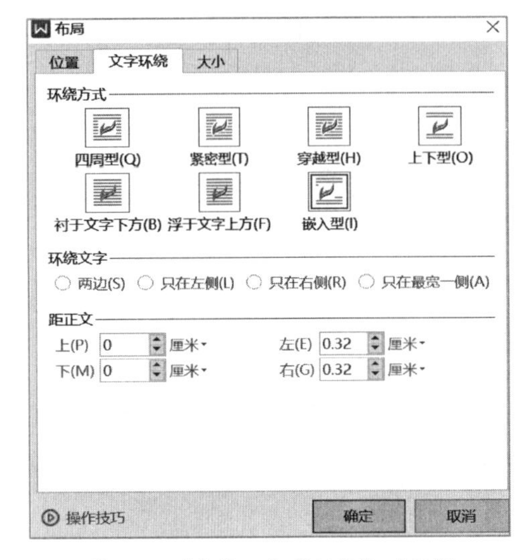

图 3–6 “布局 / 文字环绕”对话框

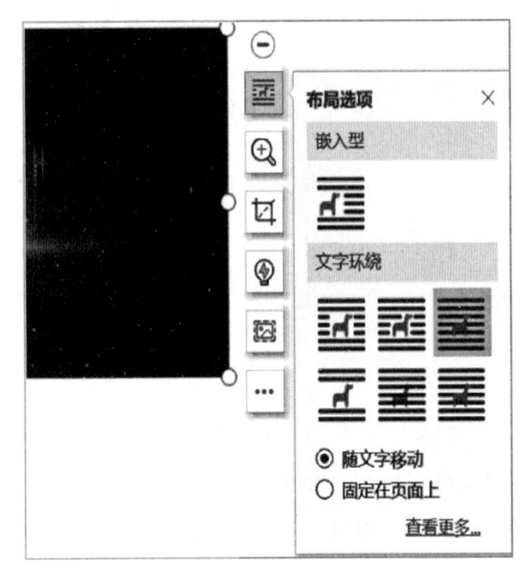

图 3–7 布局选项

选中图片，右击，在弹出的快捷菜单中选择“文字环绕”级联菜单中的“其他布局选项”，在“布局”对话框的“位置”选项卡中可以详细设置位置的参数，如图 3–8 所示。

图 3–8 “布局 / 位置”对话框

（4）设置图片样式。对图片的亮度、对比度、边框样式、阴影、倒影、发光、柔化边缘、三维旋转等样式效果进行设置，可以增强图片的美观性。

方法一：选中图片，单击“图片工具”选项卡中的“效果”按钮，根据需要在下拉式选项中选择对应按钮快速设置图片样式效果，如图 3–9 所示。

方法二：选中图片，右击，在弹出的快捷菜单中选择“设置对象格式”，在窗口右侧的“属性”窗格中可以详细设置相关参数，如图 3–10 所示。

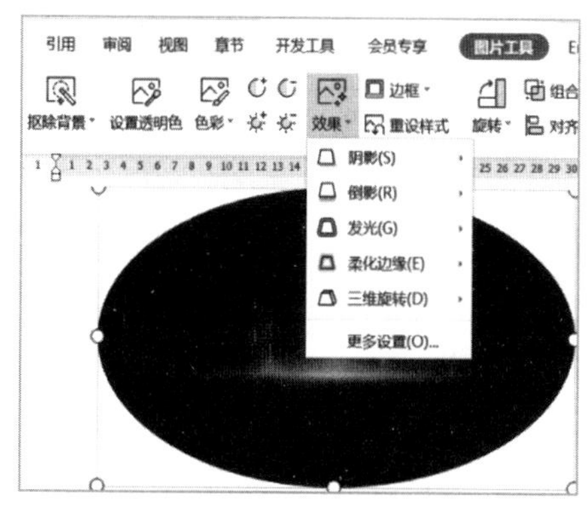

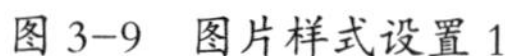
图 3-9 图片样式设置 1

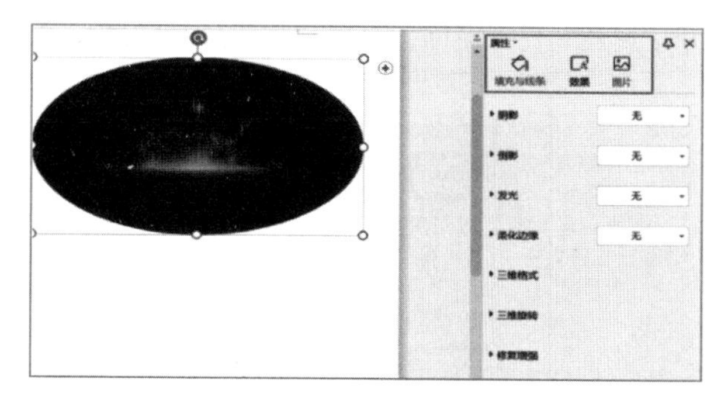

图 3-10 图片样式设置 2

2. 设置形状

（1）插入形状。WPS 文档中预设的形状有线条、矩形、基本形状等。

将光标移到文档需要插入形状的位置，单击“插入”选项卡中的“形状”按钮，在下拉选项中选择合适的预设形状，如图 3-11 所示。此时鼠标变成十字形，按住鼠标左键拖动即可进行形状绘制，绘制完成后松开鼠标左键。

（2）设计形状样式

1）使用预设样式。选中要更改样式的形状，单击“绘图工具”选项卡中的“预设样式”功能区，可以快速完成形状样式设置，如图 3-12 所示。

图 3-11 插入形状

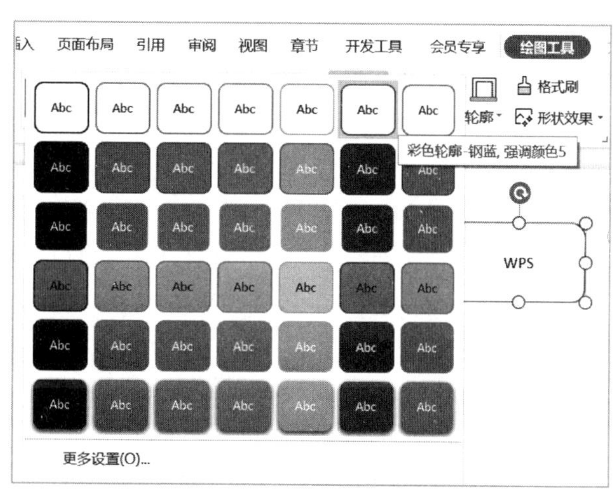

图 3-12 形状预设样式

2）自定义样式。选中要更改样式的形状，可以通过“绘图工具”选项卡的“填充”“轮廓”“形状效果”等命令对其样式进行自定义设计；也可双击选中的形状，打开“属性”任务窗格，对形状样式进行详细设置，如图 3–13 所示。

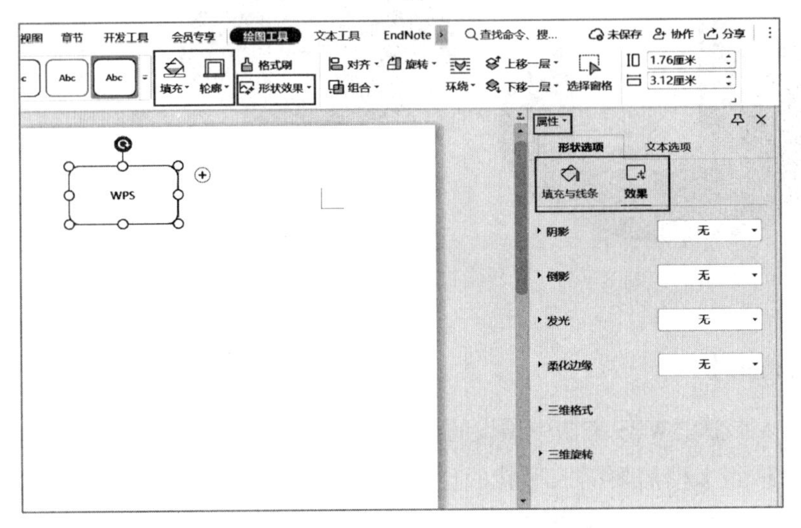

图 3–13 形状自定义样式

（3）形状布局。形状布局与图片布局操作类似，在“布局”选项卡中，可对形状位置、文字环绕、大小进行设置，如图 3–14 所示。

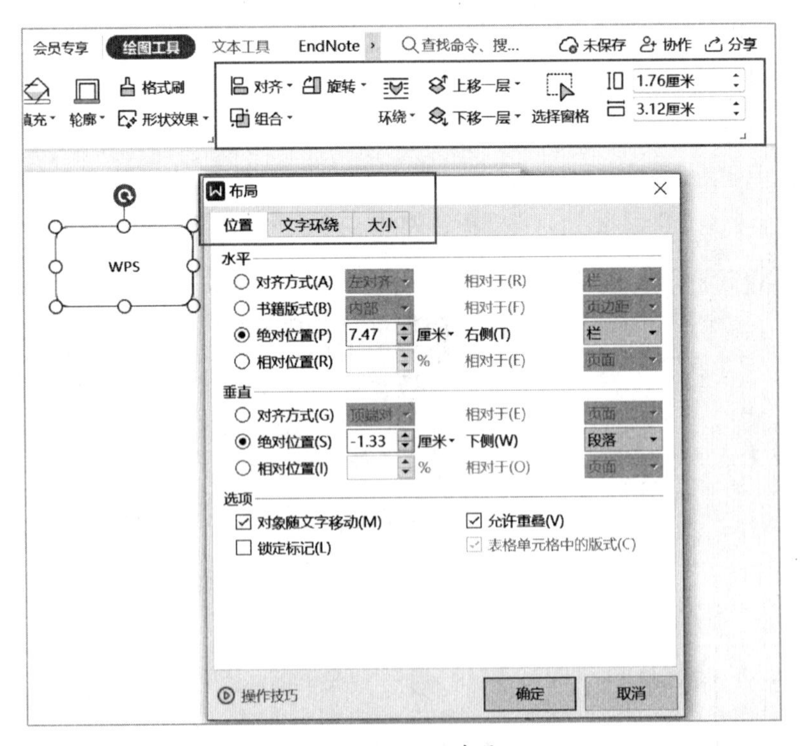

图 3–14 形状布局

方法一：通过“绘图工具”选项卡中的“对齐”“环绕”“高度”“宽度”等命令设置形状布局。

方法二：打开形状“布局”对话框，根据需求设置形状布局。

（4）形状组合。形状组合是指将文档中的多个独立的形状组合成一个，便于大小和位置调整。

将要组合形状的文字环绕方式设置为除嵌入型的其他环绕方式，注意要组合的多个形状之间不相互遮挡各自的文字信息。选择要组合的形状，通常先选择一个形状，然后按住【Shift】键依次单击其他的形状，直至全部选中。选中所有形状后，在其上方会出现浮动工具栏，在该工具栏中选择“组合”命令（也可以单击“绘图工具”选项卡中的“组合”命令），完成形状组合，如图 3–15 所示。

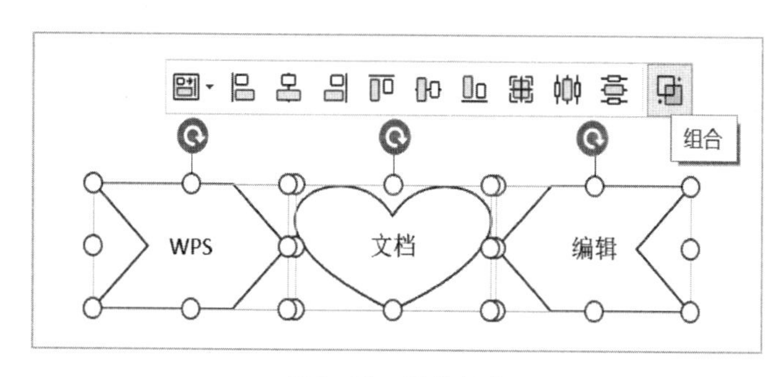

图 3–15　形状组合

3. 设置项目符号和编号

（1）预设的项目符号

方法一：选定要添加项目符号的文本，单击“开始”选项卡中“项目符号”命令的下拉箭头，选择合适的预设项目符号类型，如图 3–16 所示。

方法二：选定要添加项目符号的文本，右击，在弹出的快捷菜单中选择“项目符号和编号”命令，打开“项目符号和编号”对话框，如图 3–17 所示，在该对话框的“项目符号”选项卡中选择合适的预设项目符号类型，单击“确定”按钮。

（2）自定义项目符号。选定要添加项目符号的文本，右击，在弹出的快捷菜单中选择“项目符号和编号”命令，打开“项目符号和编号”对话框，在该对话框的“项目符号”选项卡中任意选择一种预设项目符号，单击“自定义”按钮，打开“自定义项目符号列表”对话框，如图 3–18 所示。

在“自定义项目符号列表”对话框中单击“字符”按钮，打开“符号”对话框，在该对话框中选择合适的字符，单击“插入”按钮，如图 3–19 所示。

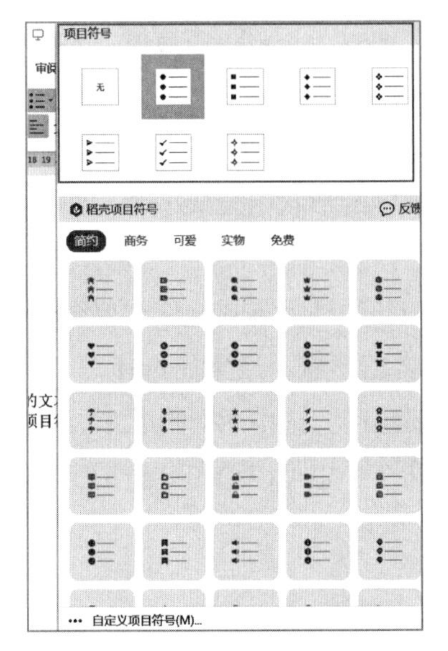

图 3-16　预设项目符号

图 3-17　项目符号选定

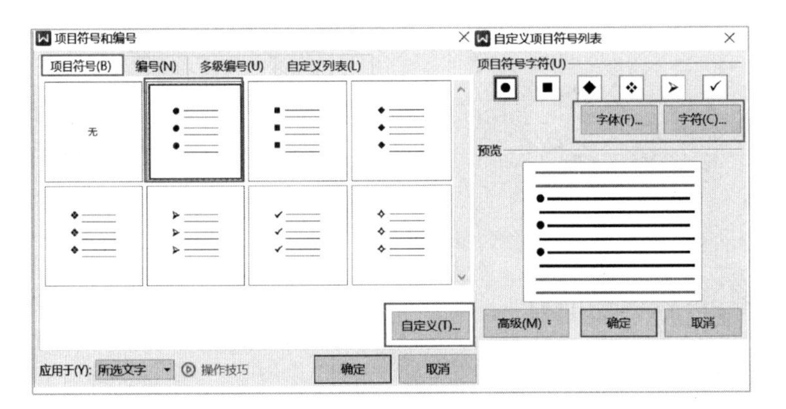

图 3-18　自定义项目符号

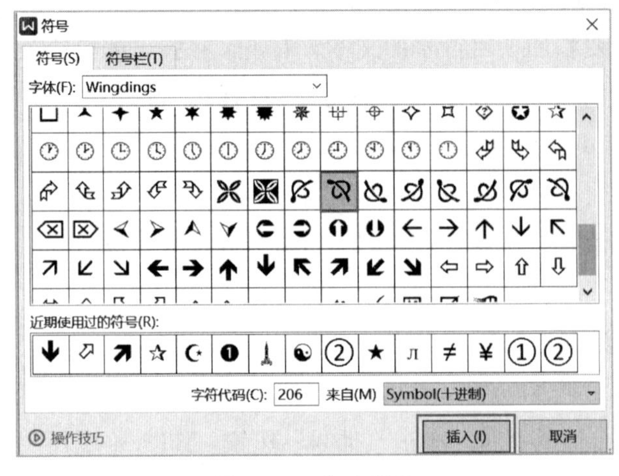

图 3-19　自选符号

在“自定义项目符号列表”对话框中单击“字体”按钮，可以对当前项目符号的字体格式进行设置，单击“高级”下拉按钮可以设置当前项目符号位置和文字位置。

（3）编号

方法一：选定要添加编号的文本，单击“开始”选项卡中“编号”命令的下拉箭头，选择合适的预设编号类型。

方法二：选定要添加编号的文本，右击，在弹出的快捷菜单中选择“项目符号和编号”命令，在“项目符号和编号”对话框的“编号”选项卡中选择合适的预设编号类型，单击“确定”按钮。

若预设的编号类型不能满足要求，也可以单击“项目符号和编号”对话框的“编号”选项卡中的“自定义”按钮，在弹出的“自定义编号列表”对话框中进行设置，如图 3-20 所示。

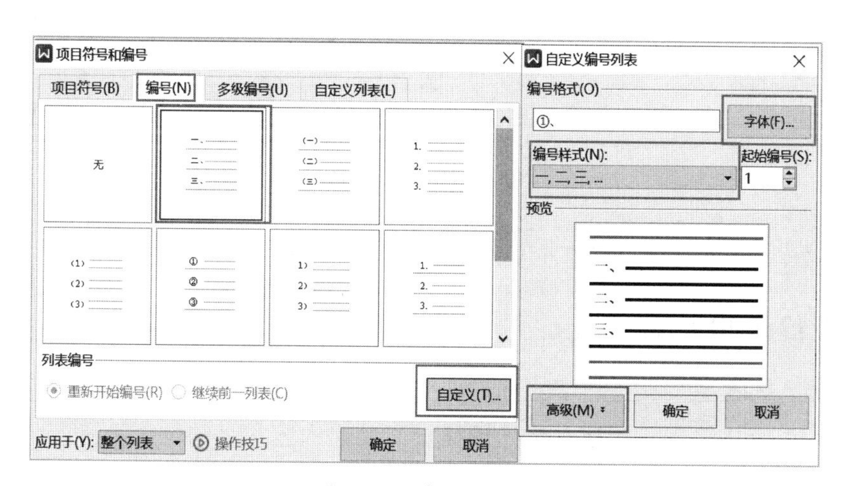

图 3-20　自定义编号

在“自定义编号列表”对话框中单击“字体”按钮可以对当前编号的字体格式进行设置，单击“高级”下拉按钮可以设置当前编号位置和文字位置。

4. 设置文本框

（1）插入文本框。WPS 文本框包括横向文本框、竖向文本框、多行文字文本框及其他样式文本框。

插入文本框时，单击“插入”选项卡的“文本框”命令，在下拉列表中选择所需的文本框类型，如图 3-21 所示。此时鼠标变成十字形，在需要插入文本框的位置单击或按住鼠标左键拖动均可完成文本框插入；再根据需要在文本框中输入文字信息。

（2）设置文本效果。通过“文本工具”选项卡中相关命令实现对文本的字体格式、段落格式、预设样式、文本填充、文本轮廓、文本效果等进行设置，如图 3-22 所示。

图 3-21　文本框

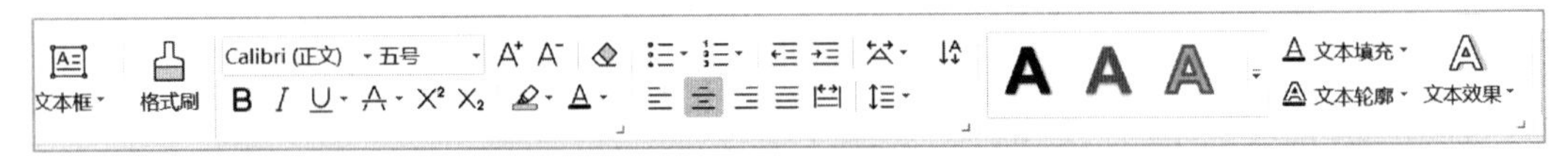

图 3-22　文本工具

（3）设计文本框样式。文本框也是形状的一种，其样式设计可参照形状样式设计。

5. 设置艺术字

（1）插入艺术字

方法一：直接输入艺术字。将光标移至需要插入艺术字的位置，单击“插入”选项卡的“艺术字”命令，在其下拉列表中单击合适的预设艺术字样式，页面会出现一个带有选定艺术字样式的文本框，并提示“请在此放置您的文字”，如图 3-23 所示，根据需要在文本框中输入相应的文字信息。

图 3-23　插入艺术字

方法二：将已有文字转换为艺术字。选中需要转换为艺术字的文本信息，单击“插入”选项卡的“艺术字”命令，在其下拉列表中单击合适的预设艺术字样式。

（2）设置艺术字效果。插入艺术字相当于插入带有预设字体效果的文本框。艺术字效果可分文本效果和形状效果，具体的效果设置参考文本框效果设置的操作步骤。

通过“文本工具”选项卡中相关命令可以对艺术字的字体格式、段落格式、预设样式、文本填充、文本轮廓、文本效果等进行设置。

通过“绘图工具”选项卡中相关命令可以对艺术字所在形状轮廓、样式、填充效果、文字环绕方式、位置等进行设置。

二、页面布局

1. 设置页边距

页边距是指文档内容与页面边缘之间的距离。在排版或打印时，可根据文档内容布局来调整页边距。

方法一：单击“页面布局”选项卡的“页边距”命令，在下拉列表中可以选择“上次的自定义设置”“普通”“窄”“宽”等预设页边距效果。

方法二：在“页面布局”选项卡中“页边距”命令右侧的上、下、左、右输入框中直接输入数值来实现自定义页边距。

方法三：单击“页面布局”选项卡的“页边距”命令，在下拉列表中选择“自定义页边距”命令，打开“页面设置”对话框，在“页边距”选项卡中设置相关参数。

以上 3 种方法操作如图 3-24 所示。

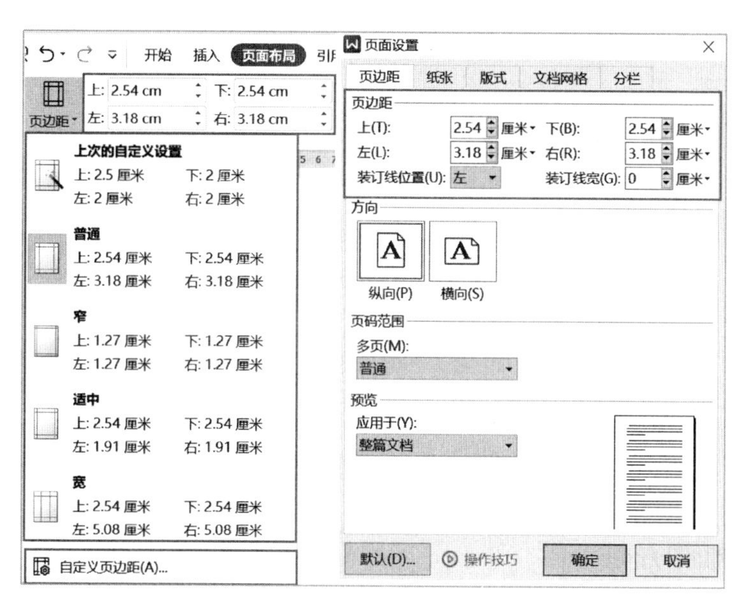

图 3-24 预设页边距或自定义页边距

方法四：勾选“视图”选项卡的“标尺”复选项显示标尺，将光标移至水平标尺上，当光标变成双向箭头时，拖动标尺调整文档的左右页边距，如图 3–25 所示。

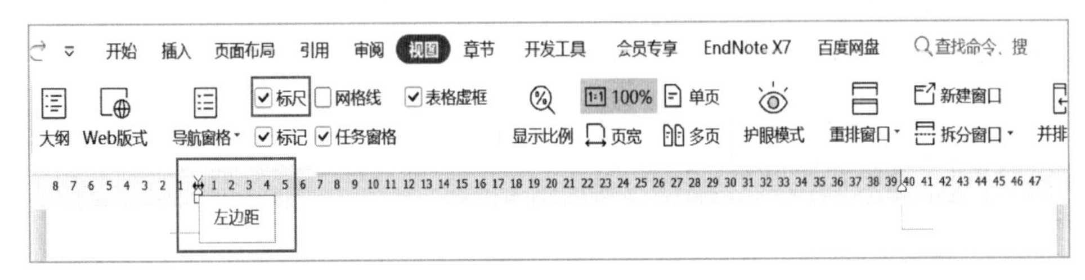

图 3–25　通过标尺调整左右页边距

2. 设置纸张大小

WPS 纸张大小默认值为 A4，但不同文档（如书籍、海报、请柬等）会对纸张大小有不同的要求，此时需要调整纸张大小。

单击“页面布局”选项卡的“纸张大小”命令，在下拉列表中选择预设纸张大小，当预设纸张大小不能满足需求时，可以选择“其他页面大小”，在打开的“页面设置”对话框的“纸张”选项卡中自定义纸张的宽度与高度，如图 3–26 所示。

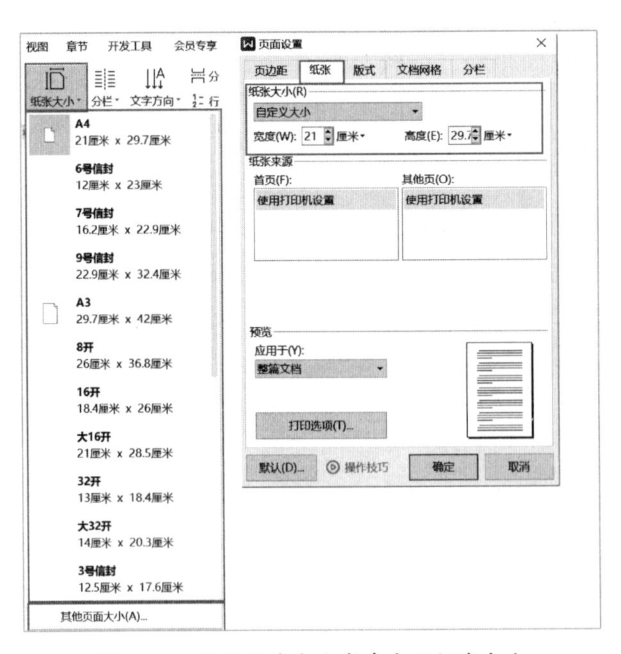

图 3–26　预设纸张大小或自定义纸张大小

3. 设置纸张方向

WPS 的纸张方向默认为“纵向”，可以根据文档排版需要将纸张方向调整为“横向”。

单击“页面布局”选项卡的“纸张方向”命令，在下拉列表中选择“横向”或“纵向”，如图 3–27 所示。

4. 设置页面主题

WPS 提供多种页面主题，可根据需要进行设置。

单击“页面布局”选项卡的“主题”命令，在下拉列表中选择需要的主题，同时还可以对应用主题的颜色、字体和效果进行调整，如图 3–28 所示。

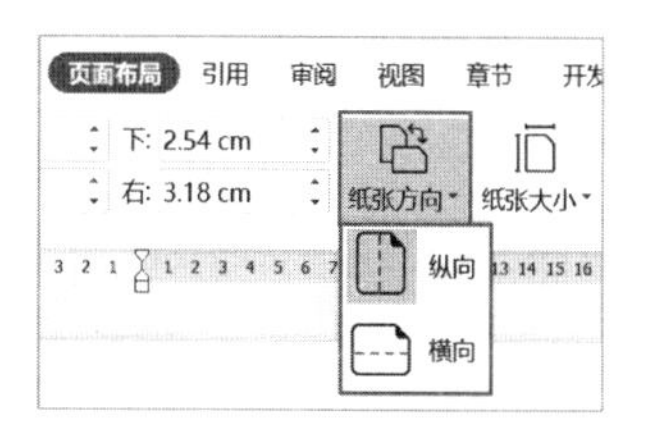

图 3–27　设置纸张方向

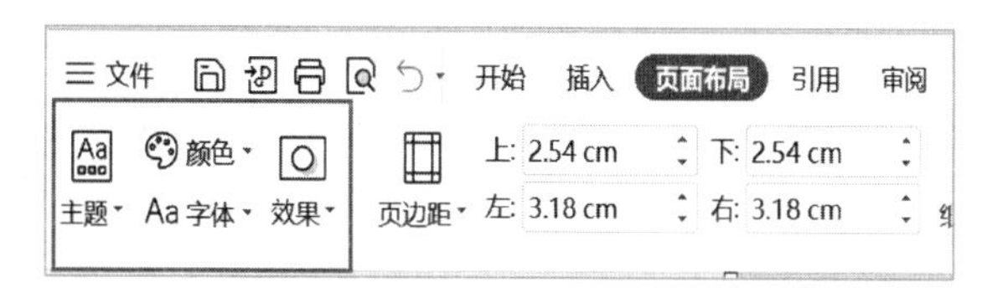

图 3–28　设置页面主题

5. 设置页面背景

WPS 默认的页面背景是白色的，在文档实际排版过程中可以根据需求更换页面背景。

单击“页面布局”选项卡的“背景”命令，在下拉列表中选择需要的背景颜色，如图 3–29 所示。当需要指定渐变、纹理、图案或图片作为页面背景，可在下拉列表中选择“其他背景”，在其展开的选项中单击任一选项，打开“填充效果”对话框，在该对话框中选择相应的选项卡进行设置。

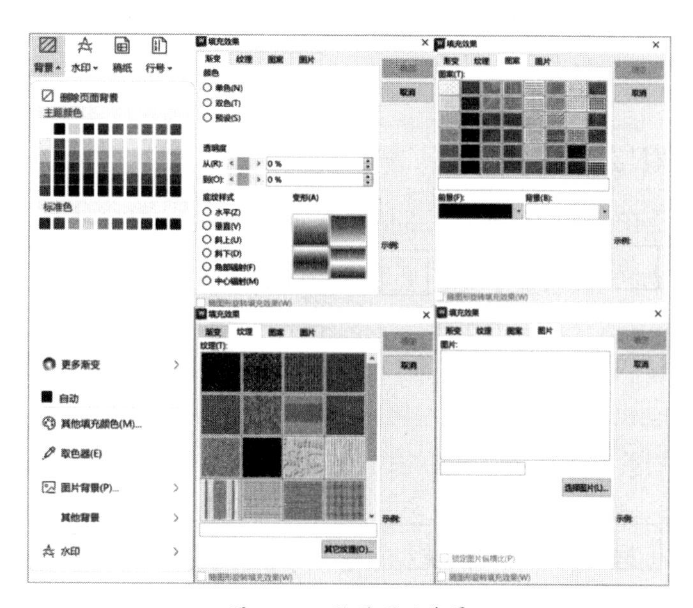

图 3–29　设置页面背景

6. 设置边框和底纹

WPS 的边框和底纹可作用于文本内容和段落，既可以给文本内容加上边框和底纹效果，也可以给段落加上边框和底纹效果。

（1）边框。选中要添加边框的文本内容或段落，单击“开始”选项卡的“边框”命令，在下拉列表中选择“边框和底纹”命令，打开“边框和底纹”对话框，在“边框”选项卡中对边框的样式、线型、颜色、宽度和应用进行个性化设置，如图 3–30 所示。

（2）底纹。选中要添加边框的文本内容或段落，单击“开始”选项卡的“边框”命令，在下拉列表中选择“边框和底纹”命令，打开“边框和底纹”对话框，在“底纹”选项卡中对边框底纹的填充、图案样式、图案颜色和应用进行个性化设置，如图 3–31 所示。

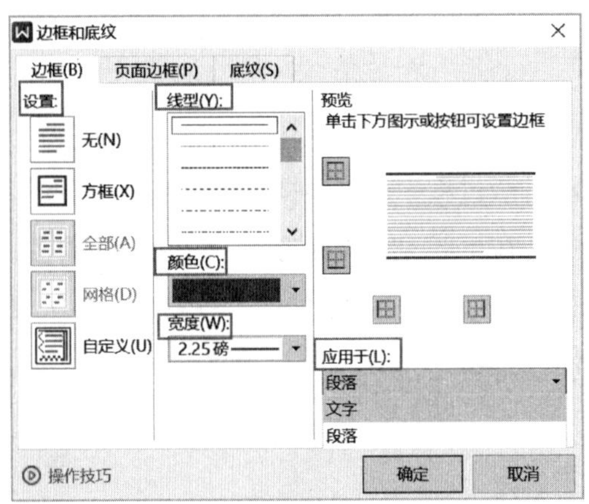

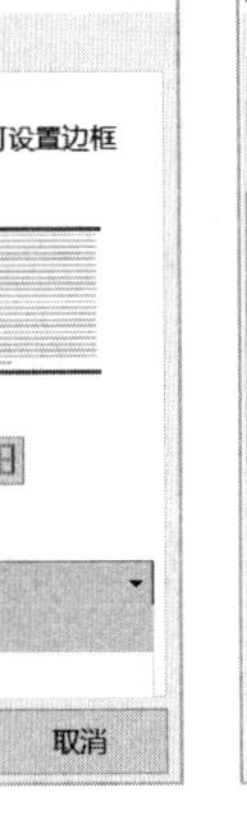

图 3–30　设置边框　　　　图 3–31　设置底纹

7. 设置页眉与页脚

页眉与页脚是在页面的顶部或底部区域添加附加信息，如文档页码、时间、作者、公司 Logo（标志）等。页眉在页面的顶部，页脚在页面的底部。

（1）页眉

1）插入页眉。单击“插入”选项卡的“页眉页脚”命令，会出现“页眉页脚”选项卡，同时文档会出现页眉或页脚编辑框，如图 3–32 所示。WPS 默认的页眉没有任何格式，可在页眉编辑框直接输入页眉内容。

2）编辑页眉。输入页眉信息后，可以通过字体格式、段落格式设置相关命令对其效果进行设计。也可以单击“页眉页脚”选项卡的“页眉”命令，在下拉列表中选择合适的预设页眉样式，如图 3–33 所示。

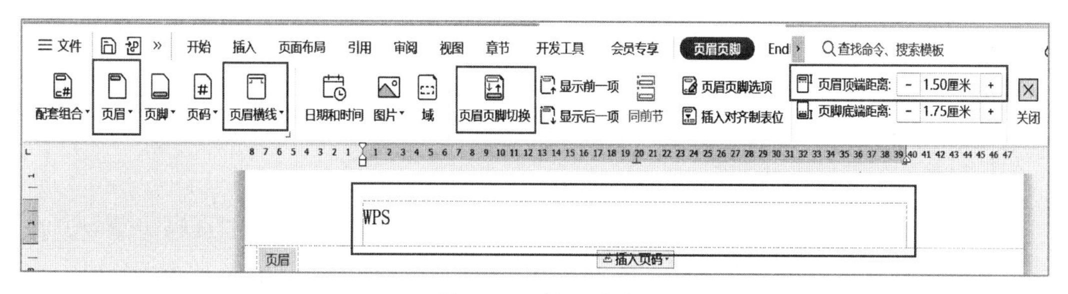

图 3–32 插入页眉

还可以选择“页眉页脚”选项卡中的“页眉页脚选项”命令，在打开的“页眉 / 页脚设置”对话框中对页眉和页脚进行详细设置，如页面不同设置、显示页眉横线、页眉 / 页脚同前节、页码等，如图 3–34 所示。

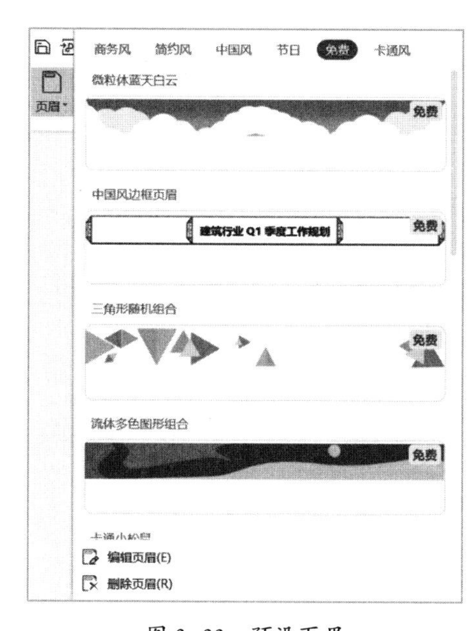

图 3–33 预设页眉

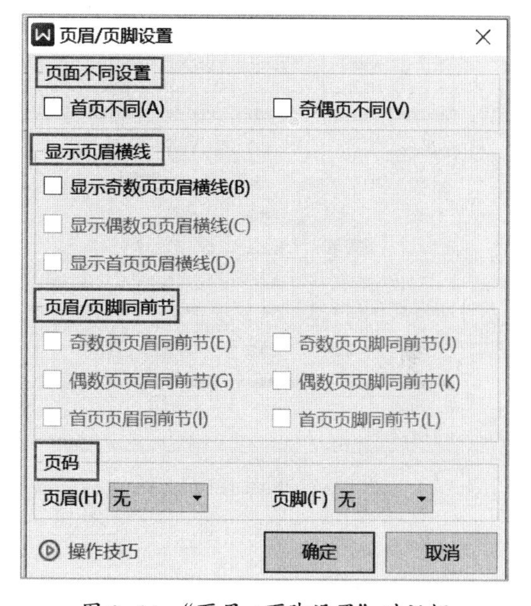

图 3–34 “页眉 / 页脚设置”对话框

3）删除页眉

方法一：在文档的页眉区域双击，进入页眉编辑区域，然后删除相关内容。

方法二：单击“页眉页脚”选项卡的“页眉”命令，在下拉列表中单击“删除页眉”。

（2）页脚。编辑页脚方式与编辑页眉方式类似，可通过“页眉页脚”选项卡的“页眉页脚切换”命令实现光标从页眉编辑区到页脚编辑区，相关设置可参照页眉的设置方式。

文档在编辑排版过程中，通常会在页脚区域添加页码信息，下面着重介绍在页脚编辑页码的方法。

方法一：单击“插入”选项卡的“页码”命令，在下拉列表中选择预设的页码格式，如图 3–35 所示。

方法二：在页眉页脚编辑状态下，单击“页眉页脚”选项卡的“页码”命令，在下拉列表中选择“页码”命令，在打开的“页码”对话框中，对页码样式、位置、页码编号、应用范围等进行设置，如图 3–36 所示。

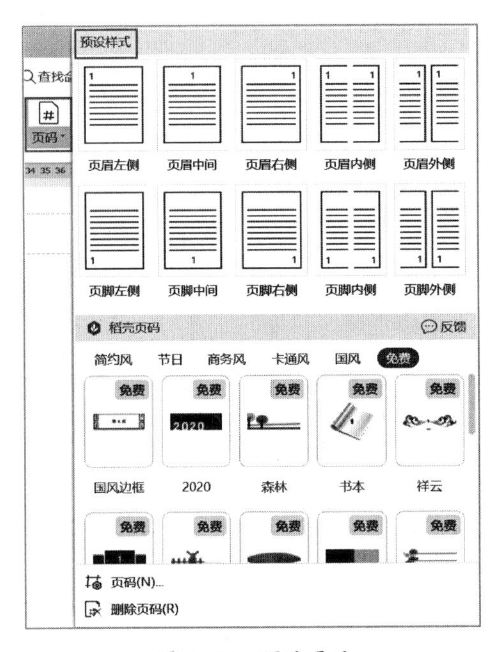

图 3–35 预设页码

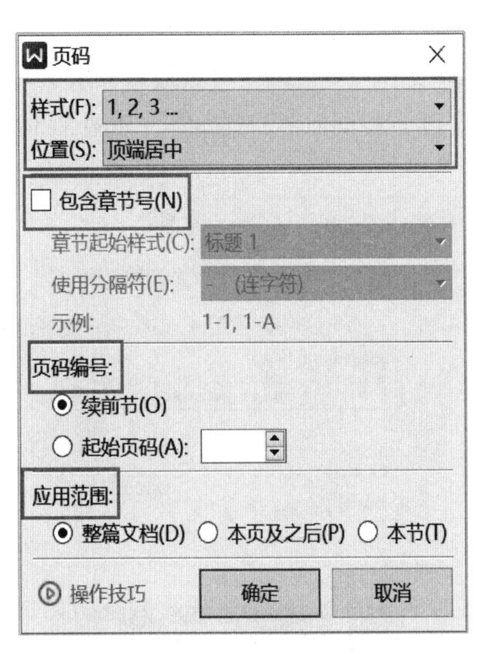

图 3–36 “页码”对话框

实训任务

制作学生会招募启事

小明是学生会宣传干事，学生会近期打算扩招，希望有更多的小伙伴加入，小明需要运用 WPS 文字功能，熟练完成对“学生会招募启事（原始素材）.docx”的基本编辑与排版，最终效果如图 3–37 所示。

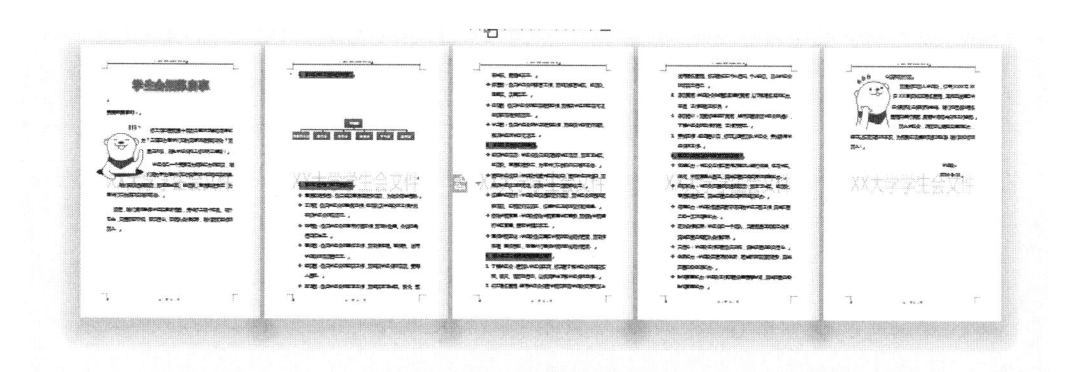

图 3-37　完工后的招募启事

1. 更改纸张方向

将目标文档的纸张设置为“纵向”。

单击“页面布局”选项卡，在“纸张方向”下拉列表中单击“纵向”，如图 3-38 所示。

2. 调整页边距

将目标文档的页边距设置为上下均为“2.54 厘米”，左右均为“3.18 厘米”。

单击“页面布局”选项卡，在“页边距”下拉列表中单击“普通”，或者在其右侧的页边距输入框内输入指定参数，如图 3-39 所示。

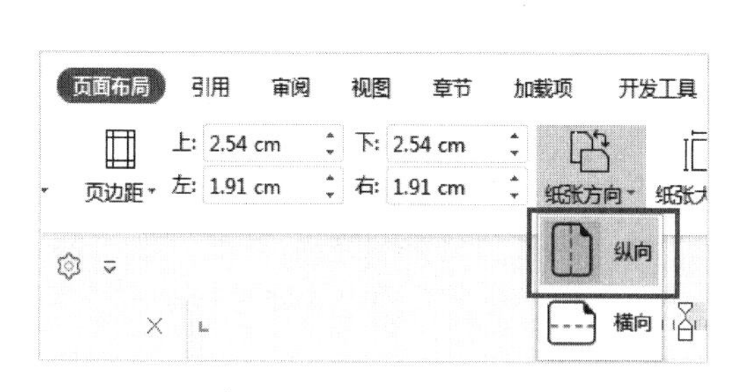

图 3-38　设置纸张方向

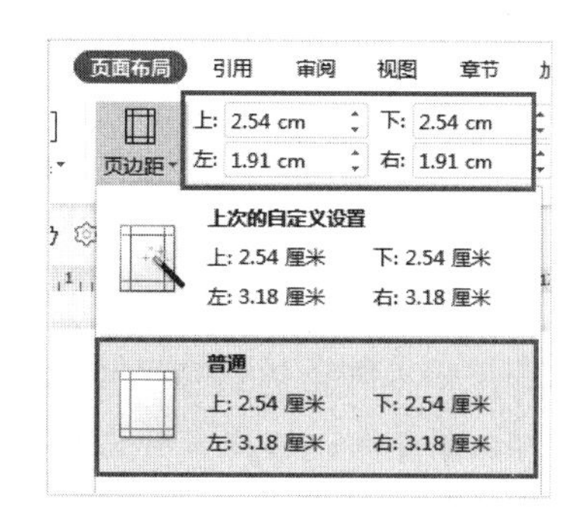

图 3-39　调整页边距

3. 制作水印

设置目标文档文字水印，水印文字为“× × 大学学生会文件”，其余水印设置保持默认。

单击“页面布局”选项卡，在“水印”下拉列表中单击“插入水印”，在弹出的“水印”对话框中，单击“文字水印”，在“内容”输入框中直接输入“× × 大学学生会文件”或者将目标文字复制、粘贴到输入框中，如图 3-40 所示。

4. 设置页眉

将页眉内容设置为“×× 大学学生会招募启事”，含有页眉线，页眉内容居中对齐，字体字号保持默认。

直接在页眉区域快速双击鼠标以激活页眉，然后直接输入或复制目标内容到页眉编辑区，并设置文字居中对齐。单击“页眉页脚”选项卡中的“页眉横线”，在“页眉横线”下拉列表中单击第一个细实线，如图 3-41 所示。

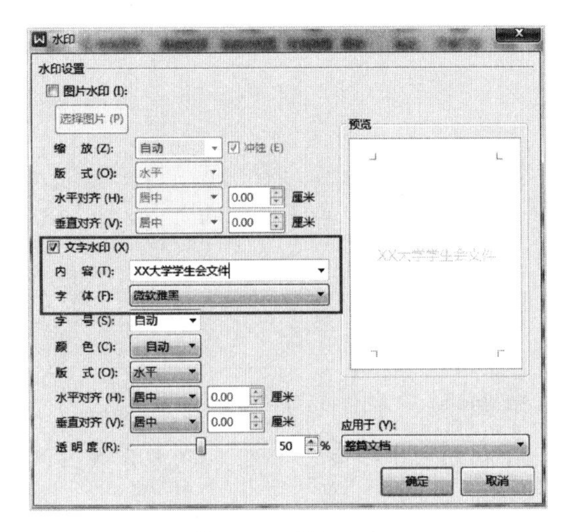

图 3-40 设置水印

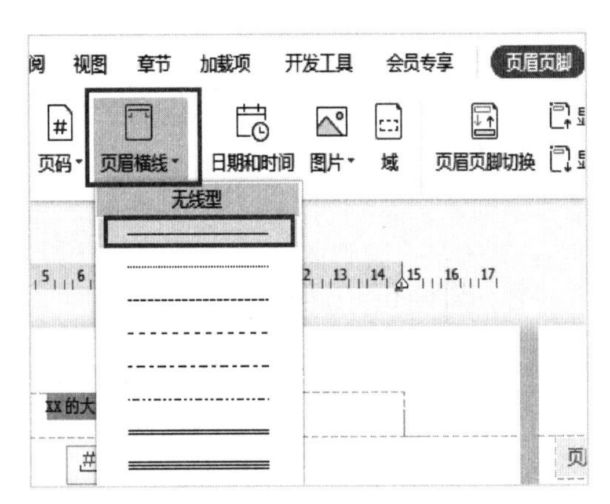

图 3-41 设置页眉线

5. 设置页脚

在页脚插入页码，页码要求的格式是“第 × 页 共 × 页”，页码居中对齐，其他设置保持默认。

直接在页脚区域快速双击鼠标以激活页脚，单击“页码设置”菜单，在“插入页码”弹出菜单中，选中目标需要的页码样式，如图 3-42 所示。

6. 设置标题艺术字

将文档的标题“学生会招募启事”设置为艺术字，艺术字的样式要求为“填充 - 沙棕色”，标题内容居中对齐，其他设置保持默认。

直接框选目标内容，单击“插入”选项卡中的“艺术字”，从“艺术字”下拉列表中选择“填充 - 沙棕色，着色 2，轮廓 - 着色 2”，如图 3-43 所示。

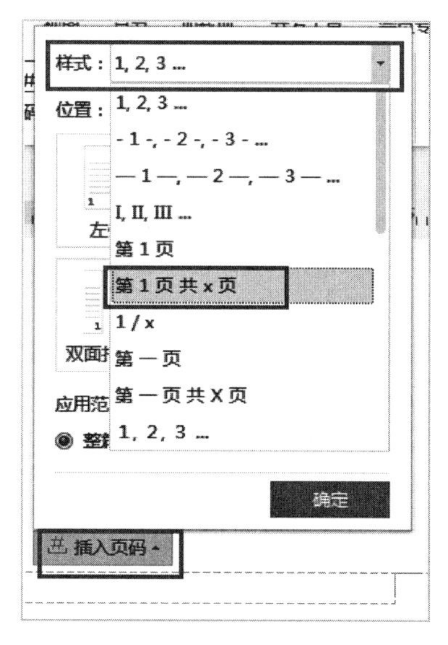

图 3-42　设置页码

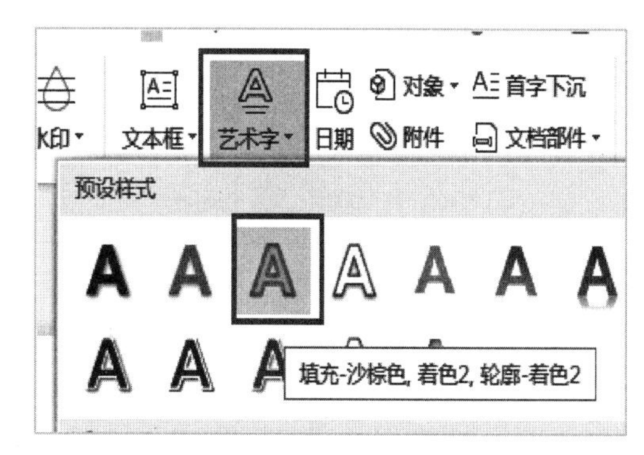

图 3-43　设置标题艺术字

7. 设置图像

将图片“欢迎 .png”放置在第一页“亲爱的同学们”下面的三个段落内，要求图片的尺寸长宽均为“7 厘米”；环绕方式设置为“紧密型环绕”，放置在段落的左侧位置，使页面和谐美观。

（1）单击选中目标文件夹内的图像，复制该图像，将光标切换到目标文档的目标段落，直接粘贴该图像。

（2）单击该图像，在“图片工具”选项卡中的图像尺寸输入框中输入需要的尺寸，如图 3-44 所示。

（3）单击该图像，在图像右侧出现的侧边工具栏中单击“布局选项”，在“文字环绕”面板中选择“紧密型环绕”，如图 3-45 所示。

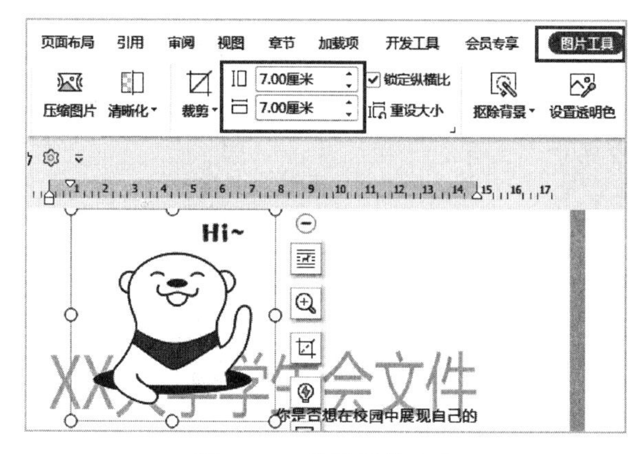

图 3-44　设置图像尺寸

图 3-45　设置图像的文字环绕方式

8. 制作组织结构图

将学生会主要包含的部门“活动策划部、宣传部、体育部、文艺部、学习部、生活部”以组织结构图的形式展现。可以根据需要设置结构图的外观样式。

（1）将光标定位在目标合适位置，单击“插入”选项卡中的“智能图形”，如图 3-46 所示。

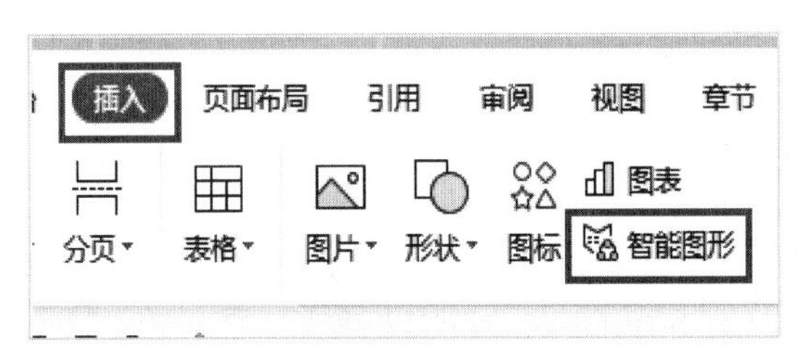

图 3-46 插入智能图形

（2）在弹出的“智能图形”选择框中，单击选择适合的“组织架构”，删掉不需要的图形，添加若干同类矩形框。在输入框中输入相应的文字并做适当调整与美化，如图 3-47 所示。

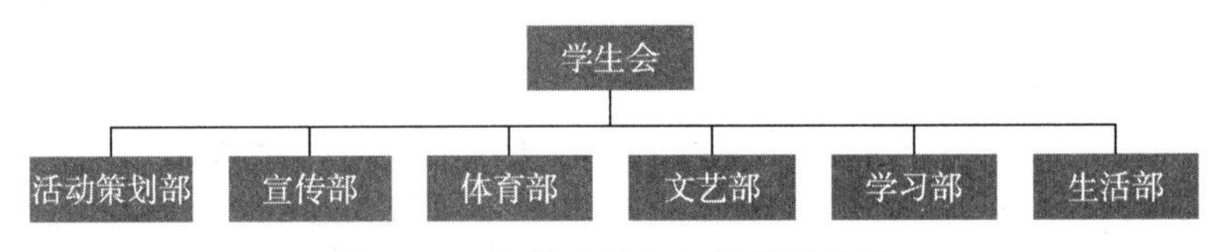

图 3-47 编辑后的组织结构图效果

9. 设置标题文字底纹

为带编号的 5 个大标题统一添加浅蓝色的文字底纹（只给标题加底纹，标题下的段落不要加）。

（1）选中目标标题，单击“页面布局”选项卡中的“页面边框”。

（2）在弹出的“边框和底纹”对话框中单击“底纹”选项卡，在“填充”下拉列表中选择浅蓝色，在“应用于”下拉框中选中“文字”。

长文档排版

一、视图应用

文档视图是指当前文档的显示形式，显示形式的改变不会改变文档的内容。WPS文字提供的视图方式包括全屏显示、阅读版式、写作模式、页面视图、大纲视图和Web版式视图。视图的切换可通过“视图”选项卡中的相关命令来实现，如图4–1所示；也可通过屏幕右下侧的“视图及显示比例”控制面板实现，如图4–2所示。

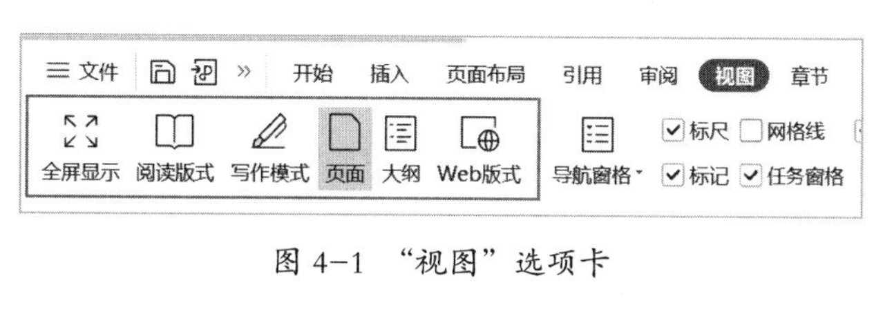

图4–1 “视图”选项卡

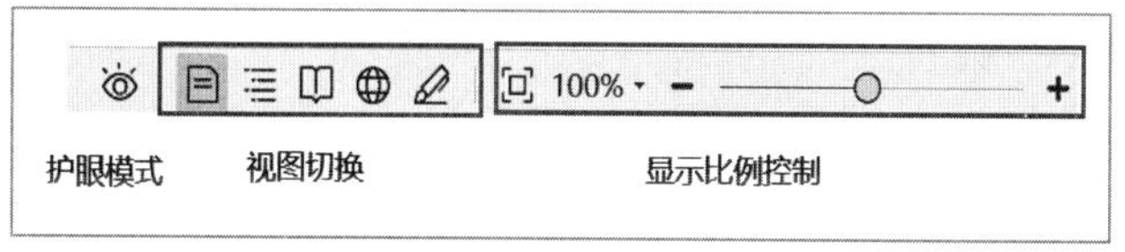

图4–2 “视图及显示比例”控制面板

1. 页面视图

页面视图是WPS文字首次启动时默认的视图模式。用户在页面视图模式下可以看到文档内容在实际打印页面的位置和效果，可以在该视图模式下编辑页眉和页脚，还可以调整页边距，以及处理分栏、图形对象和边框。

2. 大纲视图

大纲视图主要用于显示文档结构，如章、节、标题等。用户在该视图模式下，可以清晰地看到文档标题的层次关系。在大纲视图中，可以折叠文档，只查看某级标题；或者展开文档，以查看整个文档；还可以拖动标题，移动、复制或重新组织文档。

3. 阅读版式

阅读版式以图书的分栏样式显示文档内容，文件按钮、功能区等窗口元素会被隐藏。在该视图模式下，没有页的概念，不会显示页眉和页脚；用户可以通过工具按钮来选择合适的阅读工具，如图 4–3 所示。

目录导航　批注　突出显示　查找　自适应

图 4–3　阅读工具

4. Web 版式视图

Web 版式视图是为浏览、编辑 Web 网页而设计的，它能够以 Web 浏览器方式显示文档。在该视图模式下，可以看到背景和文本，且图形位置与在 Web 浏览器中的位置一致。这种文档方式适合发送电子邮件和创建网页。

二、样式应用

WPS 提供内置样式和自定义样式，内置样式是指 WPS 文字为文档中各对象提供的标准样式，自定义样式是指用户根据需求而设定的样式。使用样式能够准确、快速地实现对长文档的格式设置。

1. 内置样式

“开始”选项卡中的“预设样式”库提供了多种内置样式，其中“正文”“标题 1”“标题 2”和“标题 3”等均为内置样式名称。单击“预设样式”旁的下拉按钮，在弹出列表中可以选择其他内置样式，如图 4–4 所示；在该弹出列表中选择“显示更多样式”，打开“样式和格式”窗格，如图 4–5 所示。

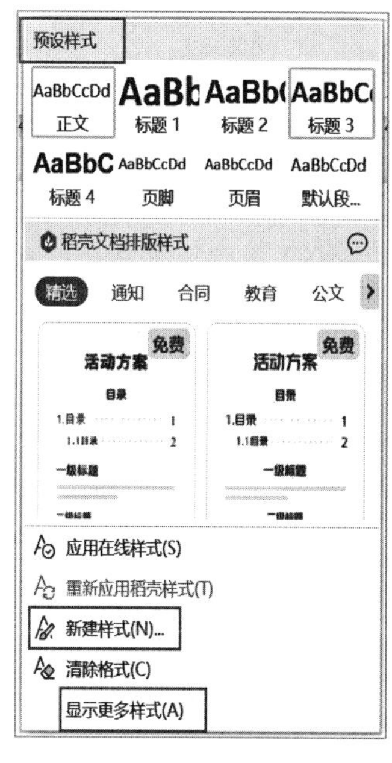

图 4-4 预设样式

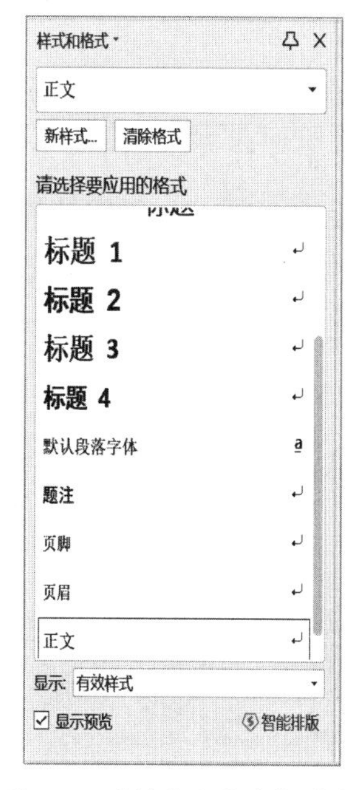

图 4-5 “样式和格式”窗格

将光标移至文档要设置样式的文本任意位置或选中此部分文本，单击“预设样式”库中适合的内置样式。

2. 自定义样式

（1）新建样式。当 WPS 提供的内置样式不满足要求，可以根据需要新建样式。

方法一：单击“开始”选项卡中“预设样式”旁的下拉按钮，在弹出列表中选择“新建样式”命令，打开“新建样式”对话框（见图 4-6）。在该对话框中，先完成新样式的属性（包括名称、样式类型、样式基于和后续段落样式）设置，再进行格式（包括字体、字号、字形和段落对齐方式等）设置。

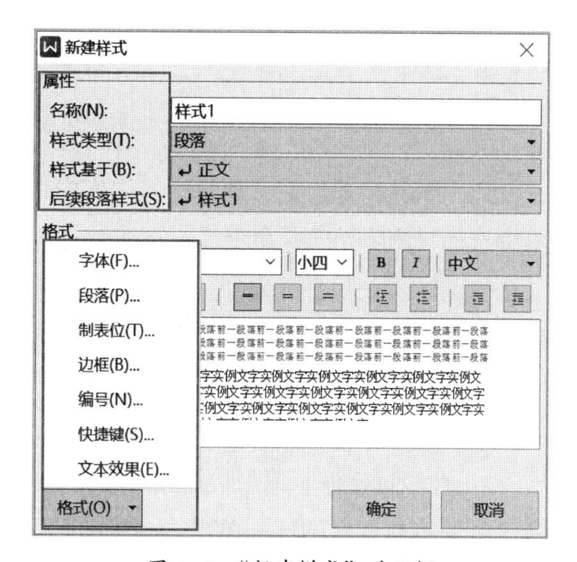

图 4-6 “新建样式”对话框

方法二：单击“开始”选项卡中“预设样式”旁的下拉按钮，在弹出列表中选择“新建样式”命令，打开“新建样式”对话框。单击该对话框中的“格式”按钮，在弹出列表中选择具体格式工具命令（包括字体、段落、制表位、边框、编号、快捷键和文本效果）进入相应的对话框，对格式效果进行详细设置。

新建样式完成后，就可以在“预设样式”库中找到该新样式。和应用“预设样式”方法一样，可将新建样式应用于文本内容。

（2）修改样式。可以对现有的样式进行修改，在文档编辑过程中，若某文本内容应用某种样式，该样式一旦修改，那么应用该样式的文本内容样式也会随之改变。

在“预设样式”库中选择要修改的样式，右击，在弹出的快捷菜单中选择“修改样式”命令，打开“修改样式”对话框，按照需要对原有样式进行修改，如图 4-7 所示。

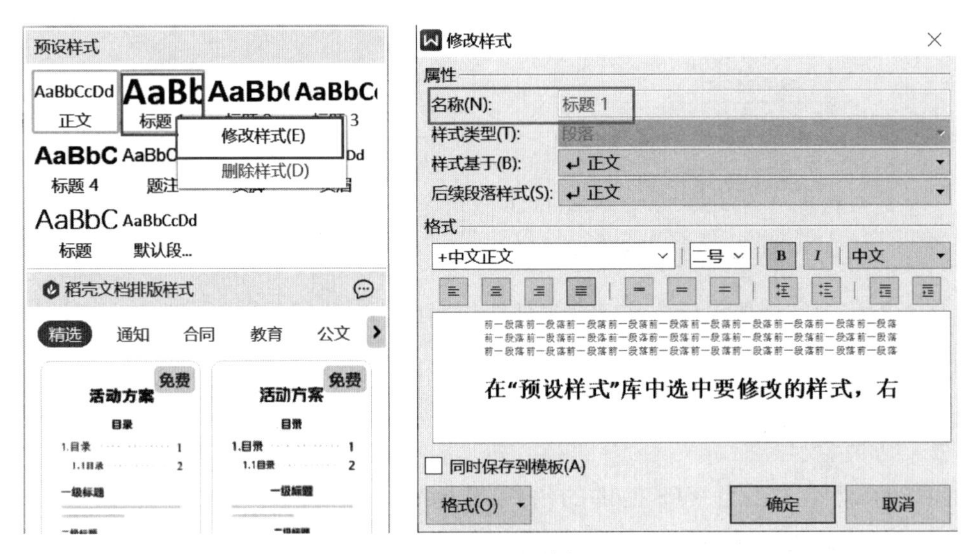

图 4-7　修改样式

（3）删除样式。在“预设样式”库中选择要删除的样式，右击，在弹出的快捷菜单中选择“删除样式”命令。

（4）样式关联多级编号。在长文档编辑中，标题常与编号同时出现，可以通过将样式与多级编号关联，使在应用样式的同时也应用多级编号。

1）单击“开始”选项卡中“预设样式”库的下拉按钮，在下拉选项中选择目标样式，右击，在弹出的快捷菜单中选择“修改样式”命令，打开“修改样式”对话框。

2）在该对话框中单击“格式”按钮，在展开选项中选择“编号”命令，打开“项目符号和编号”对话框；单击“多级编号”选项卡中的“自定义”按钮，打开“自定义多级编号列表”对话框。

3）在“自定义多级编号列表”对话框中进行各级别编号的格式、样式、起始值和字体的详细设置，完成后单击“确定”按钮。

多级编号样式设置如图 4-8 所示。

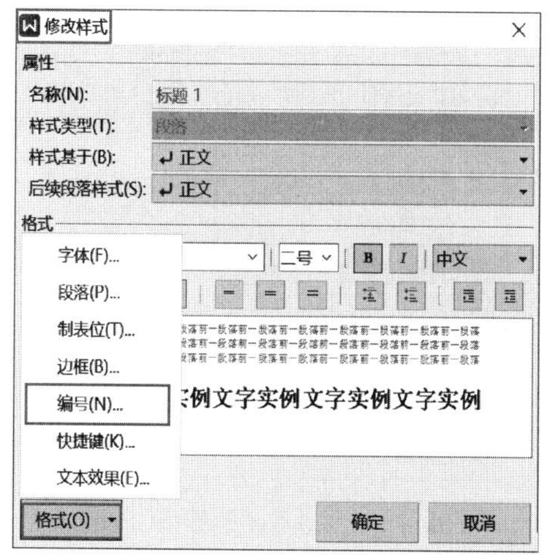

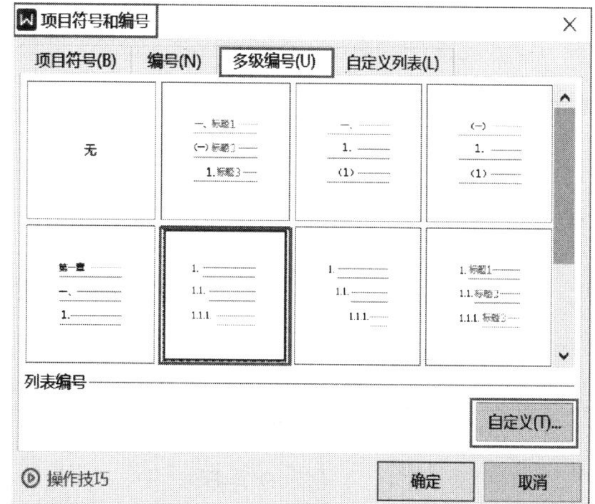

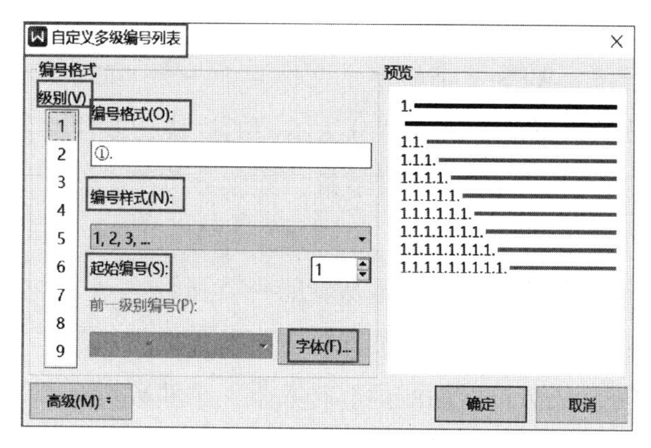

图 4-8　多级编号样式设置

三、插入对象

1. 插入分隔符

WPS 常用分隔符有分页符、分节符和换行符。

（1）分页符。分页符把文档内容分成两个页面。在 WPS 文档编辑过程中，当前文档内容填满一页时会自动开始新的页面。实际操作时，可能会在某一特定位置强制分页，此时就要插入分页符。

方法一：将光标移至需要分页的位置，单击“页面布局”选项卡中的“分隔符”，在下拉选项中选择“分页符”，如图 4-9 所示。

方法二：将光标移至需要分页的位置，单击“插入”选项卡中的“分页”，在下拉选项中选择“分页符”，如图 4-10 所示。

方法三：将光标移至需要分页的位置，按【Ctrl+Enter】键。

图 4-9 插入分页符 1

图 4-10 插入分页符 2

（2）分节符。WPS 文档中“节”是文档格式化的最大单位，分节符是一个“节”的结束符。默认情况下，WPS 文字将整个文档视为一个“节”，此时对文档的页面设置是应用于整篇文档的。分节符将文档分为不同的模块，方便对各个模块单独进行页面设置。WPS 的分节符可分为下一页分节符、连续分节符、偶数页分节符、奇数页分节符四种不同类型。

1）下一页分节符：分节符后的文本从新的一节开始。

2）连续分节符：新节与其前面一节同处于当前页中。

3）偶数页分节符：分节符后面的内容转入下一个偶数页。

4）奇数页分节符：分节符后面的内容转入下一个奇数页。

将光标移至需要分页的位置，单击“页面布局”选项卡中的“分隔符”，在下拉选项中选择合适的分节符，如图 4-11 所示。

（3）换行符。换行符是一种换行符号，又称为手动换行符。换行符在文档中呈现为灰色向下的箭头，其作用是将当前文本内容强制换行，但不分段。

使用换行符时，在确定要插入的位置按【Shift+Enter】键。

2. 插入超链接

WPS 文档的超链接可以让文档的图文直接链接到文档的其他位置、网页或文件，便于用户快速访问相应的内容，提升文档阅读体验。

方法一：选中需要添加超链接的对象（包括文本、图片等对象），单击“插入”选项卡中的“超链接”命令，在“插入超链接”对话框中进行设置，如图 4-12 所示。

方法二：选中需要添加超链接的对象（包括文本、图片等对象），右击，在弹出的快捷菜单中选择“超链接”命令，在“插入超链接”对话框中进行设置。

图 4-11 插入分节符

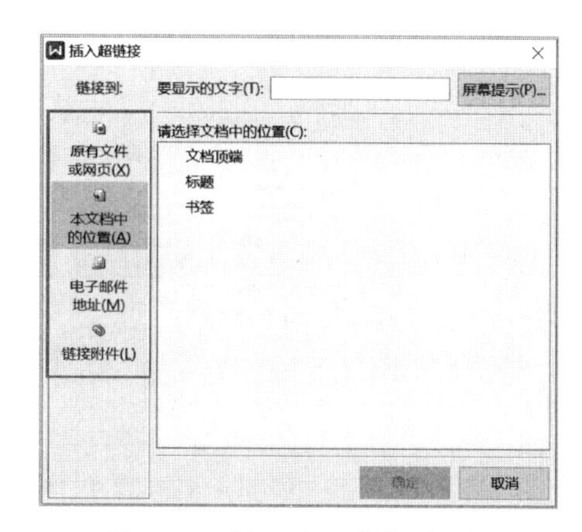

图 4-12 “插入超链接”对话框

链接原有文件或网页时，在“插入超链接”窗口右侧选择需要链接的文件；链接网页则在窗口下方的地址栏输入需要访问的网址，单击“确定”按钮。

四、文档保护

WPS 文字在编辑文档时可能会涉及隐私文档，如合同、简历、学术报告等，为了保护此类文档不被随意访问或修改，可以使用文档权限对文档进行保护。

1. 限制编辑

WPS 提供的限制编辑是指允许编辑文档局部区域，可单击“审阅”选项卡中的“限制编辑”命令，打开“限制编辑”窗格进行相关设置。

（1）只读。把文档内容设置为只读，防止文档内容被修改，但可以设置允许编辑的局部区域。

（2）修订。允许修订文档，但修订记录以修订方式展开。

（3）批注。只允许在文档中插入批注，但可以设置允许编辑的区域。

（4）填写窗体。窗体编辑就是局部编辑，选定区域后设置分组可编辑。

文档保护设置时，对于允许编辑的区域都需要先选中区域，然后选择可以对其编辑的用户，通过“启动保护”录入保护密码，如图 4-13 所示。

2. 文档权限

打开要设置权限的文档，单击“审阅”选项卡中的“文档权限”命令，打开“文档权限”对话框进行相关设置，如图 4-14 所示。文档权限设置分为“私密文档保护”和“指定人”两种。

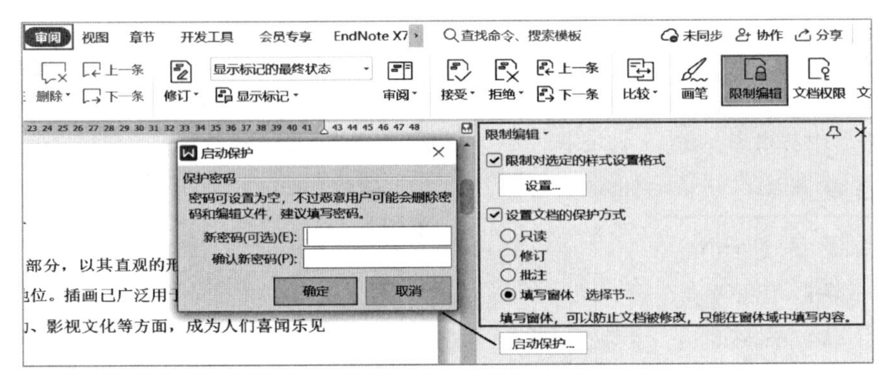

图 4-13　限制编辑

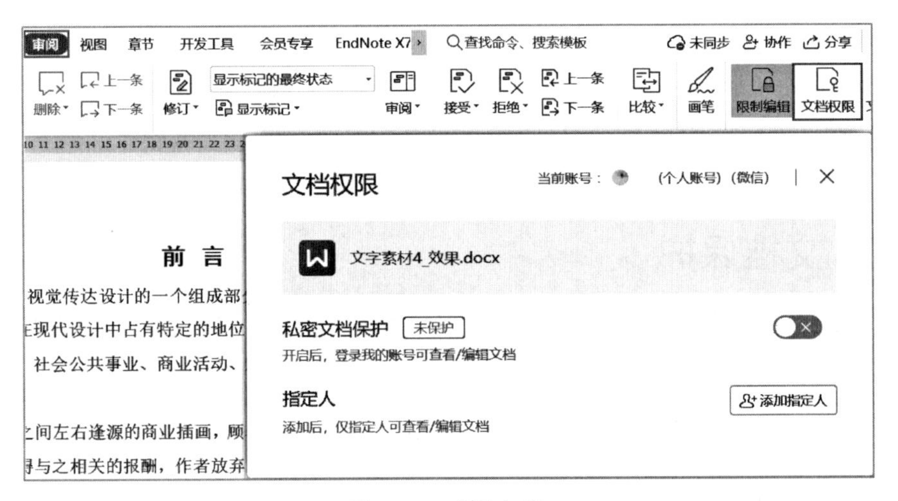

图 4-14　文档权限

（1）私密文档保护。开启“私密文档保护”后，仅文档拥有者的账号才可查看、编辑该文档。若要开启此项保护，需要文档拥有者登录 WPS 账号并进行本人账号确认。

（2）指定人。除了文档拥有者之外，可以指定他人对文档进行编辑。单击“文档权限”窗口中的“添加指定人”按钮，根据提示微信、WPS 账号或者邀请的方式添加指定人，并对其权限进行设置。

实训任务

论文排版

小明同学马上要大学毕业了，正在编辑毕业论文，要求其运用 WPS 文字功能，熟练完成对“毕业论文（原始素材）.docx”的基本编辑与排版，完工后的论文如图 4-15 所示。

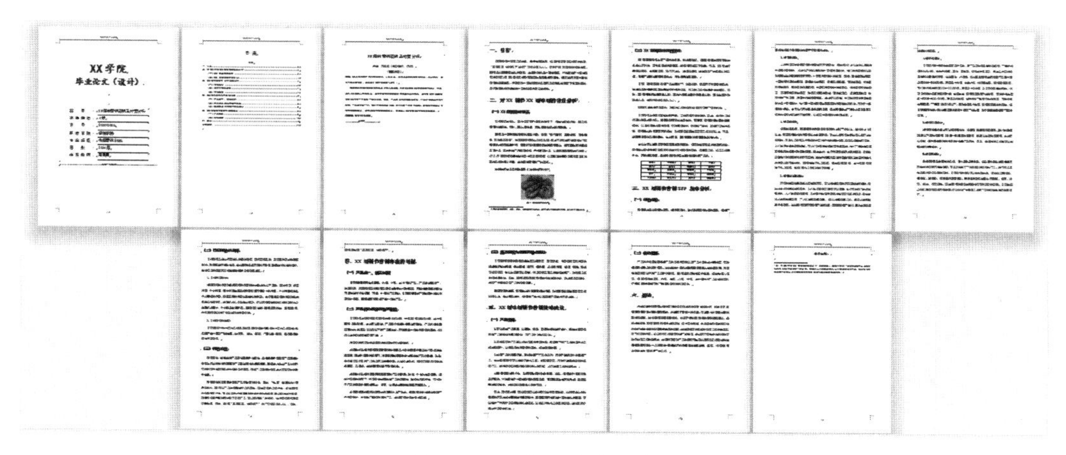
图 4-15　完工后的论文

1. 设置内置样式

使用内置的标题 1 和标题 2 样式，快速格式化文档中的 1 级、2 级标题。

选中需要格式化的目标标题，根据标题级别分别单击“开始”选项卡“样式”组的“标题 1”或“标题 2”样式，如图 4-16 所示，快速格式化目标标题。

图 4-16　使用标题样式

2. 设置自定义样式

自定义一个正文样式，样式名称为“论文正文”，字号为“小四”，字体为“宋体”，对齐方式为“两端对齐”，大纲级别为“正文文本”，段前段后均为“0.5 行”，行距为“1.5 倍行距”，首行缩进“2 字符”，其余样式属性保持默认，然后用自定义的样式格式化正文段落。

（1）单击“开始”选项卡，在“样式”功能组的下拉列表中单击“新建样式”，在“新建样式”对话框中输入和点选相关属性设置，如图 4-17 所示。

（2）根据要求设置样式的段落属性，如图 4-18 所示。

3. 设置脚注

给“一、引言”添加脚注，脚注的内容是“引言也被称为前言、导言、绪论，是文章的开头部分，通常位于书或文章的前面，类似于序言或导言。”脚注的相关属性保持默认。

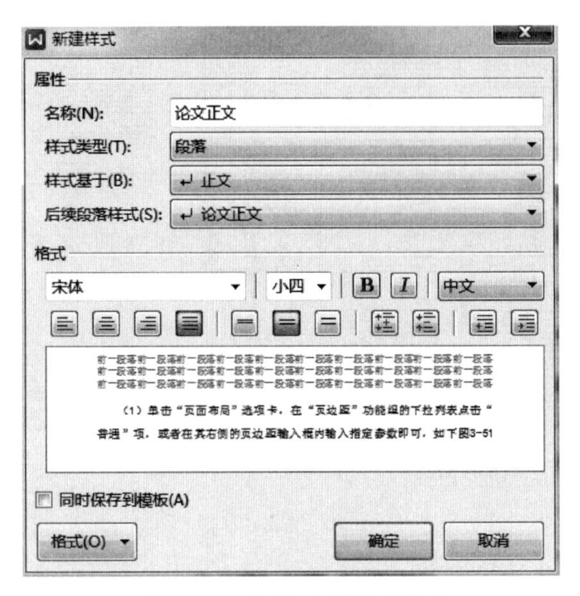

图 4-17　设置标题样式的使用

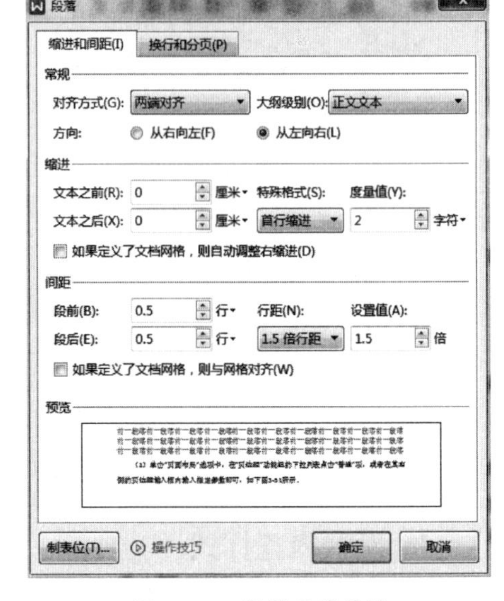

图 4-18　设置段落属性

将光标定位到“一、引言”右侧，单击“引用”选项卡中的“插入脚注”，如图 4-19 所示，将需要的脚注内容复制或输入到脚注区域。

4. 设置尾注

为第二个标题“二、对 ×× 销售 ×× 啤酒的背景分析”添加尾注，尾注内容为“啤酒的起源可以追溯到公元前 6000 年左右的中东地区，苏美尔人用大麦芽酿制出了原始的啤酒，现代啤酒的酿造技术是在公元 8 世纪左右的德国巴伐利亚地区发展起来的。”，尾注的相关属性保持默认。

将光标定位到“二、对 ×× 销售 ×× 啤酒的背景分析”右侧，单击“引用”选项卡中的“插入尾注”，如图 4-20 所示，将需要的尾注内容复制或输入到尾注区域。

图 4-19　插入脚注　　　　图 4-20　插入尾注

5. 设置分节符

通过插入“分节符”的方式，将“目录”标题放置在下一页的顶端位置。

将光标定位到“目录”两个字的左侧，然后单击“插入”选项卡，选择“分页”

下拉列表中的“下一页分节符”，如图 4-21 所示。

6. 设置保护文档

保护当前文档，即打开不需要密码，但是打开后无法编辑也无法执行复制、删除、框选等操作，将保护密码设置为“1234”。

单击“审阅”选项卡中的“限制编辑”，在“限制编辑”窗口进行如图 4-22 所示的设置。

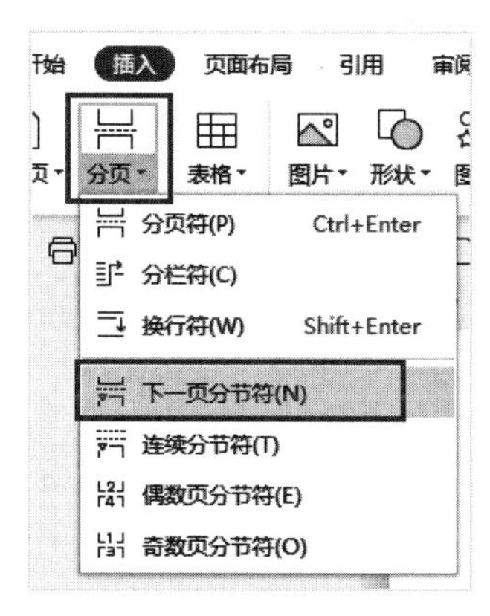

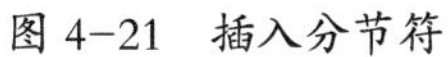
图 4-21 插入分节符

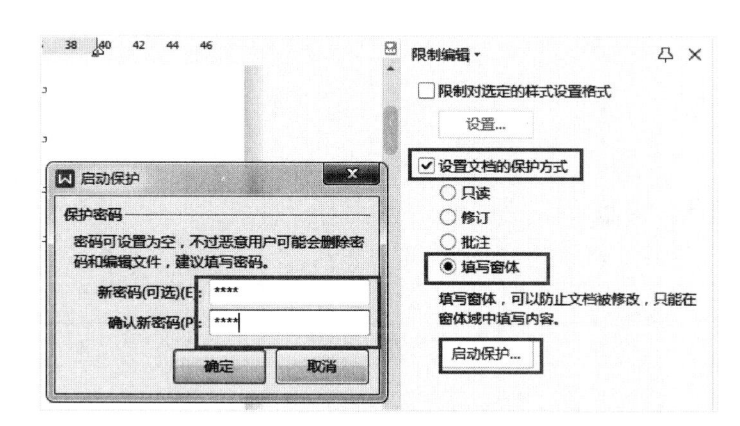

图 4-22 设置保护文档

培训任务 2

WPS 表格应用

学习单元 5

表格基础操作

一、WPS 表格界面介绍

启动 WPS 表格应用程序后，其工作界面如图 5-1 所示，WPS 表格界面说明见表 5-1。

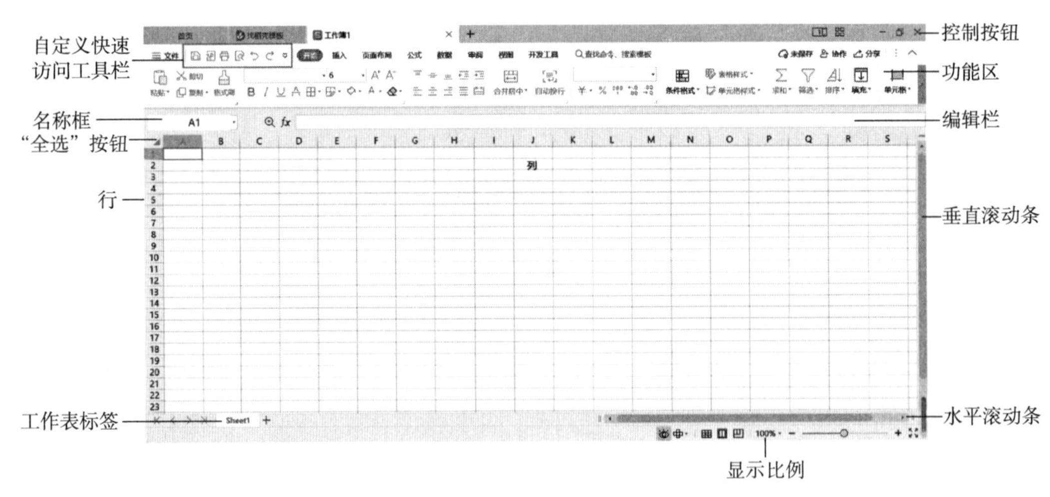

图 5-1　WPS 表格界面

表 5-1　　WPS 表格界面说明

名称	说明
自定义快速访问工具栏	由常用的工具按钮组成，如“保存”按钮、“输出为 PDF”按钮和“打印”按钮等
功能区	功能区包含“文件”菜单、快速访问工具栏、功能区选项卡、快速搜索框等
工作表标签	默认名称为“Sheet1”，用于显示当前工作表的名称
名称框	显示活动单元格的地址或快速定位单元格
编辑栏	编辑栏可以输入、编辑或显示工作表中当前单元格的数据，也可以输入和编辑公式
工作区	工作区占整个窗口的大部分区域，由单元格组成，是制作表格或图表的区域
填充柄	填充柄是快速填充单元格内容的工具，在选定区域右下角有一个绿色小方块，当鼠标滑到小方块时变成实心“+”

二、WPS 表格的基本概念

1. 工作簿

工作簿是 WPS 表格建立的一个文件，默认情况下，WPS 表格为每个新建工作簿创建 1 个工作表，其标签名为“Sheet1”，用户可以根据需要自行增加或删除工作表。

2. 工作表

工作簿中的每一张表称为一个工作表，工作表的名称在工作表标签上显示。工作表中的行号由阿拉伯数字标记，列标由英文字母标记。

3. 单元格

工作表中行、列交叉构成的小方格称为单元格，是 WPS 表格的最小组成单位。每个单元格都有唯一的地址，由其所在列标和行号组成表示，如 A1 指的是 A 列第 1 行的单元格，D10 指的是 D 列第 10 行的单元格。

活动单元格是指用鼠标单击某一单元格，该单元格的边框线变粗，此单元格为活动单元格，用户可在活动单元格输入、编辑数据。

4. 区域

区域是指一组单元格，可以是连续的，也可以是不连续的。

（1）连续区域。连续区域用区域的左上角单元格和右下角单元格的地址表示，两者之间用冒号分隔，如图 5-2 所示的连续区域表示为 B2:C4。

（2）不连续区域。不连续区域之间用逗号分隔，如图 5-3 所示的不连续区域表示为 A2:B3, D3:E5, F7。

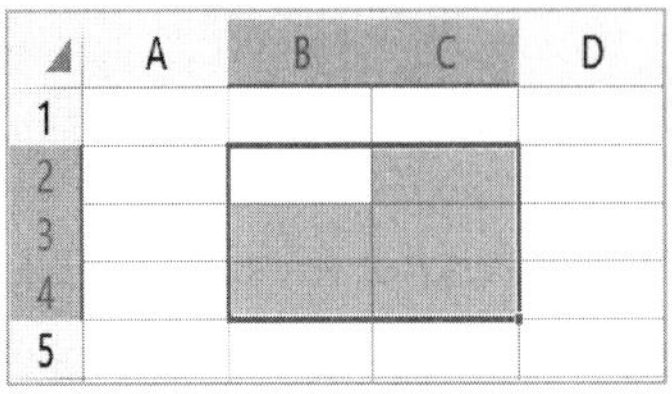

图 5-2　连续区域

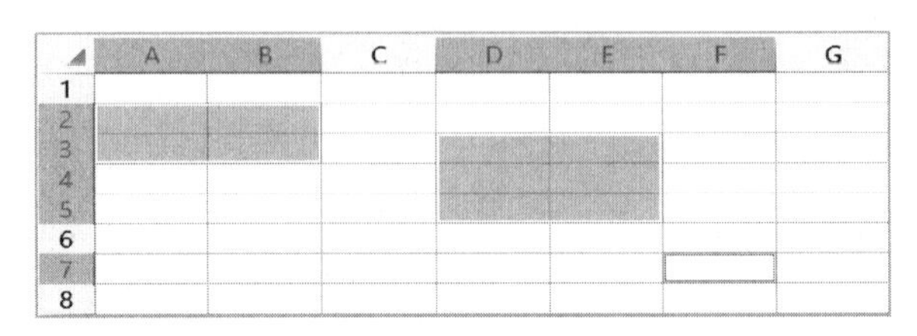

图 5-3　不连续区域

三、表格数据的基本操作

1. 工作簿的基本操作

（1）新建工作簿

方法一：单击“WPS Office”首页左侧导航条的“新建”按钮。在“新建”页面中选择“表格”选项卡，然后在“推荐模板”中选择“新建空白文档”，默认文件名为“工作簿 1”。

方法二：如果当前正在编辑 WPS 表格，按【Ctrl+N】键可以快速创建一个新的工作簿。

WPS 提供了许多可供选择的工作表模板，如教学常用表、人事行政表、个人常用表等。其创建步骤是按上述方法一在新建工作簿时，在“推荐模板”中选择相应的模板选项。

（2）打开工作簿

方法一：双击工作簿文件名，可以快速打开要编辑的工作簿。

方法二：单击 WPS 表格“文件”菜单，在下拉选项中选择“打开”命令，打开“打开文件”对话框，在该对话框中选中相应的工作簿文件名，单击“打开”按钮。

（3）保存工作簿

方法一：单击“快速访问工具栏”中的“保存”按钮，弹出“另存为”对话框，选择“保存路径”，输入“文件名称”，单击“保存”按钮。

方法二：按【Ctrl+S】键，快速保存工作簿。

2. 工作表的基本操作

工作表是 WPS 表格的核心，不同类别的数据可以存放在不同的工作表中。

（1）新建工作表。单击工作表标签栏右侧的“+”按钮，即可增加一张新的工作

表，新创建的工作表总是位于最右侧。

（2）删除工作表。选中要删除的工作表，右击，在弹出的快捷菜单中选择“删除”命令。

（3）插入工作表。选中某张工作表的标签，右击，在弹出的快捷菜单中选择“插入工作表”命令，在“插入工作表”对话框中设定要插入工作表的数目和位置，如图 5-4 所示。

（4）移动或复制工作表。移动工作表是指将当前工作表移至当前工作簿或其他工作簿的指定工作表之前或所有工作表之后。复制工作表是指将当前工作表的副本移至当前工作簿或其他工作簿的指定工作表之前或所有工作表之后。

选中要移动或复制的工作表标签，右击，在弹出的快捷菜单中选择“移动”命令，在打开的“移动或复制工作表”对话框中设定目标位置，如图 5-5 所示。若要复制工作表，则需勾选“建立副本”复选项。

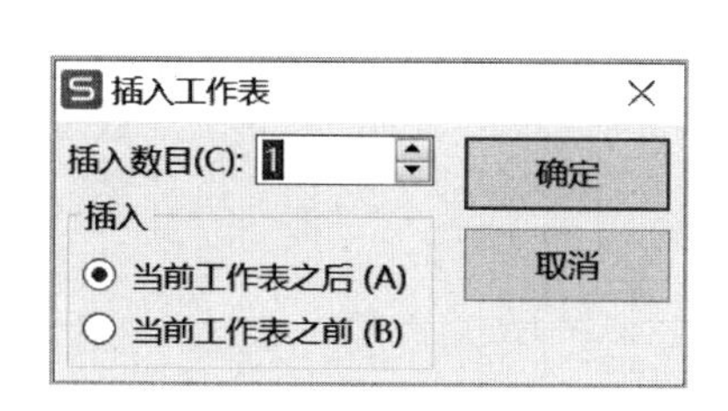

图 5-4　插入工作表

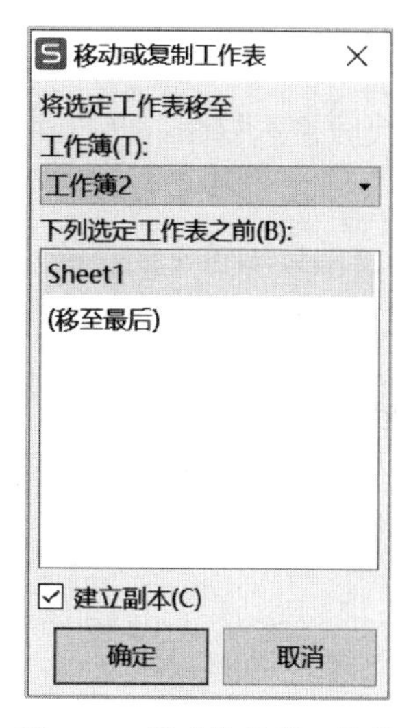

图 5-5　移动或复制工作表

（5）重命名工作表。在工作表标签栏，选中需要重命名的工作表标签，右击，在弹出的快捷菜单中选择“重命名”命令进行修改；也可以双击工作表标签，此时标签名称进入编辑状态，输入新的工作表名即可。

（6）设置工作表标签的颜色。在工作表标签栏，选中需要设置颜色的工作表标签，右击，在弹出的快捷菜单中选择“工作表标签 / 标签颜色”命令，在右侧颜色框中选择合适的颜色。

（7）隐藏和取消隐藏工作表

1）隐藏工作表。在工作表标签栏，选中需要隐藏的工作表标签，右击，在弹出的快捷菜单中选择“隐藏”命令。

2）取消隐藏工作表。选中任意工作表标签，右击，在弹出的快捷菜单中选择“取消隐藏”命令，在弹出的“取消隐藏”对话框中选择需要取消隐藏的工作表，单击“确定”按钮，如图 5-6 所示。

图 5-6　取消隐藏工作表

3. 数据输入与序列填充

（1）数据输入。WPS 表格允许在单元格输入文本、数值、日期和时间数据类型，也可以输入特殊符号。在 WPS 表格输入数据的方法如下。

1）直接输入。将光标移至要录入数据的目标单元格，双击单元格进入编辑状态，直接输入数据；也可单击选中目标单元格，在“编辑栏”输入数据。

2）复制、粘贴输入。使用复制、粘贴功能将数据收集到指定的单元格中。选中要复制的源数据，通过复制、粘贴命令将数据复制到目标单元格。

3）从外部导入数据。从外部导入的数据通常以文本文档（.txt）存储，WPS 提供命令实现将文本文档中数据按指定格式导入 WPS 表格。以文本文档存储数据，数据之间要使用统一的分隔符（如空格、逗号、制表符等）分隔。

①单击“数据”选项卡中的“获取数据”命令，在下拉选项中选择“导入数据”，打开“第一步：选择数据源”对话框，在该对话框中选择数据源来自“直接打开数据文件”，在“打开”对话框中选择数据所在文本文档，单击“打开”按钮，进入“文件转换”对话框，如图 5-7 所示。

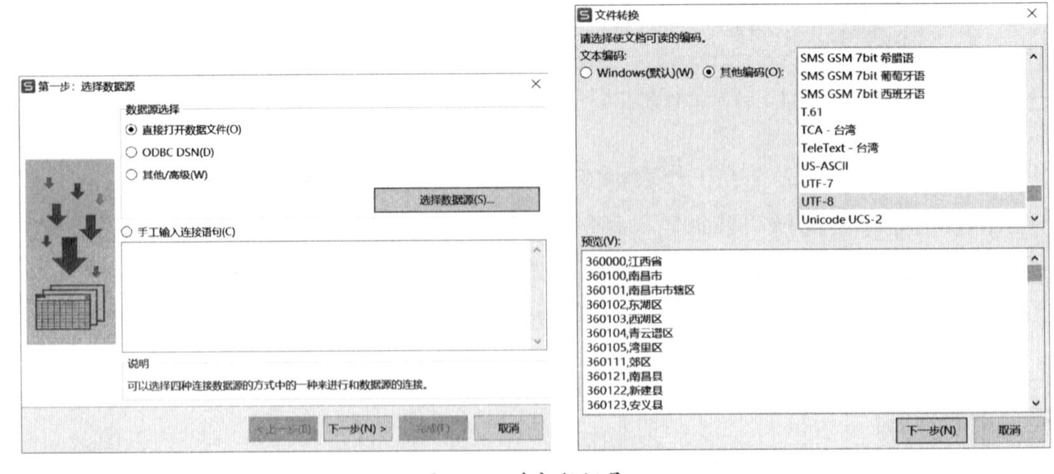

图 5-7　外部数据导入

②在“文件导入”对话框中单击“下一步”按钮，进入“文本导入向导”系列对话框，如图 5-8 所示，在文本导入向导下逐步完成相关设置。

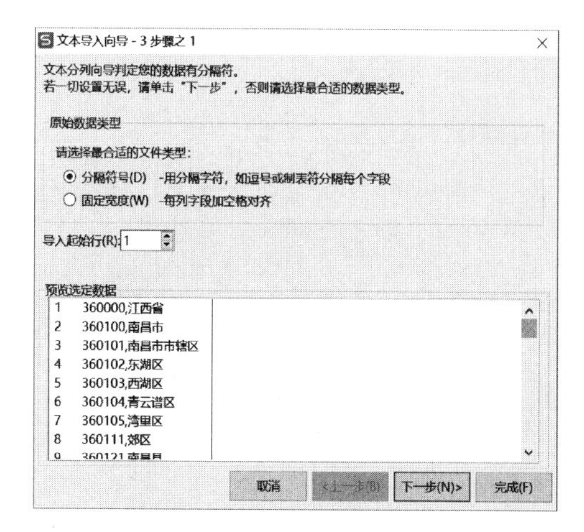

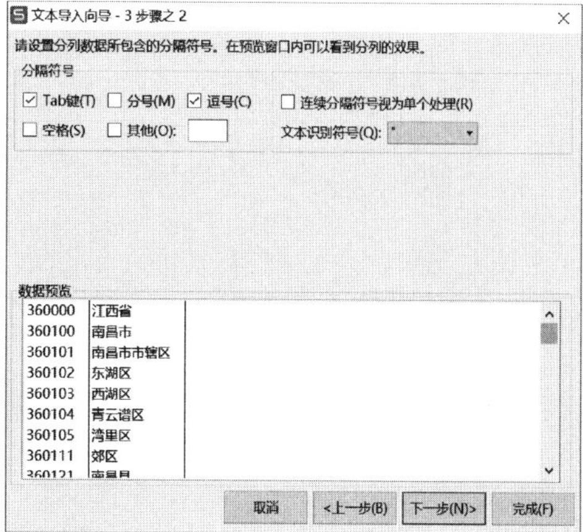

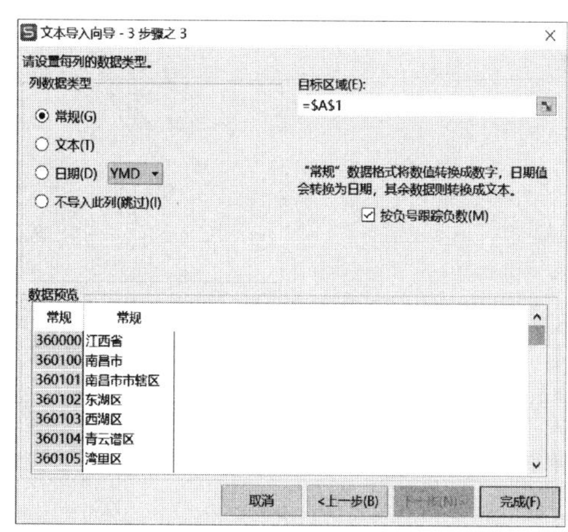

图 5-8 文本导入向导

（2）序列填充。序列填充只需拖动鼠标或简单设置即可在短时间内完成一个序列数据的快速输入。

1）等差数列填充。在行或列上任意两个连续单元格填充数值型数据，选中这两个单元格，然后将鼠标移至最后一个单元格的填充柄位置，当鼠标变成十字形时，按住左键拖到目标单元格处，即可完成等差数列快速填充。

2）相同内容填充。若需要序列填充相同数据，则需要在按住鼠标左键拖动的同时按【Ctrl】键；或直接拖动鼠标左键到目标单元格后释放鼠标，然后单击目标单元格的右下角“自动填充选项”，在下拉选项中选择“复制单元格”命令，如图 5-9 所示。

3）自定义序列填充。选中要填充的单元格并输入序列的起始值；单击“开始”选项卡中的“填充”命令，在下拉选项中选择“序列”，打开“序列”对话框；在该对话框中，根据需要设置序列产生在行或列、类型、步长值、终止值；单击“确定”按钮，实现自定义序列填充，如图 5-10 所示。

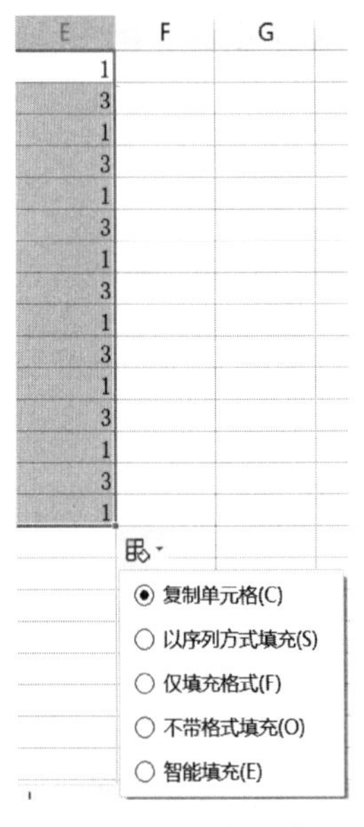

图 5-9　相同序列填充

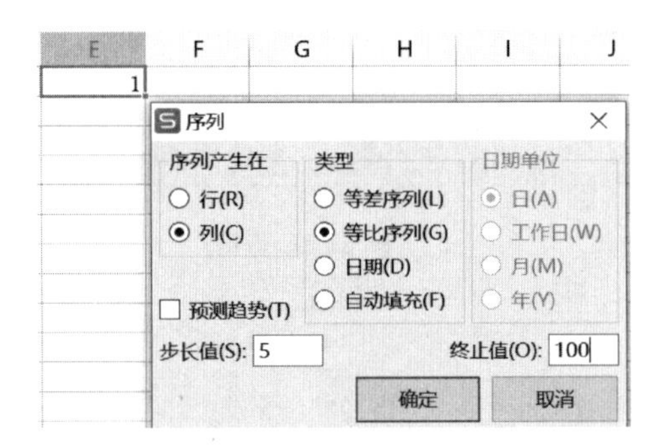

图 5-10　自定义序列填充

4. 单元格数字格式

系统默认的单元格数字格式为“常规”，在输入内容后，系统会根据单元格中的内容自动判断数字格式，具体的数据输入方式见表 5-2。

表 5-2　数据输入方式

数字格式	输入方法	示例
文本	（1）当输入的文本超出单元格的宽度时，需要调整单元格的宽度才能完整显示 （2）输入数字型文本时，可以在数字前输入单引号【'】	输入一串长数字：'360701121201100019
数值	（1）输入【1/3】时，系统自动将其转化为日期 1 月 3 日 （2）要输入分数，需要在其前面输入 0 和空格	输入分数：0 1/3
日期	年、月、日之间用【/】或【-】号分隔	输入日期：2024/3/21
时间	时、分、秒间用【:】分隔	输入时间：12:32:05

WPS 还提供了设置已有数据数字格式的方法。

方法一：选中需要设置数字格式的单元格区域，单击“开始”选项卡，在“单元格样式”栏中选择相应的功能按钮快速设置，如图 5–11 所示。

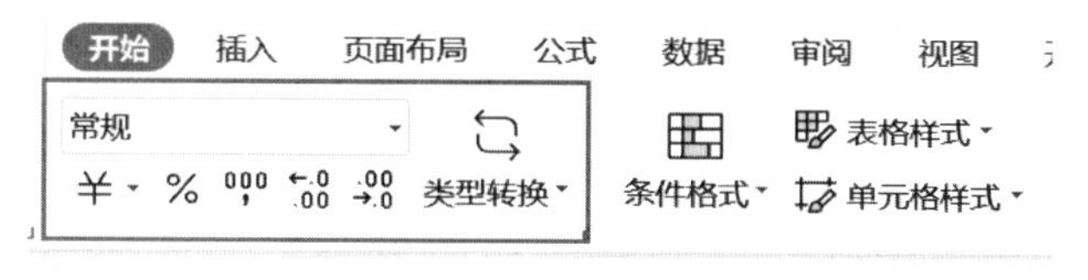

图 5–11　数字格式设置

方法二：选中需要设置数字格式的单元格区域，右击，在弹出的快捷菜单中选择“设置单元格格式”命令，进入“单元格格式”对话框完成数字格式的详细设置，如图 5–12 所示。

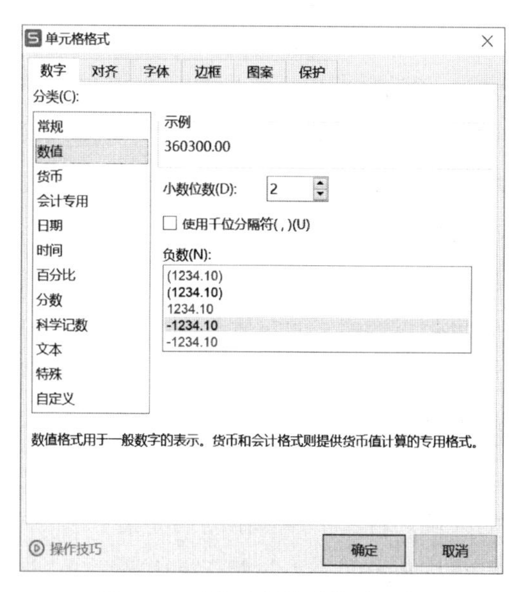

图 5–12　“单元格格式”对话框

5. 单元格的基本操作

（1）复制、粘贴单元格。WPS 表格文稿单元格数据可以快速复制和粘贴。

可以选择需要复制的单元格和单元格区域，按【Ctrl+C】键复制数据（【Ctrl+X】键为剪切数据），选择目标位置的第 1 个单元格，按【Ctrl+V】键完成单元格内容的粘贴。也可以通过单击“开始”选项卡中的“复制”和“粘贴”按钮来实现。

在粘贴时，会出现粘贴选项按钮，用户可根据实际需要单击指定选项完成选择性粘贴，如图 5–13 所示。也可以单击“选择性粘贴”选项，打开“选择性粘贴”对话框进行设置。

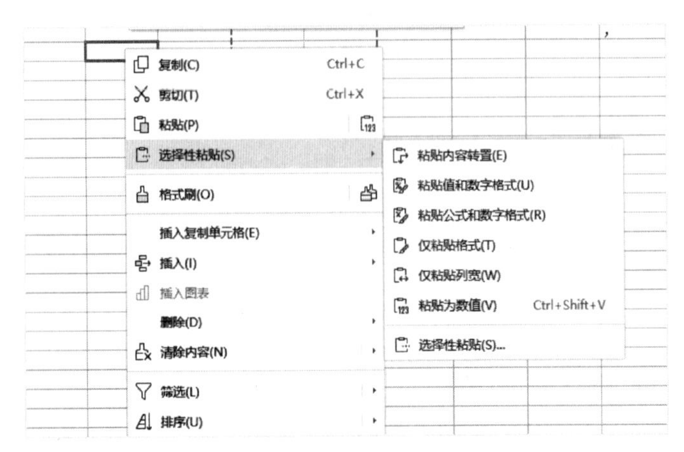

图 5-13　选择性粘贴

1）粘贴内容转置：粘贴时互换行和列。

2）粘贴值和数字格式：仅粘贴在单元格中显示的值和文本、数值、日期等内容。

3）粘贴公式和数字格式：除粘贴源区域内容外，还包含源区域的公式和数值格式。数字格式包括货币样式、百分比样式、小数点位数等。

4）仅粘贴格式：仅粘贴单元格格式，不粘贴内容。

5）仅粘贴列宽：将选定的单元格或列的宽度信息复制并粘贴到目标单元格或列上，而不包括其中的任何数据、格式（如字体、颜色等）或其他单元格属性。

6）粘贴为数值：仅粘贴在单元格中显示的值。

（2）插入单元格。插入单元格是指在已有数据表中插入空白单元格用于填充数据。

选中要插入单元格的区域，右击，在弹出的快捷菜单中选择“插入”命令，在打开的“插入”对话框中选择“活动单元格右移”或“活动单元格下移”完成插入操作，如图 5-14 所示。

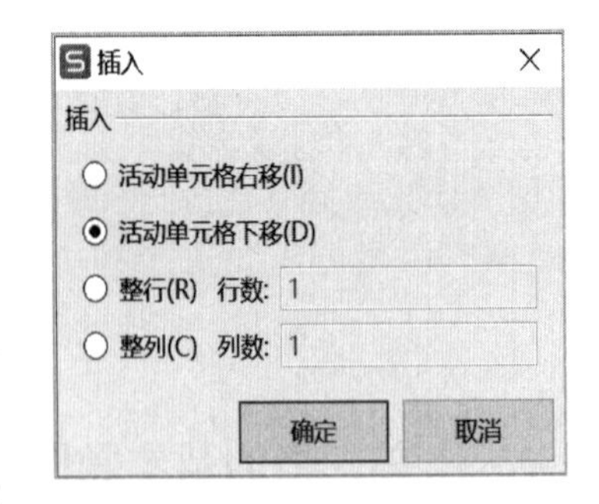

图 5-14　插入单元格

（3）删除单元格。删除单元格与清除单元格内容是不同的。删除单元格后其右侧或下方单元格会左移或上移；而清除单元格内容只是将单元格中的数据内容清空，单元格依然存在。

选中要删除的单元格，右击，在弹出的快捷菜单中选择“删除”命令，在其级联菜单中选择“右侧单元格左移”或“下方单元格上移”完成删除操作，如图 5-15 所示。

（4）合并单元格。合并单元格是指将表格中连续多个单元格合并为一个单元格。

选中要合并的单元格区域，单击“开始”选项卡中的“合并居中”，在下拉选项中选择需要的合并方式，如图 5-16 所示。

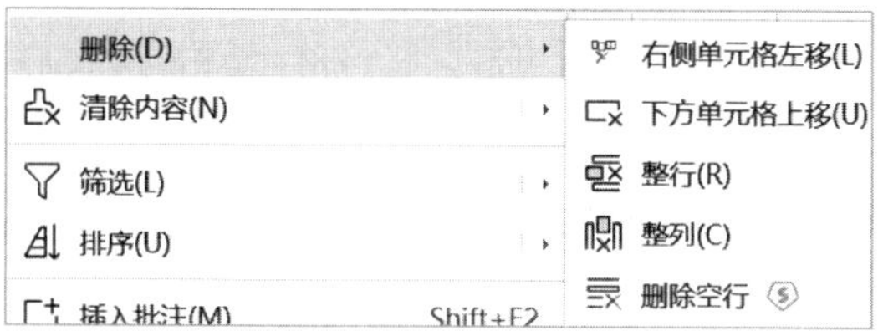

图 5-15　删除单元格

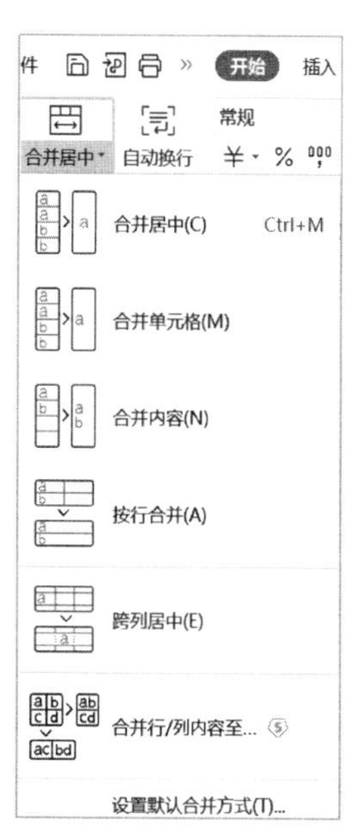

图 5-16　合并单元格

6. 工作表行列的基本操作

（1）插入行列

方法一：选中单元格，右击，在弹出的快捷菜单中选择“插入”命令，在打开的“插入”的对话框中选择“整行”或“整列”及输入具体的数目，即完成插入行或列操作。

方法二：插入行时，将光标移至某一行号，单击选中此行，右击，在弹出的快捷菜单中选择“在上方插入行”（“在下方插入行”）命令，并输入具体的行数，确认无误单击“√”，如图 5-17 所示。插入列时，将光标移至某一列表，单击选中此列，右击，在弹出的快捷菜单中选择“在左侧插入列”（“在右侧插入列”）命令，并输入具体的列数，确认无误单击“√”，如图 5-18 所示。

（2）删除行列。选中要删除的行或列，右击，在弹出的快捷菜单中选择“删除”命令。

（3）隐藏 / 取消隐藏行列。选中要隐藏的行或列，右击，在弹出的快捷菜单中选择“隐藏”命令。隐藏行列的工作表具有“取消隐藏”标志，如图 5-19 所示，单击该标志即可实现“取消隐藏”操作。

（4）设置行高和列宽。WPS 表格中行列默认是最合适的行高和列宽，但有时因为

图 5-17　插入行

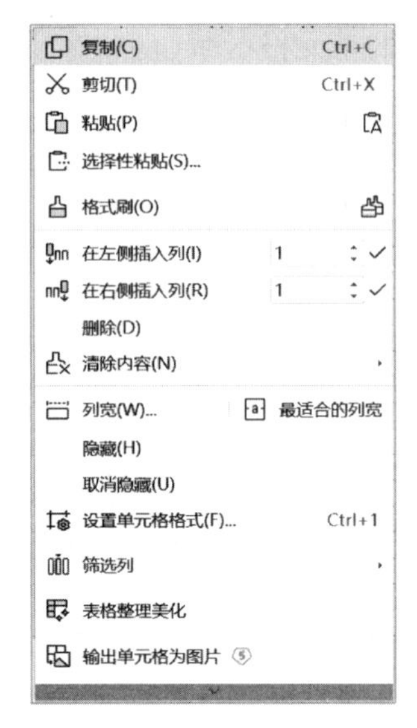

图 5-18　插入列

单元格中内容字符数太多，而表格的宽度不够，相关内容会呈现为“######”，通过调整行高或列宽，即可显示完整内容。

1）自定义行高与列宽。以自定义列宽为例，选中需要设置列宽的一列或多列，右击，在弹出的快捷菜单中选择“列宽”命令；或单击“开始”选项卡中的“行和列”命令，如图 5-20 所示，在下拉列表中选择“列宽”命令，在弹出的“列宽”对话框中输入列宽数据。

2）设置最合适的行高与列宽。以列宽设置为例，选中需要设置列宽的一列或多列，右击，在弹出的快捷菜单中选择“最适合的列宽”命令；或单击“开始”选项卡中的“行和列”命令，在下拉列表中选择“最适合的列宽”命令。

	A	C	D
1	360000		江西省
2	360100		江西省
3	360101		江西省
4	360102		江西省
5	360103		江西省
6	360104		江西省
7	360105		江西省

图 5-19　“取消隐藏”标志

图 5-20　行高 / 列宽设置

四、表格样式设置

1. 单元格文本格式设置

单元格中文本内容可进行字体、字号、字形、颜色等字体格式和段落格式设置。

方法一：选中需要进行文本格式设置的单元格，单击“开始”选项卡中字体格式和段落格式相关命令，如图 5-21 所示。

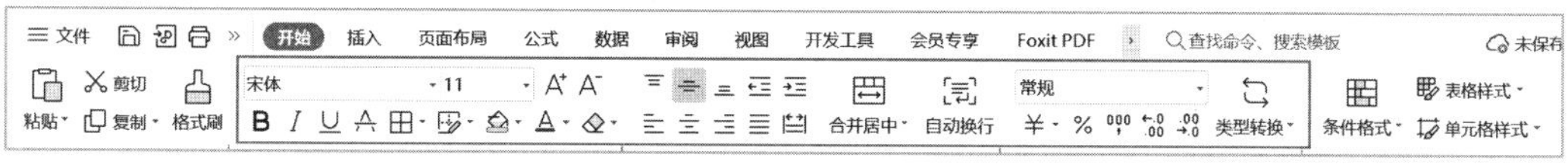

图 5-21　单元格文本格式设置

方法二：选中需要进行文本格式设置的单元格，右击，在弹出的“单元格格式”对话框中完成各项格式设置，如图 5-22 所示。

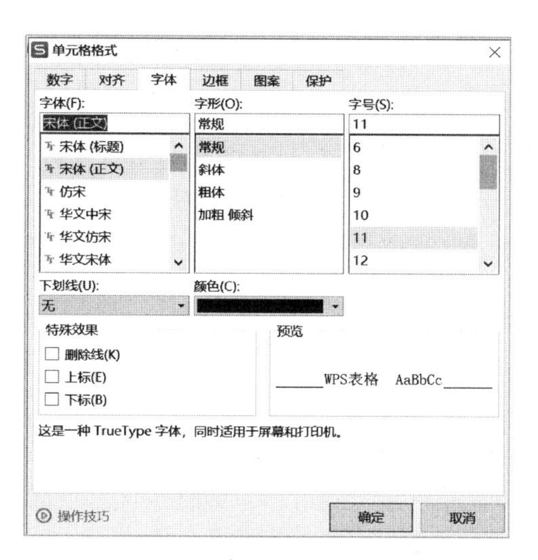

图 5-22　“单元格格式”对话框

2. 单元格边框设置

WPS 表格中单元格的边框线默认为灰色，即表示在打印输出时边框线不显示。可以为单元格添加不同颜色、不同样式的边框线，让表格更加美观。

（1）基础边框。选中需要设置边框线的单元格区域，单击“开始”选项卡的“边框”命令，在其下拉选项中选择合适的边框线快速设置边框线效果，如图 5-23 所示。

（2）自定义设置边框。选中需要设置边框线的单元格区域，单击“开始”选项卡的“单元格”命令，在下拉选项中选择“设置单元格格式”命令，打开“单元格格式”

对话框，在“边框”选项卡中进行边框设置，如图 5-24 所示。

图 5-23　基础边框线设置

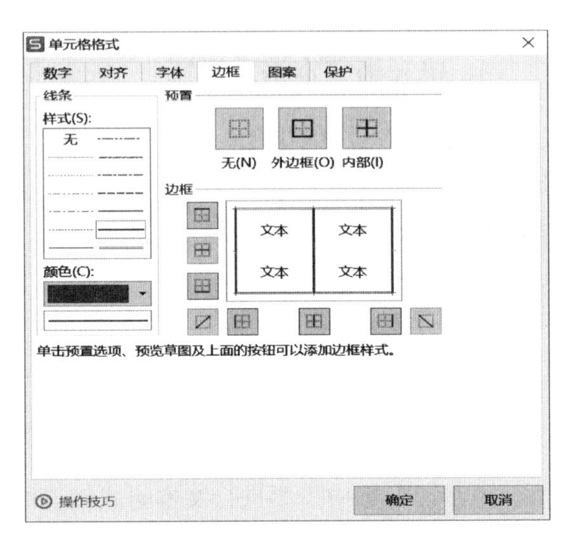

图 5-24　边框线自定义设置

（3）绘制边框线。WPS 表格提供绘制或擦除边框等功能，如图 5-25 所示。单击“开始”选项卡的“绘图边框”命令，在其下拉选项中设置对应的线条颜色和样式，选择“绘图边框”或“绘图边框网格”，此时鼠标变成笔的形状，按住鼠标左键，在对应单元格区域拖动鼠标进行绘制，即可完成边框线添加。

如果绘制的边框线不符合要求，单击“开始”选项卡的“绘图边框”命令，在其下拉选项中选择“擦除边框”。

3. 单元格底纹设置

WPS 可以为单元格填充不同颜色和样式，作为单元格的底纹。

选中要设置底纹的单元格区域，打开“单元格格式”对话框，在该对话框“图案”选项卡中进行颜色、图案样式和填充效果等设置，设置完成后单击“确定”按钮，如图 5-26 所示。

4. 单元格样式设置

单元格样式是 WPS 表格预定义的字体、字号、单元格边框、单元格底纹和数字格式的特定格式。使用单元格样式可以快速对单元格进行格式统一。

（1）单元格样式应用。此处以 WPS 表格提供的内置样式为例，如果要应用自定义样式，同样方式引用。

选中需要设置样式的单元格区域，单击“开始”选项卡中的“单元格样式”命令，在下拉列表中单击选择合适样式，如图 5-27 所示。

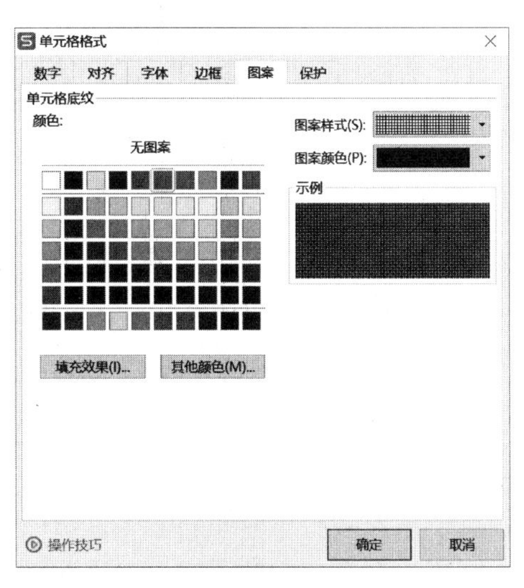

图 5-25　绘制边框

图 5-26　底纹设置

（2）单元格样式创建。单击图 5-27 中所示的“新建单元格样式”命令，弹出“样式”对话框，如图 5-28 所示，在该对话框中输入样式名；单击“格式”按钮，弹出“单元格格式”对话框，在该对话框中设置单元格的数字格式、对齐格式、字体格式、边框格式和底纹格式，设置完成后单击“确定”按钮，再单击“样式”对话框中的“确定”按钮，即完成单元格样式创建。刚创建的样式可以在“单元格样式”中呈现并引用。

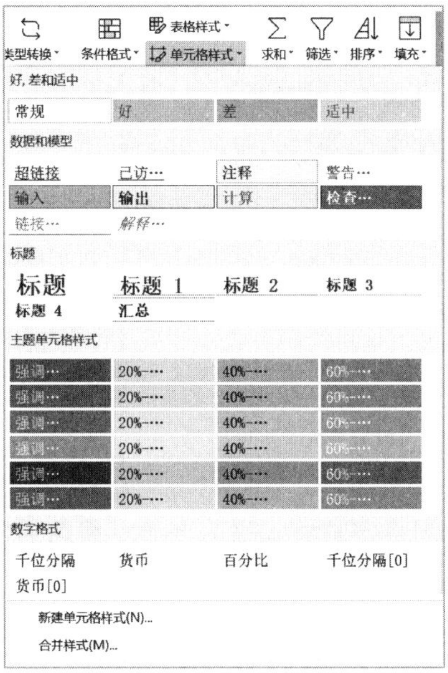

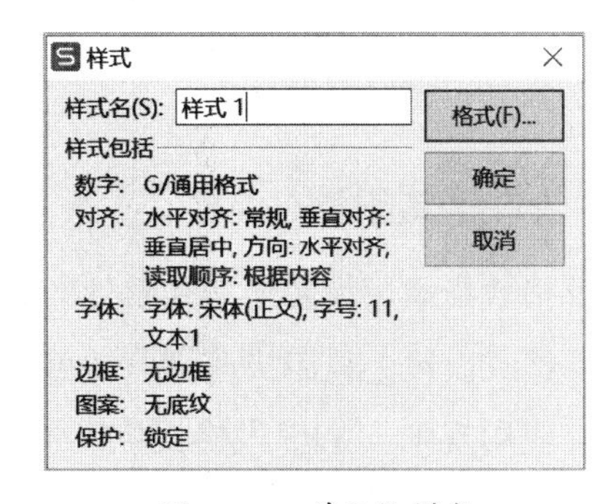

图 5-27　单元格样式应用

图 5-28　单元格样式

（3）单元格样式修改。在“单元格样式”下拉选项中选择要修改的样式，右击，在弹出的快捷菜单中选择“修改”命令，即可进入“样式”对话框，可参考创建样式的方法进行样式调整。

5. 表格样式设置

表格完成后是默认的表格样式，即没有套用任何样式的数据表，无样式的数据表相对单调，阅读界面不够友好。

WPS 表格可直接引用浅色系、中色系和深色系内置表格样式，以方便用户快速套用表格样式，让表格更加美观。

选中需要套用表格样式的单元格区域，单击“开始”选项卡中的“表格样式”命令，在下拉列表中选择合适的表格样式，当鼠标移至选定的表格样式时会出现该样式的名称，如图 5-29 所示。

单击选定的表格样式后，弹出“套用表格样式”对话框，如图 5-30 所示。在该对话框中确定数据来源，根据需要设置“仅套用表格样式”或“转换成表格，并套用表格样式”。

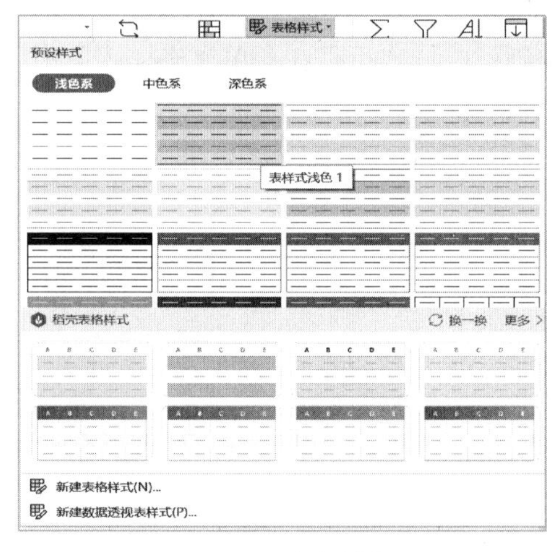

图 5-29　表格样式

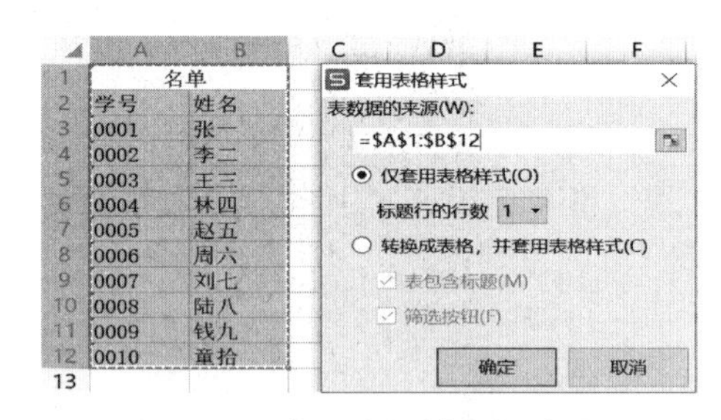

图 5-30　“套用表格样式”对话框

6. 条件格式设置

条件格式指通过为满足某些条件的数据应用特定的格式来改变单元格区域的外观，通过条件格式设置，只需快速浏览即可识别一系列数值中存在的差异。

（1）应用规则。WPS 表格提供突出显示单元格规则（如大于、小于、介于……），项目选取规则（如前 10 项、前 10%……），可根据需要选择某一条件进行条件格式的快速设置；同时还提供了数据条、色阶、图标集等条件规则。

选中需要设置条件格式的单元格区域，单击“开始”选项卡中的“条件格式”命令，在下拉选项中选择合适的条件规则，如图 5-31 所示。

（2）新建规则。可以通过新建规则实现自定义条件格式中规则。

选中需要设置条件格式的单元格区域，单击“开始”选项卡中的“条件格式”命令，在下拉选项中选择“新建规则”，弹出“新建格式规则”对话框，如图 5-32 所示，在该对话框中根据需要进行条件规则设置，完成设置后单击“确定”按钮。

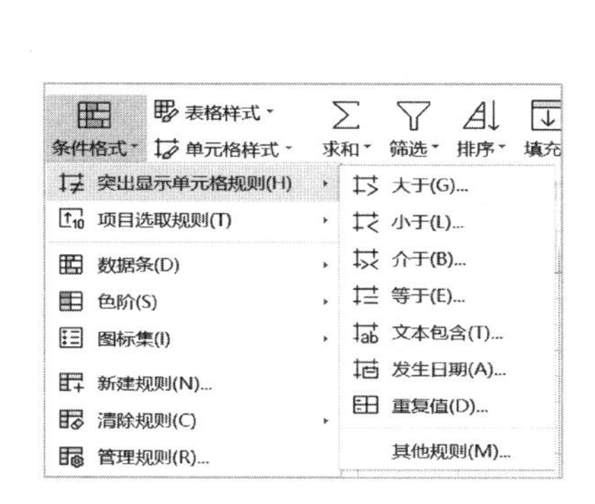

图 5-31　条件格式预设规则

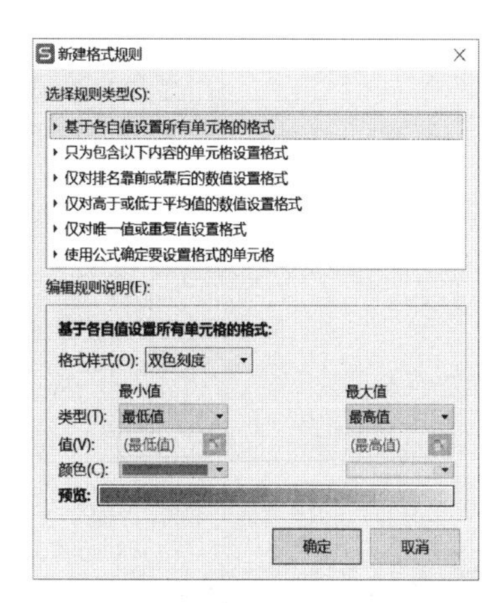

图 5-32　“新建格式规则”对话框

（3）管理规则。管理规则包括新建规则、编辑规则、删除规则和设置规则应用区域。

单击“开始”选项卡中的“条件格式”命令，在下拉选项中选择“管理规则”，弹出“条件格式规则管理器”对话框，如图 5-33 所示。在该对话框中可以浏览所有条件格式规则，也可编辑和删除选中条件格式规则。

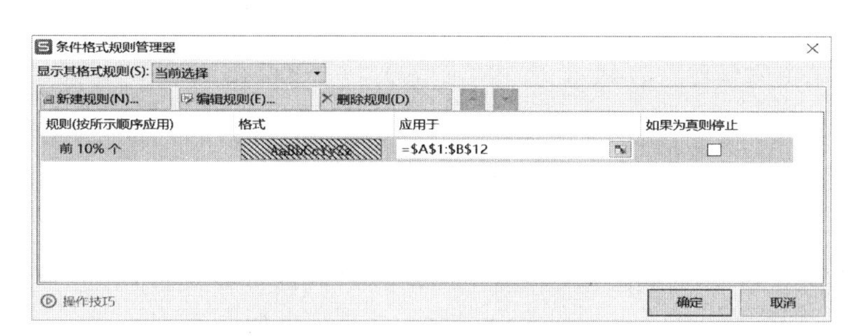

图 5-33　条件格式规则管理器

（4）清除规则。清除已添加条件格式的单元格区域格式，恢复初始状态。

选中需要清除条件格式的单元格区域，单击“开始”选项卡中的“条件格式”命令，在下拉选项中选择“清除规则”。

实训任务

制作员工信息表

李丽是某公司人力资源部员工，为了更方便、快捷地查看员工的基本档案信息，需要制作一份员工信息表，输入员工的基本信息，效果如图 5-34 所示。

	A	B	C	D
1	编号	姓名	性别	生日
2	001	李东阳	男	2001年1月5日
3	002	李明	男	2001年4月9日
4	003	马力东	男	2001年8月23日
5	004	牛满岁	男	2002年1月15日
6	005	皮皮鲁	男	2000年7月22日
7	006	钱三旭	男	2001年5月11日
8	007	潘晓丽	女	2001年4月18日
9	008	王立健	女	2000年5月20日
10	009	孙婷婷	女	2000年12月11日
11	010	鲁西西	女	2000年4月13日

图 5-34 “员工信息表”完成效果

1. 新建员工档案表文件

在编制员工档案表前，首先需要在 WPS 表格中新建工作簿，新建工作簿的方法与新建 WPS 文档的方法相似，创建工作簿后，还需要将工作簿保存到指定位置。

（1）双击桌面上的“WPS Office 教育版”程序图标，启动 WPS 程序。

（2）单击“新建”按钮，进入“新建”窗口，单击页面上方的“表格”按钮，单击“空白文档”下的“+”按钮。

（3）此时将新建一个名为“工作簿 1”的空白工作簿，单击窗口左上角的“保存”按钮，弹出“另存为”对话框，设置文件保存路径，在“文件名”输入框中输入“员工信息表”，单击“保存”按钮。

2. 输入员工基本信息

创建表格文件后，即可在单元格中输入相应的数据，本例将在工作表中输入员工基本信息。在 WPS 表格中，单元格中的内容具有多种数据格式，不同的数据内容在输入时有一定的区别。如果是输入普通的文本和数值，在选择单元格后直接输入内容。

（1）单击工作表中的 A1 单元格，将单元格选中，输入文本内容“编号”。输入完成后按【Tab】键确认输入并选中右侧单元格。

（2）使用同样的方法在 B1:D1 单元格中输入列标题文本，如图 5-35 所示。在数

据的输入过程中，如果默认的列宽不能完全显示单元格的所有内容，可以将鼠标指向两列列标的中间位置，当鼠标指针变为十字形状时，按鼠标左键并拖动鼠标。

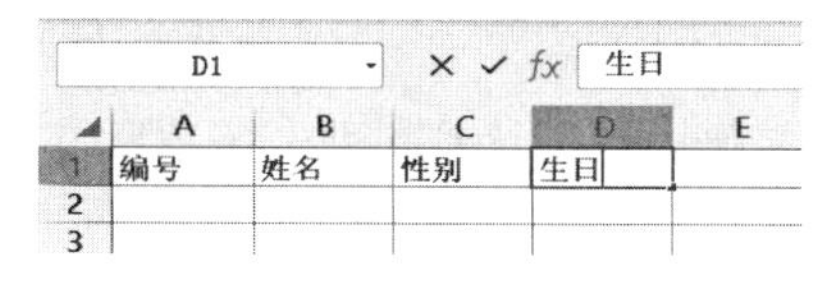

图 5-35　输入表格标题

（3）选中 B2 单元格，输入第 1 个员工的姓名，按【Enter】键确认并选中下方单元格。使用相同的方法输入其他员工的姓名，如图 5-36 所示。

（4）选中 A2 单元格，输入英文状态下的引号“'”。在引号后输入“0”开头的数字内容，如图 5-37 所示，输入完成后按【Enter】键。

F12

	A	B	C	D
1	编号	姓名	性别	生日
2		李东阳		
3		李明		
4		马力东		
5		牛满岁		
6		皮皮鲁		
7		钱三旭		
8		潘晓丽		
9		王立健		
10		孙婷婷		
11		鲁西西		

图 5-36　输入员工姓名

A2　'001

	A	B	C	D
1	编号	姓名	性别	生日
2	'001	李东阳		
3		李明		
4		马力东		
5		牛满岁		
6		皮皮鲁		
7		钱三旭		
8		潘晓丽		
9		王立健		
10		孙婷婷		
11		鲁西西		

图 5-37　输入编号

（5）选中 A2 单元格，将鼠标指针指向该单元格右下角的填充柄，此时鼠标将变为黑色十字形，单击并向下拖动填充柄，到 A11 单元格处释放鼠标左键，即可完成连续编号的输入。

（6）在 C2 单元格中输入文本“男”，选中 C2 单元格，将鼠标指针指向该单元格右下角的填充柄，此时鼠标将变为黑色十字形，单击并向下拖动填充柄到 C7，即可完成相同内容的填充。在 C8 单元格中输入文本“女”，按上述操作拖动填充柄到 C11。

（7）选中 D2:D11 单元格区域，右击，在弹出的快捷菜单中选择“设置单元格格式”命令。弹出“单元格格式”对话框，在“数字”选项卡的“分类”列表中选择“日期”选项，在右侧的“类型”列表框中选择一种日期格式，完成后单击“确定”按钮。

（8）返回工作簿，在 D 列输入日期。

3. 为表格设置边框和底纹

在默认情况下，表格没有边框和底纹，用户看到的单元格边框只是辅助线，打印时不显示，为了让表格数据更加清晰和美观，可以为单元格设置边框和底纹，操作方法如下。

（1）选中 A1:D11 单元格区域，切换到“开始”选项卡，单击“边框”下拉按钮，在弹出的下拉列表中选择“所有框线”。执行以上操作后，所选单元格区域将被添加默认的边框样式。

（2）如果对默认的边框样式不满意，可以在选中单元格区域后再次单击“边框”按钮，在弹出的下拉列表中选择“其他边框”。弹出“单元格格式”对话框，在“边框”选项卡的“线条”选项组中选择边框样式和边框颜色，单击“外边框”和“内部”按钮应用边框样式，设置完成后，单击“确定”按钮，如图 5-38 所示。

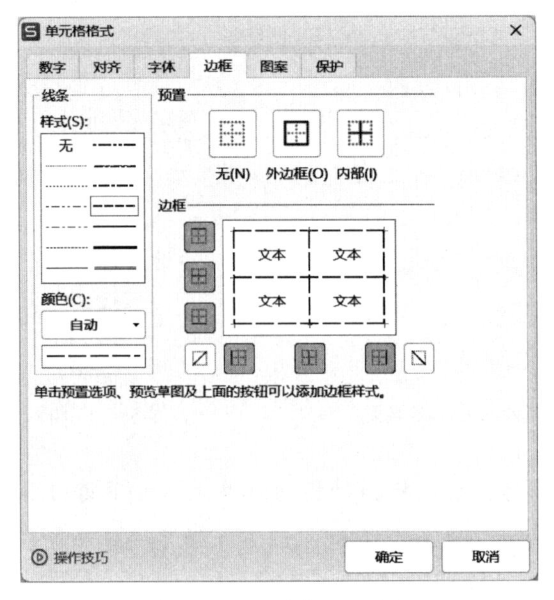

图 5-38　设置自定义边框

（3）选中 A1:D1 单元格区域，单击“开始”选项卡中的“填充颜色”下拉按钮，在弹出的下拉列表中选择想要的颜色完成设置。

公式与函数应用

一、运算符类别与单元格引用

计算数据是数据处理的重要一步，会使用公式和函数。公式由一系列单元格的引用、函数以及运算符等组成，是对数据进行计算和分析的等式。在 WPS 表格中利用公式可以对表格中的各种数据进行快速计算。

1. 运算符类别

在使用公式计算时，运算符用于连接公式中的操作符，是工作表处理数据的指令。WPS 中可使用的运算符有算术运算符、比较运算符、字符连接运算符、引用运算符等。

（1）算术运算符。算术运算符用来完成基本的数学运算，如加、减、乘、除等。

（2）比较运算符。比较运算符用来判断条件是否成立，若条件成立，则结果为 TRUE（真）；若条件不成立，则结果为 FALSE（假）。

比较运算符有：等于（=）、小于（<）、大于（>）、小于等于（<=）、大于等于（>=）、不等于（<>）。

（3）字符连接运算符。字符运算符用来连接两个或多个字符串，形成一个新的字符串，其运算符为“&”。

（4）引用运算符

1）区域运算符。以冒号（:）表示，用于将两个引用合并为一个区域。例如，“(A5:D5)”表示以 A5 为左上单元格，D5 为右下单元格的区域。

2）联合运算符。以逗号（,）表示，用于将多个引用合并为一个引用。例如，“(SUM(A5:A15, C5:C15))”表示对 A5:A15 和 C5:C15 两个区域进行 SUM 运算。

3）交叉运算符。以空格表示，用于表示对两个引用共有的单元格的引用。例如，“(B7:D10 C6:C11)”表示 B7:D10 和 C6:C11 两个区域的交叉部分，即 C7:C10。

2. 单元格引用

通过单元格引用可以在公式中使用工作表中不同部分的数据，或在多个公式中使用同一个单元格的数据。单元格引用分为相对引用、绝对引用和混合引用。

（1）相对引用。相对引用的形式就是在公式中直接将单元格的地址写出来，例如公式“=E2+F2+G2+H2”，就是一个相对引用，表示引用单元格 E2、F2、G2 和 H2 进行求和；又如公式“=SUM(A2:D5)”也是相对引用，表示引用 A2:D5 区域的数据进行求和。

（2）绝对引用。如果在复制公式时不希望公式中的单元格地址随公式变化，那么可以使用绝对引用。绝对引用的方法是：在列标和行号前各加上一个美元符号（$），如 C5 单元格可以表示成 C5，这样在复制包含 C5 单元的公式时，单元格 C5 的引用将保持不变。

（3）混合引用。混合引用是指在一个单元格地址引用中，既有绝对引用又有相对引用。如 $A5 或 B$3，则称这种引用为混合引用。

二、公式的输入与编辑

WPS 表格中公式以“=”开头，使用运算符号将各种数据、函数、区域和地址连接起来形成表达式，用以完成工作表中数据的计算与分析。输入公式时，必须以“=”开头，其语法表示为“= 表达式”。

公式可以在编辑栏中建立，也可以在单元格中建立。首先单击用于存放公式的单元格，其次在编辑栏或单元格中输入“=”号，再次在“=”后输入用于计算的公式，最后在公式输入完成时按回车键，如图 6–1 所示。

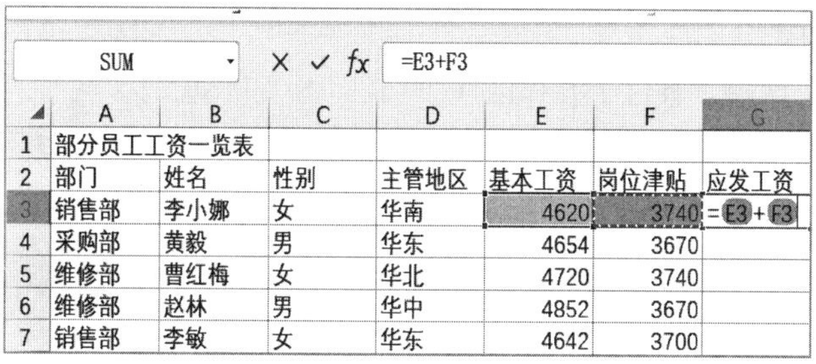

SUM　=E3+F3

	A	B	C	D	E	F	G
1	部分员工工资一览表						
2	部门	姓名	性别	主管地区	基本工资	岗位津贴	应发工资
3	销售部	李小娜	女	华南	4620	3740	=E3+F3
4	采购部	黄毅	男	华东	4654	3670	
5	维修部	曹红梅	女	华北	4720	3740	
6	维修部	赵林	男	华中	4852	3670	
7	销售部	李敏	女	华东	4642	3700	

图 6-1　建立公式

三、常用函数的类别

函数是 WPS 表格中为解决复杂运算需求而提供的预置算法，函数由函数名和参数构成，函数的格式为：

函数名 (参数 1, 参数 2, ……)

其中，函数名用英文字母表示，函数名后的括号是不可缺失的，参数在函数名后的括号内，参数可以是常量、单元格引用、公式或其他函数，参数的个数和类别由该函数的性质决定。

WPS 表格提供内置多种类型的函数，能满足基本的数据统计计算。

首先单击用于存放函数的单元格，单击“公式”选项卡中对应的函数，如图 6–2 所示，依次输入所需的函数参数进行数据统计计算。

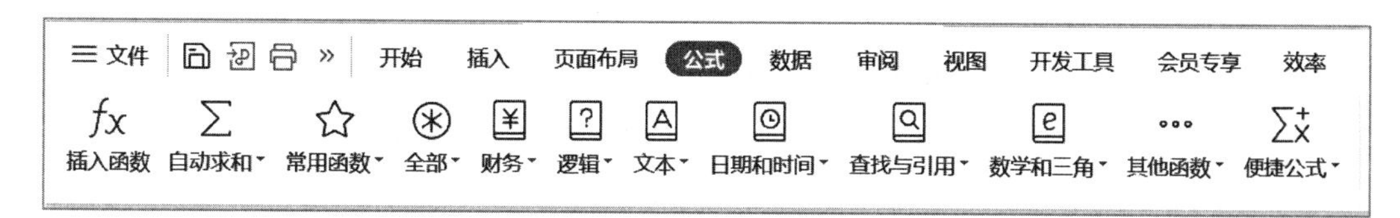

图 6–2　公式选项卡

1. 求和函数

经常使用的求和函数有 SUM 函数和 SUMIF 函数。

（1）函数 SUM( )

格式：SUM(数值 1, 数值 2, ……)

举例如下。

“=SUM(A1:A10)”：将单元格 A1 至 A10 共 10 个数据相加求和。

“=SUM(B1, B3, B5)”：将单元格 B1，B3，B5 共 3 个数据相加求和。

“=SUM(A1:A3, B4:B5)”：将单元格 A1 至 A3，B4 至 B5 共 5 个数据相加求和。

（2）函数 SUMIF( )

格式：SUMIF(区域 , 条件 , 求和区域)

其中，区域是指用于条件判断的单元格区域；条件是指以数字、表达式或文本形式定义的条件；

求和区域是指用于求和计算的单元格区域，若缺省，就以区域中单元格进行求和。

举例如下。

“=SUMIF(A1:A5, ">90")”：对单元格区域 A1:A5，其值大于 90 的单元格求和。

“=SUMIF(C3, " 销售部 ", E3:F3)”：若 C3 单元格的值为“销售部”，则对单元格区域 E3:F3 求和。

2. 最值函数

获取指定范围内最大值和最小值，忽略文本型数据和逻辑型数据。

（1）函数 MAX( )

格式：MAX(数值 1, 数值 2, ……)

举例如下。

“=MAX(A1: A10)”：获取单元格 A1 至 A10 数据中的最大值。

“=MAX(B1, B3, B5)”：获取单元格 B1，B3，B5 数据中的最大值。

（2）函数 MIN( )

格式：MIN(数值 1, 数值 2, ……)

举例如下。

“=MIN(A1: A10)”：获取单元格 A1 至 A10 数据中的最小值。

“=MIN(B1, B3, B5)”：获取单元格 B1，B3，B5 数据中的最小值。

3. 平均值函数

（1）函数 AVERAGE( )

格式：AVERAGE(数值 1, 数值 2,……)

举例如下。

“=AVERAGE(A1:A10)”：计算单元格 A1 至 A10 数据的平均值。

“=SUM(B1, B3, B5)”：计算单元格 B1，B3，B5 数据的平均值。

“=SUM(A1:A3, B4:B5)”：计算单元格 A1 至 A3，B4 至 B5 数据的平均值。

（2）函数 AVERAGEIF( )

格式：AVERAGEIF(区域 , 条件 , 求平均值区域)

其中，区域是指用于条件判断的单元格区域；条件是指以数字、表达式或文本形

式定义的条件；求平均值区域是指用于求平均值的单元格区域，若缺省，就以区域中单元格进行求平均值。

举例如下。

“=AVERAGEIF(A1:A5, ">90")”：对单元格区域 A1:A5，其值大于 90 的单元格求平均值。

“=AVERAGEIF(C3: C16, " 销售部 ", E3: E16)”：若 C3:C16 单元区域的值为“销售部”，则对单元格区域 E3:E16 求平均值。

4. 统计函数

（1）函数 COUNT( )

格式：COUNT(数值 1, 数值 2, ……)

举例如下。

“=COUNT(A1:A10)”：对单元格 A1 至 A10 中数字型数据计数。

“=COUNT(B1, B3, B5)”：对单元格 B1，B3，B5 中数字型数据计数。

“=COUNT(A1:A3, B4:B5)”：对单元格 A1 至 A3，B4 至 B5 中数字型数据计数。

（2）函数 COUNTA( )

格式：COUNTA(数值 1, 数值 2, ……)

举例如下。

“=COUNTA(A1:A10)”：对单元格 A1 至 A10 中非空单元计数。

“=COUNTA(B1, B3, B5)”：对单元格 B1，B3，B5 中非空单元计数。

“=COUNTA(A1:A3, B4:B5)”：对单元格 A1 至 A3，B4 至 B5 中非空单元计数。

（3）函数 COUNTIF( )

格式：COUNTIF(区域 , 条件)

其中，区域是指用于条件判断的单元格区域，条件是指以数字、表达式或文本形式定义的条件。

举例如下。

“=COUNTIF(A1:A5, ">90")”：对单元格区域 A1:A5，统计值大于 90 的单元格个数。

“=COUNTIF(C3:C16, " 销售部 ")”：对单元区域 C3:C16，统计值为“销售部”的单元格个数。

5. 排位函数

（1）函数 RANK( )

格式：RANK(数值 , 引用 , [排位方式])

其中，数值是指需要找到排位的数字；引用是指数字列表数组或对数字列表的引用，非数值型参数将被忽略；

［排位方式］是指指明排位的方式，其值为 0（零）或省略则降序排列，其值不为 0（零）则升序排列。

说明：函数 RANK( ) 对重复数的排位相同，但重复数的存在将影响后续数值的排位。例如，在一列整数里，如果整数 10 出现两次，其排位为 5，则 11 的排位为 7（没有排位为 6 的数值）。

举例如下。

设有一组 10 个数据，需对其进行排位，如图 6–3 所示。

	A
1	参加排位数据
2	6
3	10
4	2
5	26
6	8
7	1
8	10
9	15
10	23
11	11

图 6–3　排位数据

“=RANK(A3, A2:A11, 1)”：计算 A3 单元格数据在单元格区域 A2:A11 这组数据升序排列中的排位，其结果为 5。

“=RANK(A5, A2:A11)”：计算 A5 单元格数据在单元格区域 A2:A11 这组数据降序排列中的排位，其结果为 1。

（2）函数 RANK.EQ( )

格式：RANK.EQ(数值 , 引用 , [排位方式])

其中，数值是指需要找到排位的数字；引用是指数字列表数组或对数字列表的引用，Ref 中的非数值型参数将被忽略；［排位方式］是指指明排位的方式，其值为 0（零）或省略则降序排列；其值不为 0（零）则升序排列。

说明：函数 RANK.EQ( ) 对重复数的排位相同，但重复数的存在将影响后续数值的排位。例如，在一列整数里，如果整数 10 出现两次，其排位为 5，则 11 的排位为 7（没有排位为 6 的数值）。

举例如下。

设有一组 10 个数据，需对其进行排位，如图 6–3 所示。

“=RANK.EQ(A3, A2:A11, 1)”：计算 A3 单元格数据在单元格区域 A2:A11 这组数据升序排列中的排位，其结果为 5。

“=RANK.EQ(A5, A2:A11)”：计算 A5 单元格数据在单元格区域 A2:A11 这组数据降序排列中的排位，其结果为 1。

6. 逻辑函数

函数 IF( )

格式：IF（测试条件，真值，假值）

其中，测试条件是指其计算结果可以判断真假的数值或表达式，真值是指测试条件为真时返回的值，假值是指测试条件为假时返回的值。

举例如下。

“=IF(A3=" 销售部 ", 500, 0)”：判断 A3 单元格的值是否为“销售部”，若是，则当前 IF 函数所在单元格填写“500”；若不是，则填写“0”。

“=IF(D3>=60, " 及格 ", " 不及格 ")”：判断 D3 单元格的值是否≥ 60，若成立，则当前 IF 函数所在单元格填写“及格”；若不成立，则填写“不及格”。

7. 日期时间函数

（1）函数 TODAY()

格式：TODAY()

举例如下。

“=TODAY()”：当前单元格将得到系统当前日期，如 2024/3/15。

（2）函数 NOW()

格式：NOW()

举例如下。

“=NOW()”：当前单元格将得到系统当前日期和时间，如 2024/3/15 14：30：07。

（3）函数 YEAR()

格式：YEAR(日期值)

举例如下。

“=YEAR(DATE(2023, 3, 15))”：当前单元格将得到 2023, DATE（2023, 3, 15）是将文本 2023, 3, 15 转变为日期类数据。

“=YEAR((TODAY()))”：当前单元格将得到系统当前日期的年份信息。

“=YEAR((TODAY()))-YEAR(DATE(2020, 3, 15))”：当前单元格将得到系统当前日期的年份与 2020 年年份差值。

8. 文本函数

（1）函数 CONCAT()

格式：CONCAT(字符串 1, 字符串 2, ……)

举例如下。

“=CONCAT("WPS", " 表格 ")”：将字符串“WPS”与字符串“表格”连接起来，得到字符串“WPS 表格”。

（2）函数 LEFT()

格式：LEFT(字符串 , 字符个数)

举例如下。

“=LEFT("WPSTABLE", 3)”：将字符串“WPSTABLE”从左向右截取 3 个字符，得到字符串“WPS”。

（3）函数 RIGHT( )

格式：RIGHT(字符串 , 字符个数)

举例如下。

“=RIGHT("WPS 表格 ", 2)”：将字符串“WPS 表格”从右向左截取 2 个字符，得到字符串“表格”。

（4）函数 MID( )

格式：MID(字符串 , 开始位置 , 字符个数)

举例如下。

“=MID("360101202301120304", 7, 8)”：将身份证号 360101202301120304，从第 7 位开始截取长度为 8 的字符串，得到出生日期信息字符串“20230112”。

（5）函数 TRIM( )

格式：TRIM(字符串)

举例如下。

“=TRIM("WPS 表格 ")”：将字符串“WPS 表格”的首尾空格删除，得到字符串“WPS 表格”。

“=TRIM("WPS 表格 ")”：将字符串“WPS 表格”的前面空格删除，得到字符串“WPS 表格”。

（6）函数 LEN( )

格式：LEN(字符串)

举例如下。

“=LEN("WPS 表格 ")”：计算字符串“WPS 表格”的字符个数，得到数值 6。

“=LEN(" ")”：计算字符串“”（空串）的字符个数，得到数值 0。

（7）函数 TEXT( )

格式：TEXT(值 , 数值格式)

举例如下。

“=TEXT(0.9712, "0.00%")”：将数值 0.9712 转换为百分比格式，得到 97.12%。

“=TEXT(3.1415926, "0.000")”：将数值 3.1415926 转换保留小数点后三位的格式，得到 3.142。

“=TEXT(TODAY( ),"aaaa")”：将当前系统日期转换成星期的格式。

9. 数值函数

（1）函数 INT( )

格式：INT(数值)

说明：如果数值是整数，则得到该整数；如果数值是非整数，则丢弃小数部分，只得到整数部分。

举例如下。

“=INT(3.14159)”：将数值 3.14159 取整，得到整数 3。

“=INT(2.67)”：将数值 2.67 取整，得到整数 2。

（2）函数 ROUND( )

格式：ROUND(数值 , 小数位数)

举例如下。

“=ROUND(3.14159, 2)”：将数值 3.14159 小数位保留两位，得到数值 3.14。

“=ROUND(41.56, 1)”：将数值 41.56 小数位保留一位，得到数值 41.6。

（3）函数 MOD( )

格式：MOD(数值 , 除数)

举例如下。

“=MOD(8, 2)”：8 除以 2 的余数为 0。

“=MOD(219, 10)”：219 除以 10 的余数为 9。

实训任务

手机销售情况数据处理

王超在一个手机销售企业做管理工作，现在需要运用 WPS 表格对一段时间内的销售数据进行统计分析，从而对过去的经营状况有更好的了解，并为企业经营者未来的决策提供借鉴。

要完成本项目，首先需要使用函数对数据进行汇总和统计，接着使用逻辑函数、文本与日期函数、查找与引用函数对数据进行扩展和合并。

1. 使用函数汇总和统计数据

WPS 表格重要的功能之一是进行数据的计算和统计，在本任务中，分别需要统计全年销售金额、小米手机销售金额以及小米手机在王府井分店的销售金额。

（1）打开“手机销售情况 .xlsx”工作簿，首先计算企业全年的总计销售金额，在

“销售记录”工作表中选择“L1”单元格，输入公式“=SUM(G2:G1039)”，结果为￥13 051 879。

（2）在有些情况下，还希望进一步了解某个业务员或者某个品牌的销售情况，例如，此处需要计算小米手机的销售金额，则可以使用条件求和函数 SUMIF，选中 L2 单元格，单击“公式”选项卡中的“数学和三角函数”下拉按钮，在菜单中选择“SUMIF”可以调出该函数对话框。如图 6-4 所示输入对应的参数，单击“确定”按钮完成计算。在 L2 单元格中的公式为“=SUMIF(B2:B1039, " 小米 ", G2:G1039)”，计算结果为￥1 228 671。

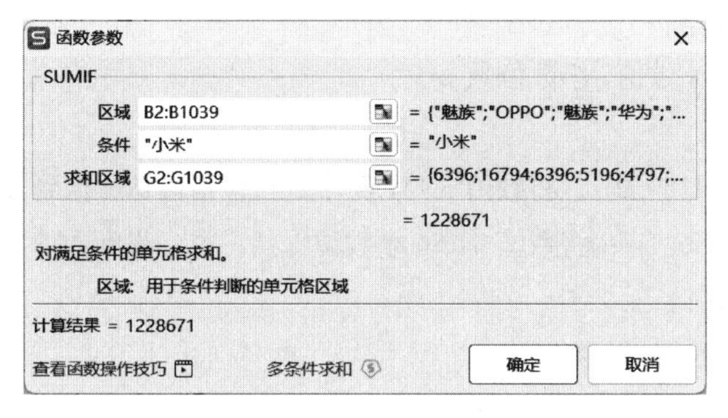

图 6-4　使用 SUMIF 函数进行条件求和

（3）如果在汇总数据的时候，条件不止一个，那么就应当使用多条件求和函数 SUMIFS，选中 L3 单元格，输入公式“=SUMIFS(G2:G1039, B2:B1039, " 小米 ", I2:I1039, " 王府井 ")”并按回车键，计算结果为￥186 805。

全年销售金额、小米手机销售金额、小米手机在王府井分店的销售金额如图 6-5 所示。

K	L
全年销售金额	¥13,051,879
小米手机销售金额	¥1,228,671
小米手机在王府井分店的销售金额	¥186,805

图 6-5　销售汇总结果

2. 使用函数进行逻辑判断

逻辑函数是 WPS 表格中常用的函数类别之一。在本任务中，要依据不同准则判断哪些订单是大额订单。

（1）假设某个订单的销售金额在 30 000 元以上被认为是大额订单，选中单元格 J2，单击“公式”选项卡中的“逻辑”下拉按钮，在菜单中选择“IF”，弹出“函数参数”对话框。

（2）IF 函数包含 3 个参数，第一个参数“测试条件”的含义为逻辑判断的表达式，这里输入“G2>30 000”，第二和第三个参数“真值”和“假值”的含义分别为逻辑判断表达式为真或为假时返回的内容，分别输入“是”和“" "”，如图 6–6 所示。在函数参数对话窗口中，如果返回的内容为文本，需要添加一对英文半角的引号，此外第三个参数为一对空的英文半角引号，含义为显示为空。在所有参数输入完毕后，单击“确定”按钮，然后双击 J2 单元格右下角的填充柄，将公式填充到整个 J 列。

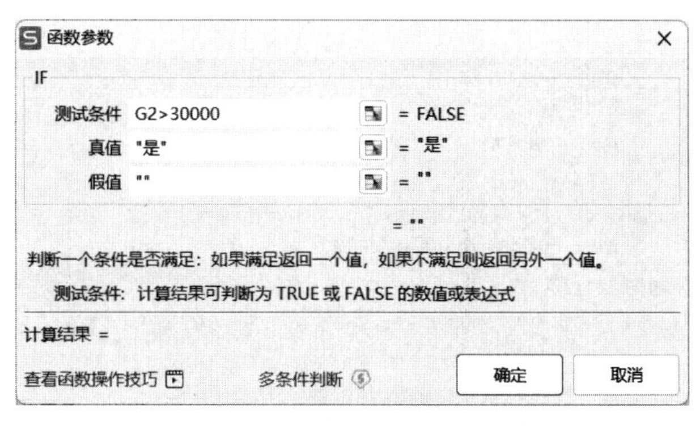

图 6–6　使用 IF 函数进行逻辑判断

（3）如果对大订单的条件稍做修改，当某笔订单的销售金额在 30 000 元以上或者某笔订单的销售数量在 6 个以上的时候，符合条件之一即可被认为是大订单。要完成这一判断，则需要在 IF 函数中嵌套 OR 函数，OR 函数的含义为对多个分支进行逻辑判断，只要有一个分支为真，则最终结果返回 TRUE。选中 J2 单元格，然后如前一步骤所示的方法，调出 IF 函数的参数对话框，输入对应的参数“OR（G2>30 000，F2>6）”，单击“确定”按钮，然后将公式填充到整列。

（4）和 IF 函数经常搭配使用进行逻辑判断的，还有 AND 函数。例如在判断某个订单是否被认为是大订单的时候，条件修改为需要同时满足销售金额在 30 000 元以上并且销售数量大于 6 个，则在 J2 单元格中的公式应当修改为“=IF（AND（G2>30 000，F2>6），" 是 "，" "）”，如图 6–7 所示。

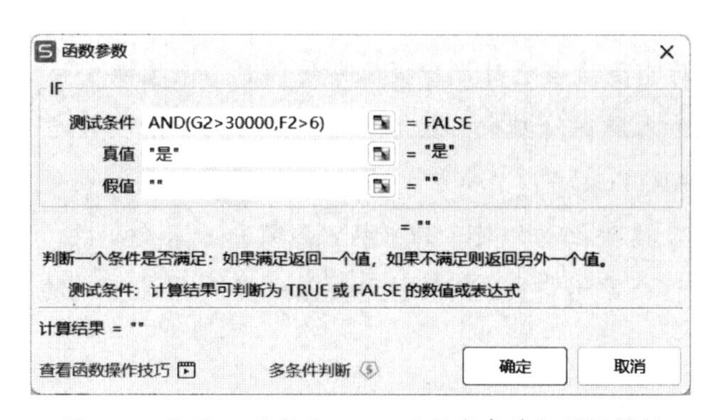

图 6–7　使用 IF 函数和 AND 函数嵌套进行逻辑判断

（5）假设销售金额在 50 000 元以上为特大订单，在 30 000 元以上为大订单，则可以使用 IFS 函数进行多重判断。单击“公式”选项卡中的“逻辑”下拉按钮，在菜单中选择“IFS”，弹出“函数参数”对话框，输入对应的参数，如图 6-8 所示，单击“确定”按钮。“测试条件 3”输入“True”，其含义为在这个分支总为真。

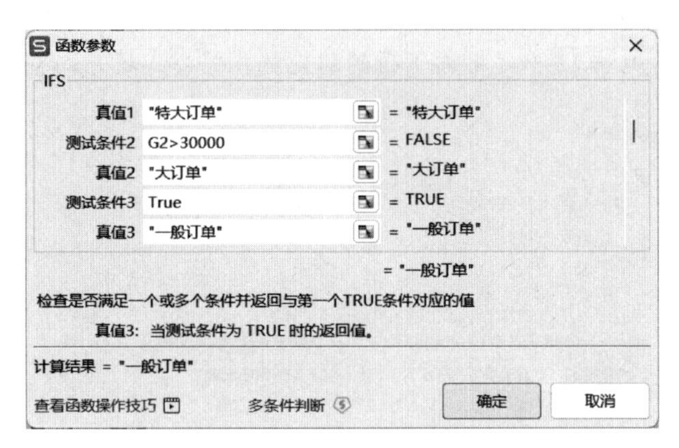

图 6-8　使用 IFS 函数进行判断

3. 使用函数处理文本与日期

文本与日期是 WPS 表格中两种常见的数据类型。对于文本数据，可以从左侧、右侧或者中间提取字符。对于日期数据，可以从中提取年、月、日等信息。在本任务中，要提取员工编号列首字符的代码，另外，根据入职年份计算每个员工的工作年限。

（1）在“员工信息”工作表中，选中单元格 D2，然后输入公式“=LEFT(B2, 1)”，LEFT 函数有两个参数，第一个参数为需要处理的文本或文本所在单元格，第二个参数为从左侧开始需要提取的字符个数。完成输入后，可以将公式填充到 D 列的末尾。与 LEFT 函数类似，如果需要从右侧提取字符，可以使用 RIGHT 函数，从中间提取字符可以使用 MID 函数。

（2）要在 E 列计算每位员工的工作年限，首先需要获取当前的日期，可以使用 TODAY 函数；然后需要从当前日期中提取年份信息，则需要使用 YEAR 函数；最后将提取的年份信息和入职年份相减，就可以得到最终的结果。首先选中单元格 E2，然后输入公式“=YEAR(TODAY( ))−C2”，最后将公式填充到 E 列的末尾，最终的完成效果如图 6-9 所示。需要注意的是，TODAY 函数并不需要参数，它返回的是当前系统的日期，因此在这个案例中，E 列的计算结果并不是固定不变的，而是会随着时间的流逝自动更新。

	A	B	C	D	E
1	业务员	员工编号	入职年份	员工编号开头字母	工作年限
2	刘宇翔	D3577	1998	D	26
3	夏胜东	E4786	2002	E	22
4	何优优	B9579	2004	B	20
5	崔雨祺	A5775	2005	A	19
6	胡明宇	E3657	2002	E	22
7	王金辉	C5515	1998	C	26
8	龚芯蕊	A9548	2006	A	18
9	胡健平	A8617	1998	A	26
10	武睿婕	A4246	1998	A	26
11	胡梓涵	C9241	2001	C	23
12	胡天宇	A8718	1998	A	26
13	孙晓磊	E9708	2008	E	16
14	罗永强	A4178	2010	A	14
15	黄玉婷	A9615	1995	A	29
16	胡美娟	D9045	2000	D	24
17	陈俊杰	E9418	1993	E	31
18	童敏茹	D4975	1999	D	25
19	龚俊熙	E1772	2013	E	11
20	崔嘉豪	E4273	1997	E	27
21	孙浩楠	C3269	2006	C	18
22	曹玉晶	B4451	2012	B	12
23	高欣怡	D9887	1996	D	28
24	胡美琳	B2176	2001	B	23
25	陈玉亭	A3222	2001	A	23
26	苏仕甜	A8064	2007	A	17

图 6-9 使用函数处理文本与日期

4. 使用函数查找与引用

如果有关联的数据存放在不同工作表或者区域，那么可以使用查找与引用函数进行关联。

（1）在工作表“销售记录”中，每个订单中的产品价格都可以从工作表“产品信息”中根据产品编号进行查询。在原始素材中，价格是手动填入的，这种方法效率低且容易出错，尤其是当某种产品价格需要修改的时候，无法做到批量更新。要解决这个问题，可以使用 VLOOKUP 函数直接从“产品信息”工作表中查询产品的价格。首先删除“销售记录”工作表中 E 列的数据，然后选中 E2 单元格，单击“公式”选项卡中的“查找与引用”下拉按钮，选择“VLOOKUP”。

（2）在弹出的对话框中，输入对应的参数后，如图 6-10 所示，单击“确定”按钮，得到结果，并填充到 E 列末尾。第一个参数“查找值”为需要查询的内容，它应当可以在第二个参数所划定区域的首列中找到，第二个参数“数据表”为查询的区域，请注意这里需要使用绝对引用，也就是在行标和列标前都添加美元符号，在第三个参数“列序数”的输入框中输入 4，代表着结果应当返回第 4 列中的价格数值。在第四个参数“匹配条件”的输入框中输入 0，代表着精确匹配。

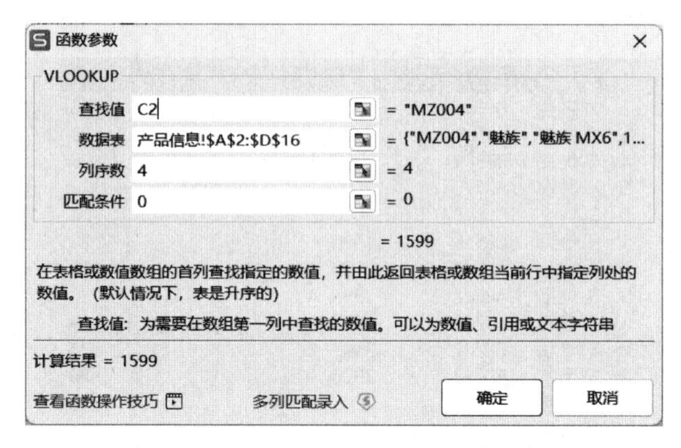

图 6-10　使用 VLOOKUP 函数进行查询

（3）在“利润”工作表的 B3 单元格中，要根据“成本”工作表中的数据计算对应产品的利润。首先选中 B3 单元格，然后输入公式“=INDEX(成本 !C2:C16, MATCH (B1, 成本 !A2:A16, 0))−INDEX(成本 !B2:B16, MATCH(B1, 成本 !A2:A16,0))”并确认，即可得到结果，如图 6-11 所示。在这个公式中，“MATCH(B1, 成本 !A2:A16,0)”的含义为：计算 B1 单元格中的产品名称在“成本”工作表的 A2:A16 单元格区域中的位置，最后一个参数 0 代表精确匹配。产品名称在 A 列中的排位也意味着成本或价格在 B 列和 C 列中的排位，以第一个 INDEX 函数“INDEX(成本 !C2:C16, MATCH(B1, 成本 !A2:A16,0))”为例，它的含义是“在 C 列数据中已知排名，返回对应的数值”。

B3　fx　=INDEX(成本!C2:C16,MATCH(B1,成本!A2:A16,0))-INDEX(成本!B2:B16,MATCH(B1,成本!A2:A16,0))

	A	B	C	D	E	F	G	H	I	J	K	L	M
1	产品名称	小米 6											
2	销售数量	1000											
3	利润	950											

图 6-11　使用 MATCH 和 INDEX 函数组合进行查询

数据可视化操作

一、图表类型

图表是数据的图形化表示，使用图表可以更直观、清晰地查看数据的变化趋势。

WPS 表格提供了自动生成图表的命令，有多种图表类型，且各类图表类型具有不同的子图表，创建图表时可以根据需要选择合适的图表类型（见表 7–1）。

表 7–1　　WPS 表格中图表类型

类型	说明
柱形图	柱形图适合用来表示一段时间内数量上的变化或比较不同项目之间的差异
折线图	折线图适合用来表示一段时间内的连续数据或时间间隔相同的数据趋势
饼图	饼图只能支持一组数列数据图形化，每个数据项都有唯一的色彩，适合表示各个数据项在全体数据中所占的比例
条形图	条形图的纵轴表示数据类别，横轴表示数据值，可显示各个数据类别的比较情况。条形图主要强调各数据类别的差异，不强调时间
面积图	面积图强调一段时间的变化程度，可以看出不同时间或类别的趋势
散点图	散点图显示两组或多组数据数值之间的关联，常用于统计数据，也可以用来做不同数据类别的比较
股价图	股价图用于说明股价波动
圆环图	圆环图与饼图类似，圆环图可以包括多组数据，而饼图只支持一组数据

续表

类型	说明
气泡图	气泡图与散点图类似，但气泡图是对成组的三个数值进行比较，表示三个数值对应三组数据，横轴的数值来源于第一组数据，纵轴的数值和泡泡的大小值来源于相邻的两组数据
雷达图	雷达图主要用于多个数据类别的比较

二、图表操作

1. 图表创建

在已有数据的工作表中选中数据单元区域，单击“插入”选项卡中的图表相关命令，如图 7-1 所示；或单击“全部图表”按钮，在打开的“图表”对话框中选择合适的图表，如图 7-2 所示。

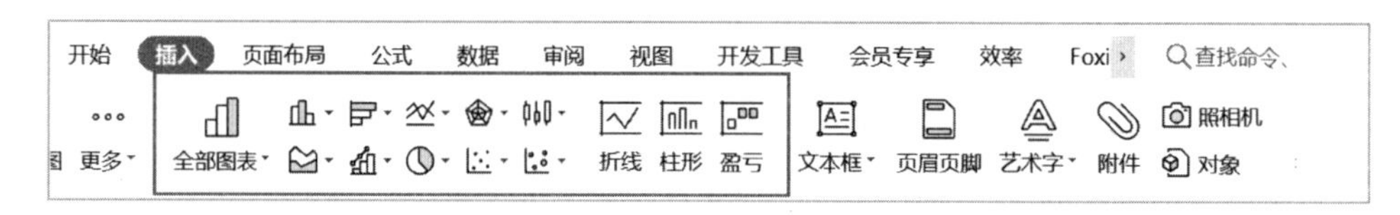

图 7-1 插入图表

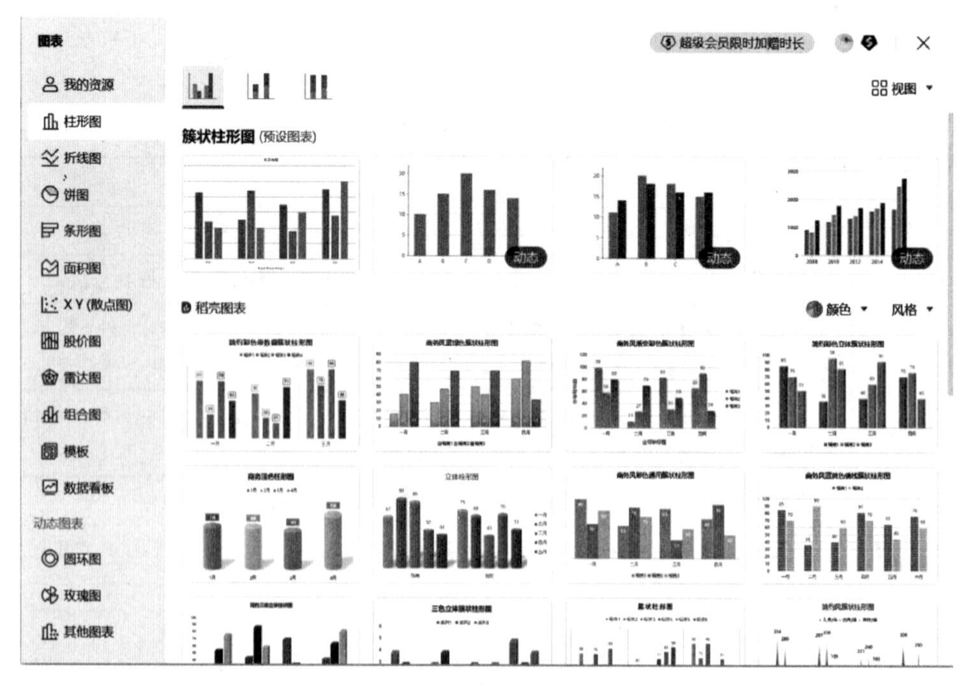

图 7-2 “图表”对话框

2. 图表编辑

图表由图表区、绘图区、图表标题、图例、分类轴、数值轴等组成，如图 7-3 所示。

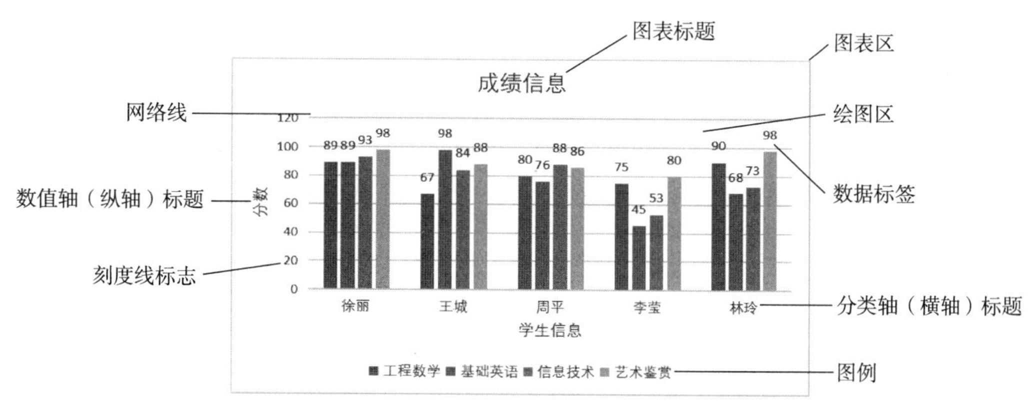

图 7-3　图表的组成

要对图表进行编辑，需要通过“图表工具”选项卡中的相关命令或图表右侧工具栏中的相关命令实现。

（1）图表区的操作

1）设置图表区的大小。可参照 WPS 文字的图片大小调整方法。

2）图表区对象的移动。选定要移动的图表区对象，移动光标到选定对象的边缘，当光标变成十字箭头形，拖动其到目标位置。

3）图表区对象的删除。选定要删除的图表区对象，按【Delete】键。

（2）图表类型的修改。选中图表，单击“图表工具”选项卡中的“更改类型”命令，打开“图表”对话框，然后在该对话框选择需要的新图表类型，单击“确定”按钮。

（3）图表数据的修改。WPS 中图表与数据相连接，当数据发生变化时，图表随之变化。

1）向图表中添加数据。选中图表，单击“图表工具”选项卡中的“选择数据”命令，打开“编辑数据源”对话框，如图 7-4 所示，单击“+”按钮，打开“编辑数据系列”对话框，在该对话框中选定“系列名称”和“系列值”，如图 7-5 所示，单击“确定”按钮。

2）从图表中删除数据。选定图表中要删除数据对应的工作表单元格区域，按【Delete】键。

3）改变行列方向。选中图表，单击“图表工具”选项卡中的“切换行列”命令。

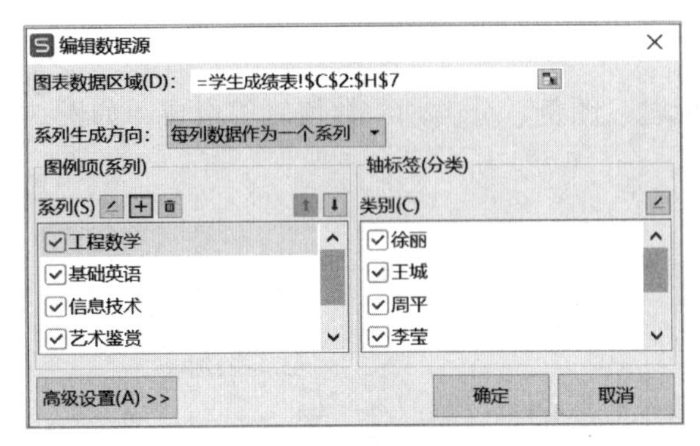

图 7-4 “编辑数据源”对话框

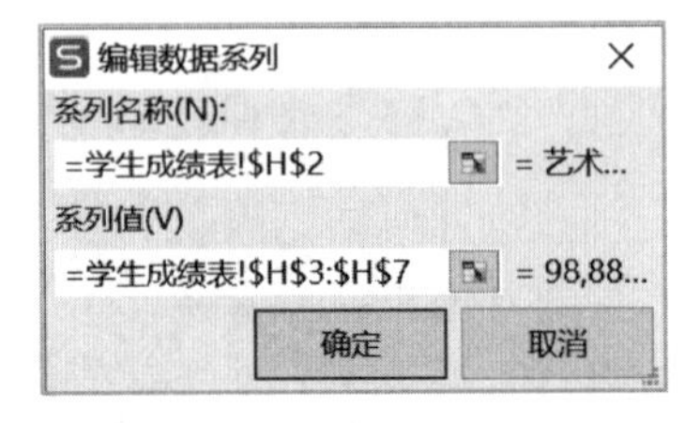

图 7-5 “编辑数据系列”对话框

3. 图表格式化

通过“图表工具”和“绘图工具”选项卡中的相关命令，对图表进行详细格式设计。

“图表工具”可以对图表的图例、坐标轴、数据标签等进行设计。“绘图工具”可以对图表的文字、边框、填充、颜色、阴影等进行设计。

三、迷你图操作

迷你图是插入单个单元格的小型图表，每个迷你图代表所选的一行或列数据，主要体现该行或列数据的变化趋势。迷你图有折线迷你图、柱形迷你图和盈亏迷你图三种类型。

1. 创建迷你图

单击“插入”选项卡中的某一类迷你图，如图 7-6 所示，在打开的“创建迷你图”对话框中选择所需的数据范围和放置迷你图的位置，如图 7-7 所示，设置完成后单击“确定”按钮。

图 7-6 插入迷你图

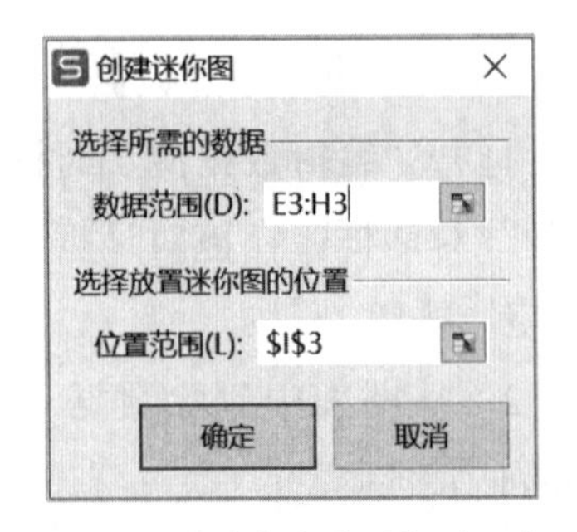

图 7-7 “创建迷你图”对话框

2. 迷你图格式化

迷你图创建后，可通过“迷你图工具”选项卡对迷你图的标记点、标记颜色、样式等进行设置，如图 7-8 所示。

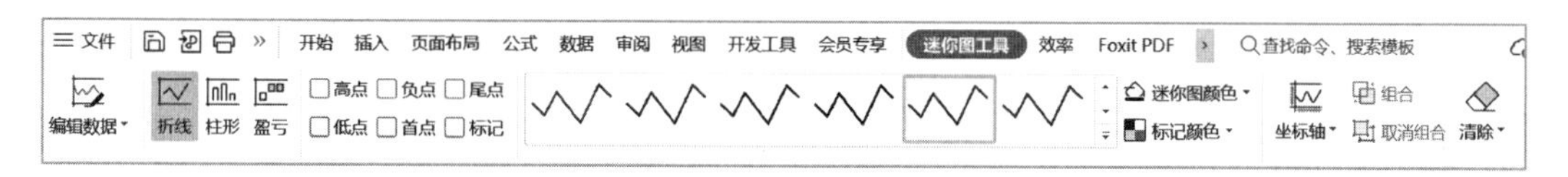

图 7-8　迷你图工具

3. 迷你图删除

选中要删除的迷你图，单击“迷你图工具”选项卡中的“清除”命令。

实训任务

探索身高与鞋码的关系

李东是某医疗机构的工作人员，现在要使用抽样数据分析未成年人身高与鞋码之间的关系。

要分析身高与鞋码的关系，在分析自变量和因变量之间关系的时候，通常使用散点图。

1. 建立散点图

在本任务中，要使用散点图展示身高与鞋码的关系。

（1）在“身高与鞋码”工作表中选择“高度（cm）”和“鞋码”两列数据区域，单击“插入”选项卡中的“插入散点图（X、Y）”下拉按钮，在菜单中选择第一项“散点图”，如图 7–9 所示。

（2）双击图表的垂直轴，在右侧出现的任务窗格中，将坐标轴的最小值设置为 30，最大值设置为 45，主要单位设置为 5，如图 7–10 所示。

（3）双击图表的水平轴，在右侧出现的任务窗格中，将坐标轴的最小值设置为 145，最大值设置为 185，主要单位设置为 5。

（4）如图 7–11 所示，将图表标题修改为“身高与鞋码”，单击图表外侧右上方的“添加元素”按钮，在菜单中单击“轴标题”右侧的三角标志，在扩展菜单中勾选“主要横坐标轴”和“主要纵坐标轴”两个复选框。

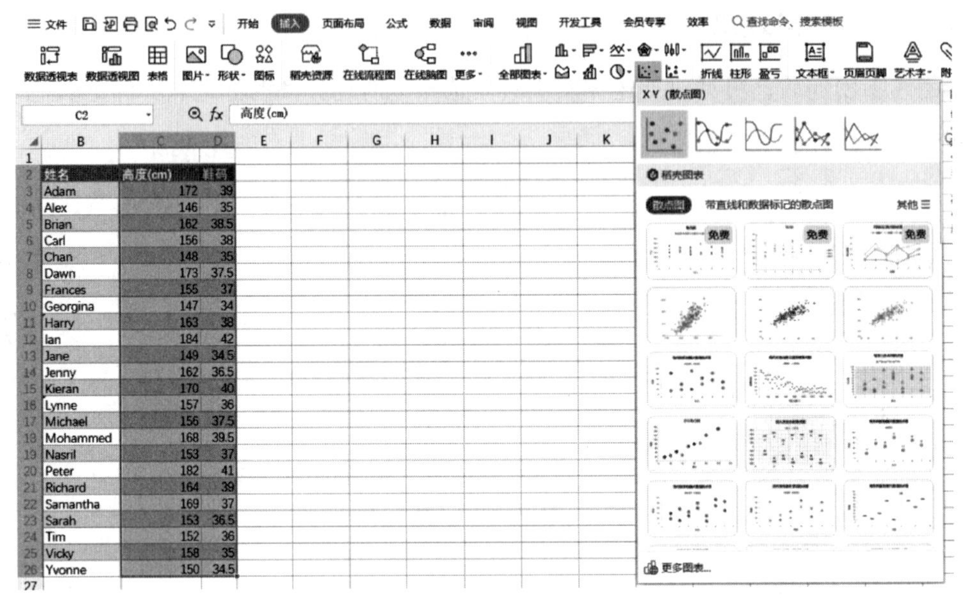

图 7-9 插入散点图

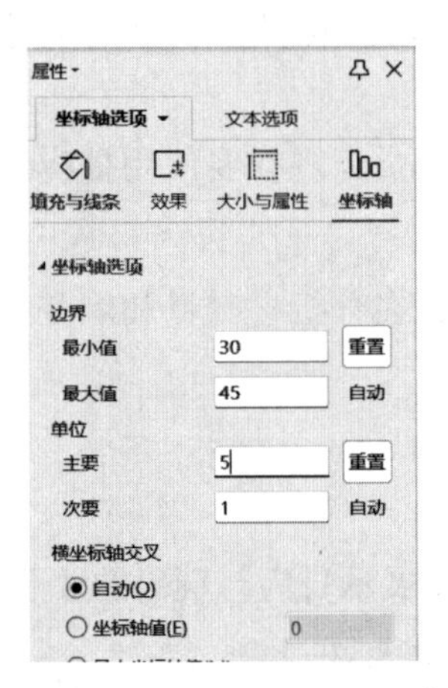

图 7-10 设置纵坐标轴刻度单位

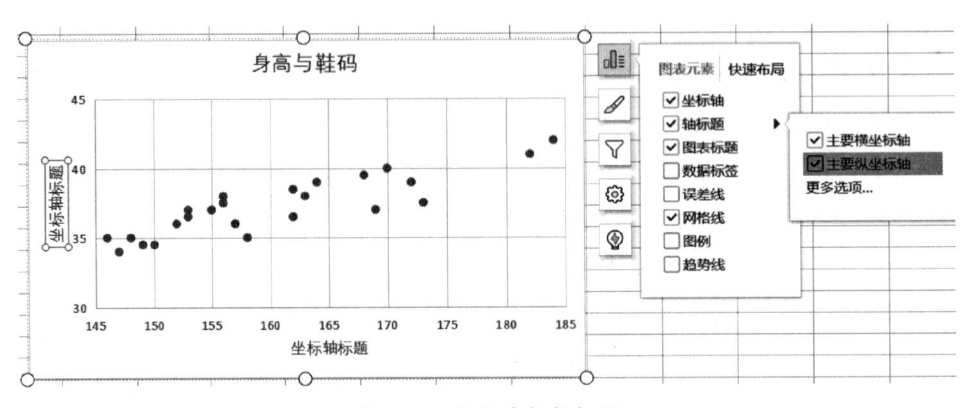

图 7-11 添加坐标轴标题

（5）在图表的左侧和底端分别出现对应的坐标轴标题文本框，分别填入文本“鞋码”和“身高”。

2. 为图表添加趋势线

（1）单击图表外侧右上方的“添加元素”按钮，在菜单中单击“趋势线”右侧的三角标志，在扩展菜单中勾选“更多选项”。

（2）如图 7–12 所示，在右侧会显示对应任务窗格，选择趋势线类型为“线性”，勾选下方的“显示公式”和“显示 R 平方值”两个复选框。

（3）完成效果如图 7–13 所示，在趋势线上方可以看到公式“y=0.1745x+9.2725”，这个公式就是趋势线的轨迹方程，输入 x（身高）值，求得的 y 值就是鞋码的期望值。R^2 代表身高与鞋码的相关关系，此值范围为 0～1，如果趋近于 1，说明两个边路之间有较强的相关性。

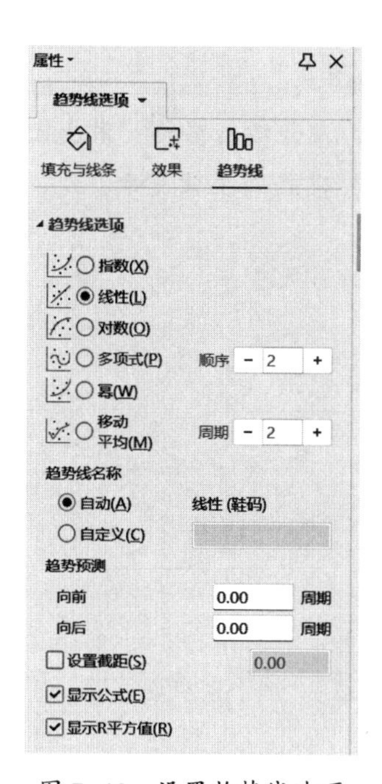

图 7–12 设置趋势线选项

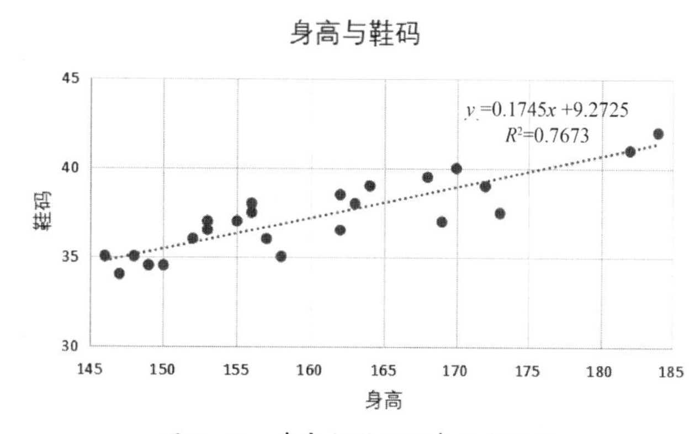

图 7–13 身高与鞋码图表完成效果

3. 设置图表样式

为了能够更加美观地呈现数据，还可以进一步设置图表的样式，并将其移动到新的工作表中。

（1）选中图表，单击“图表工具”选项卡，在图表样式库中选择“样式 4”，如图 7–14 所示。

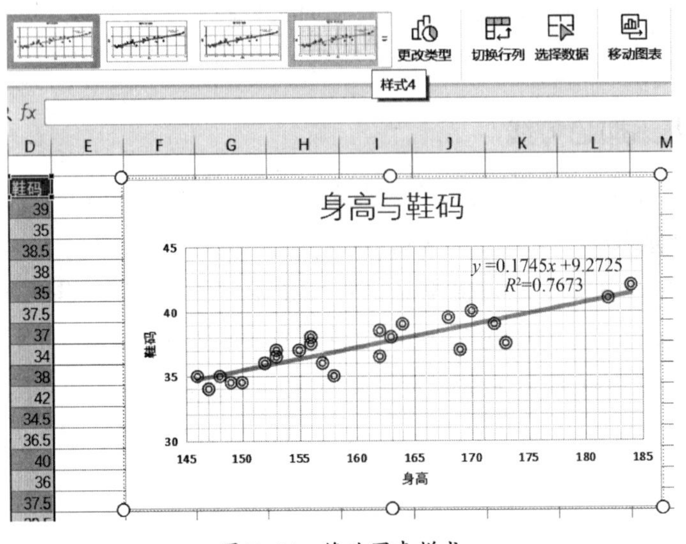

图 7-14　修改图表样式

（2）选中图表，右击，在弹出的快捷菜单中选择“移动图表”。

（3）在打开的“移动图表”对话框中，选中“新工作表”，并输入名称“散点图”，如图 7-15 所示，单击“确定”按钮，此时图表将被移动到一张新的工作表中。

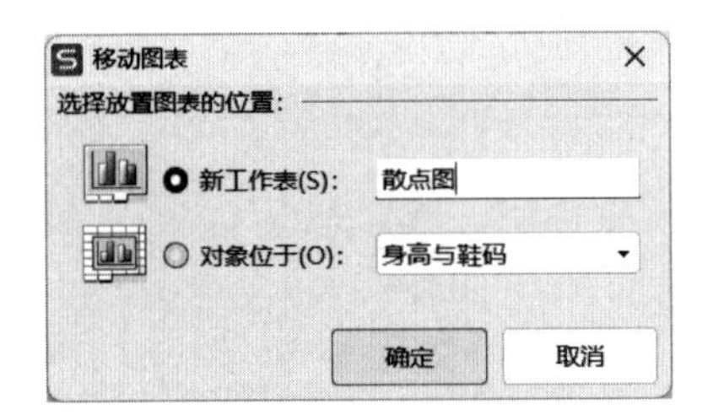

图 7-15　“移动图表”对话框

数据管理与分析

一、数据重复项设置

不同单元格中的数据有很多是相同的，这些相同的数据项称为“重复项”。WPS表格提供对重复项进行高亮显示、删除操作和拒绝输入等设置。

1. 高亮显示重复项

选中相关单元格区域，单击“数据”选项卡中的“重复项”，在下拉列表中选择“设置高亮重复项”。

2. 删除重复项

选中相关单元格区域，单击“数据”选项卡中的“重复项”，在下拉列表中选择“删除重复项”，在打开的“删除重复项”对话框中进行设置，确认无误单击“删除重复项”，如图 8–1 所示。

3. 拒绝输入重复项

选定不能录入重复项的单元格区域，单击“数据”选项卡中的“重复项”，在下拉列表中选择“拒绝录入重复项”。在该区域录入相同内容时，会出现错误提示，如图 8–2 所示。

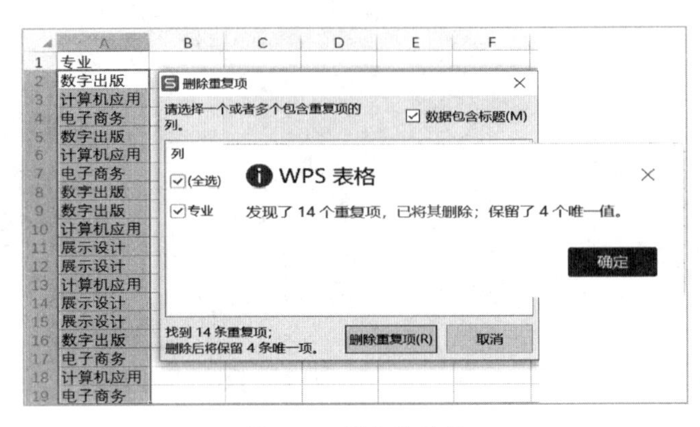

图 8-1 删除重复项

图 8-2 输入重复项错误提示

二、数据有效性设置

数据有效性是指对单元格区域输入的数据设置一定的规则，符合规则的数据可以输入，不符合规则的数据禁止输入。数据有效性设置可以防止录入错误数据。

选中要设置数据有效性的单元格区域，单击“数据”选项卡中的“有效性”，在打开的“数据有效性”对话框中进行设置。

1. 设置有效性条件

在“数据有效性”对话框的“设置”选项卡中设置允许输入数据的数据类型和条件，如图 8-3 所示。

2. 设置输入信息提示

在“数据有效性”对话框的“输入信息”选项卡中设置输入信息提示，如图 8-4 所示，当选中设置数据有效性的单元格，就会出现输入信息提示。

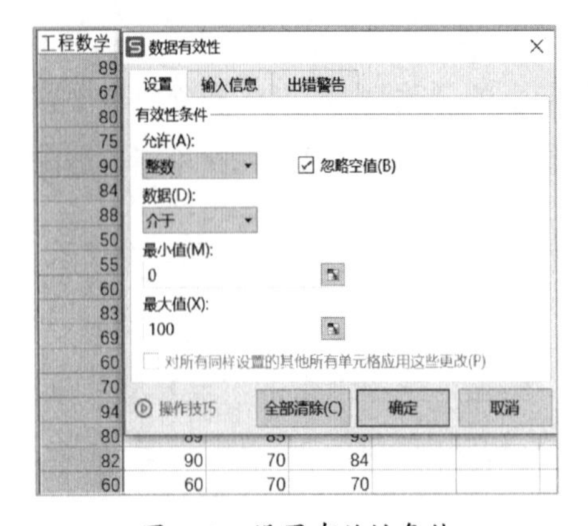

图 8-3 设置有效性条件

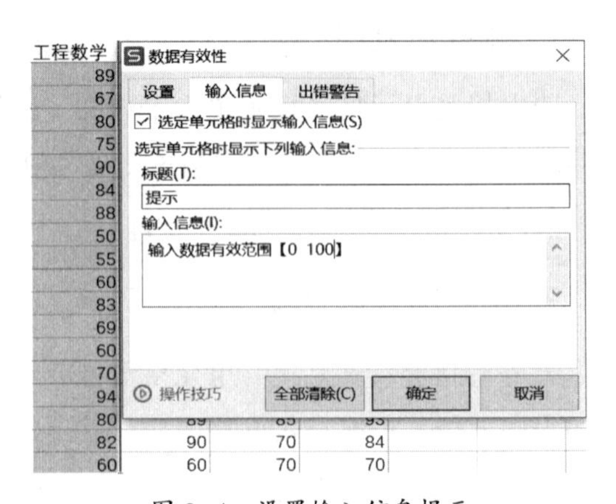

图 8-4 设置输入信息提示

3. 设置出错提示

在“数据有效性”对话框的“出错警告”选项卡中设置当输入无效数据时显示出错提示信息，如图 8-5 所示。

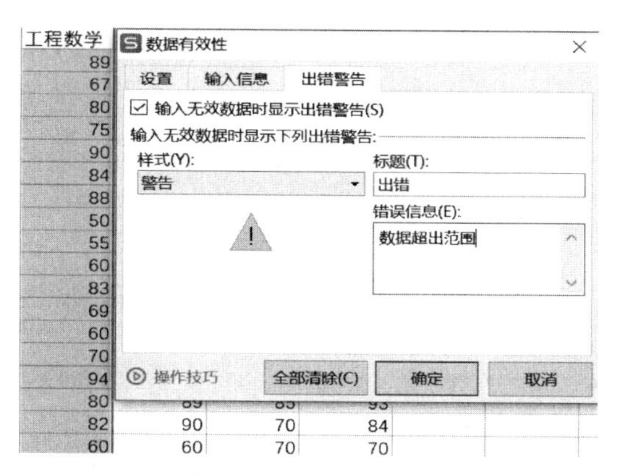

图 8-5　设置出错提示

三、数据排序与筛选

1. 数据排序

WPS 表格的数据排序功能是按一定的规则对数据进行整理和排列，为进一步处理数据做好准备，排序规则见表 8-1。

表 8-1　数据排序规则

规则	说明
数字	根据其值的大小排序
文本和包含数字的文本	按字母顺序对文本项进行排序
逻辑值	False 排在 True 之前
错误值	所有的错误值都是相等的
空白（不是空格）	空白单元格总是排在最后
汉字	汉字可以按汉语拼音首字母和笔画排序

WPS 表格有多种对数据进行排序的方法，既可以按升序或降序进行排序，也可以按用户自定义的方式进行排序。

（1）简单排序。按数值或字母快速排序，选中需要排序的列，单击“开始”选项卡中的“排序”命令，在下拉列表中单击“升序”或“降序”。

（2）自定义排序。单击数据区域中的任意单元格，单击“开始”选项卡中的“排序”命令，在下拉列表中选择“自定义排序”命令，在打开的“排序”对话框中，选择需要排序的列和排序方式，完成后单击“确定”。

若要对部分员工工资表中的数据进行按姓名笔画排序，简单排序无法实现，需要使用自定义排序。选中待排序的数据，在打开的“排序”对话框中，主要关键字设置为“姓名”，排序依据设置为“数值”；单击“选项”按钮，在打开的“排序选项”对话框中，在排序方式栏单选“笔画排序”，如图 8-6 所示，设置完毕相关参数，单击“确定”按钮。

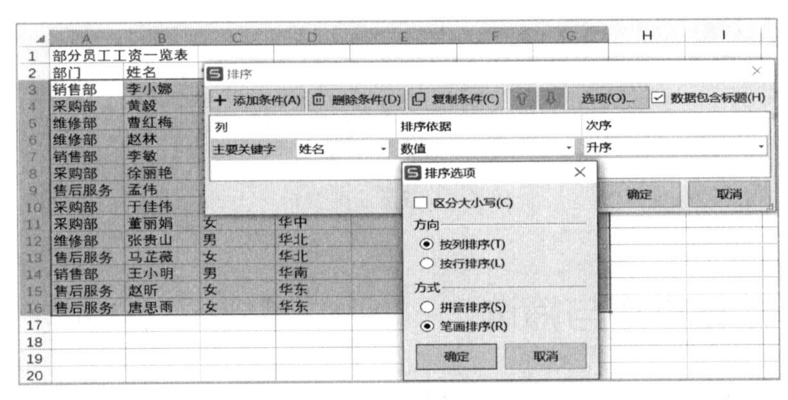

图 8-6　自定义排序

排序次序除了升序和降序，WPS 表格还提供了“自定义序列”排序。在“排序”对话框的“次序”下拉列表中选择“自定义序列”，在打开的“自定义序列”对话框中，可以在 WPS 表格内置的自定义序列中查看是否有满足需要的序列类型。若没有，可以在该对话框的右侧“输入序列”栏自行输入自定义序列（各序列项之间用回车分隔），输入结束后，单击“添加”按钮，则输入的序列会出现在“自定义序列”栏，如图 8-7 所示。

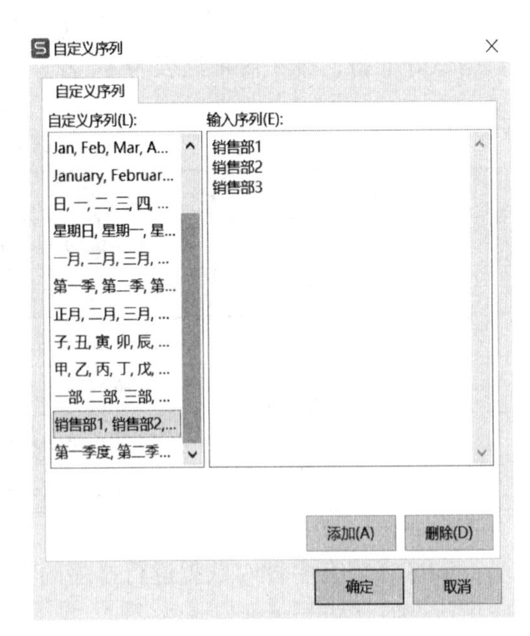

图 8-7　自定义序列

（3）多重排序。多重排序通常是指以某一字段为主关键字排序，当主关键字相同时，再选择另一字段作为次要关键字进行排序。

选中待排序的数据区域，单击“开始”选项卡中的“排序”命令，在下拉列表中单击“自定义排序”，在弹出的“排序”对话框中选择需要排序的列和排序方式，单击“添加条件”，选择需要排序的列和排序方式后单击“确定”，如图 8–8 所示。

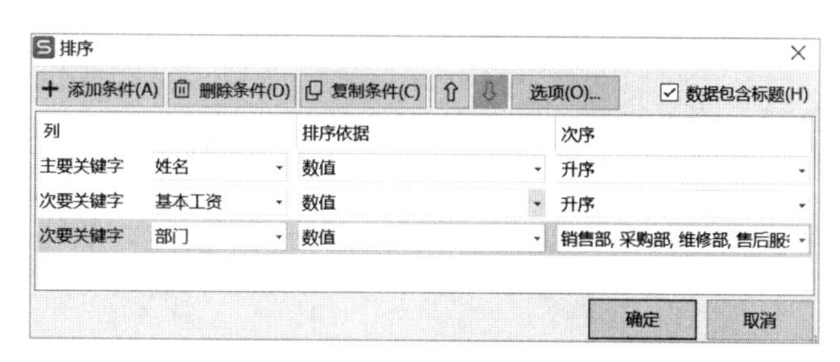

图 8–8　多重排序

2. 数据筛选

数据筛选是一种用于快速查找数据的方法，筛选会将数据列表中所有不满足条件的记录暂时隐藏，只显示满足条件的数据行，以供用户浏览和分析。WPS 表格提供了自动和高级两种筛选数据的方式。

（1）自动筛选。自动筛选为用户提供了在具有大量记录的数据列表中快速查找符合某些条件的记录的功能。筛选后只显示包含符合条件的数据行，隐藏其他行。

在要进行自动筛选的数据区域选中任意一单元格，单击“开始”选项卡中的“筛选”，此时在数据区域的第一行各单元格右侧均显示下拉箭头，在下拉选项列出各种筛选条件，如图 8–9 所示。

所有筛选条件可分为内容筛选、颜色筛选、文本筛选 / 数字筛选 / 日期筛选等（在默认情况下，如果字段是文本类型，筛选列表中显示的是“文本筛选”；如果字段是数值类型，筛选列表中显示的是“数字筛选”；如果字段是日期类型，筛选列表中显示的是“日期筛选”）。内容筛选是以当前数据列单元格的内容作为筛选条件，如图 8–10 所示；颜色筛选是以当前数据列单元格的填充色作为筛选条件，如图 8–11 所示；数字筛选是以当前数据列单元格的数据要满足的表达式作为筛选条件，如图 8–12 所示。

（2）高级筛选。自动筛选只能完成条件简单的数据筛选，如果筛选的条件比较复杂，自定义筛选就会显得比较麻烦。对于筛选条件较多的情况，可以使用高级筛选功能进行处理。

高级筛选是数据筛选的高级应用，其关键是正确设置筛选条件。使用高级筛选功能时，必须先建立一个条件区域，用来指定筛选条件。条件区域的第一行是所有作为筛选条件的字段名，这些字段名与数据列表中的字段名必须一致，条件区域的其他行则输入筛选条件。条件区域的构造规则是：不同行中的条件是“或”，表示只要一个条件成立即可；同一行中的条件是“与”，表示同一行的多个条件必须同时成立。

例如，筛选出图 8-13 中“部门为采购部且基本工资高于 4 800 元”或“女性且基本工资高于 4 800 元”的员工。

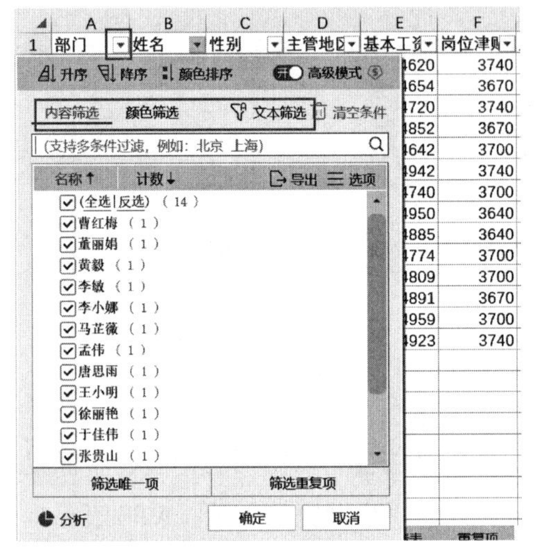

图 8-9　筛选

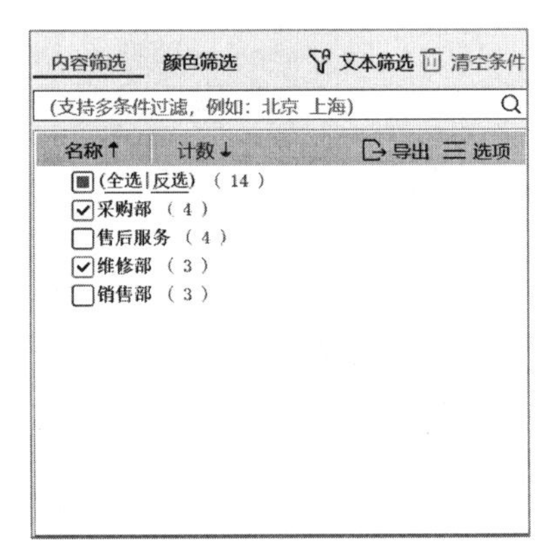

图 8-10　内容筛选

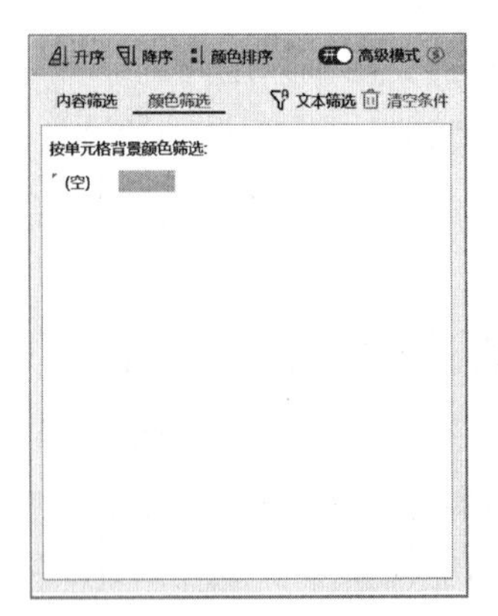

图 8-11　颜色筛选

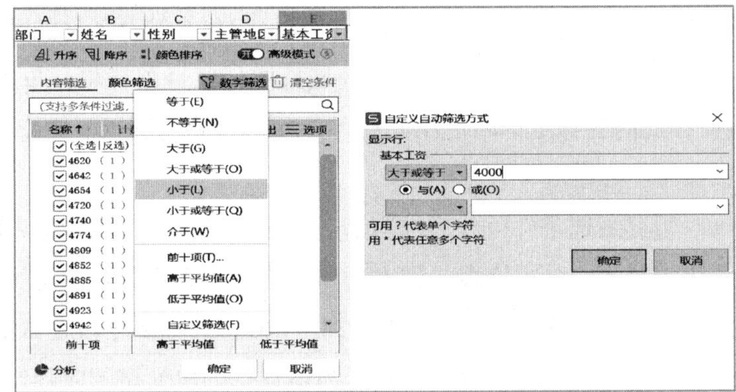

图 8-12　数字筛选

	A	B	C	D	E	F	G	H	I	J	K
1	部门	姓名	性别	主管地区	基本工资	岗位津贴	应发工资		部门	性别	基本工资
2	采购部	黄毅	男	华东	4654	3670			采购部		>4800
3	采购部	徐丽艳	女	华南	4942	3740				女	>4800
4	采购部	于佳伟	男	华南	4950	3640					
5	采购部	董丽娟	女	华中	4885	3640					
6	售后服务	孟伟	男	华南	4740	3700					
7	售后服务	马芷薇	女	华北	4809	3700					
8	售后服务	赵昕	女	华东	4959	3700					
9	售后服务	唐思雨	女	华东	4923	3740					
10	维修部	曹红梅	女	华北	4720	3740					
11	维修部	赵林	男	华中	4852	3670					
12	维修部	张贵山	男	华北	4774	3700					
13	销售部	李小娜	女	华南	4620	3740					
14	销售部	李敏	女	华东	4642	3700					
15	销售部	王小明	男	华南	4891	3670					

图 8-13　高级筛选条件设置

注意：条件区域和数据列表不能连接，必须用空行或空列将其隔开。

单击“开始”或“数据”选项卡中的“筛选”命令，在下拉选项中选择“高级筛选”，在打开的“高级筛选”对话框中，设置列表区域、条件区域及选中“在原有区域显示筛选结果”，确认无误后单击“确定”按钮，如图 8-14 所示。

图 8-14 “高级筛选”对话框

四、数据分类汇总与合并

1. 数据分类汇总

数据分类汇总可以将数据区域中的数据按某一字段进行分类，并实现对数据按类汇总计算，还能将分类计算的结果分级显示。

（1）创建分类汇总。创建分类汇总的前提是：先按分类字段排序，使同类数据集中在一起后汇总。分类汇总的创建有单级分类汇总、多级分类汇总和嵌套分类汇总三种。

1）单级分类汇总。将数据区域按分类字段进行排序；单击已排好序的数据区域任一单元格，再单击“数据”选项卡中的“分类汇总”，打开“分类汇总”对话框；在该对话框的“分类字段”列表中选择分类字段，在“汇总方式”列表中选择所需的汇总方式，在“选定汇总项”列表中选择需要汇总计算的列（只能选择数值型字段），在对话框最下方有三种汇总结果存放形式复选框，按需要进行选择；设置完成后单击“确定”按钮，如图 8-15 所示。

对话框最下方复选框的意义包括：一是替换当前分类汇总，即用新的分类汇总结果替换原有的分类汇总；二是每组数据分页，表示以每个分类值为一组，组与组之间加上分页分隔线；三是汇总结果显示在数据下方，即每组的汇总结果放在该组数据的下面，不选此项，则分类汇总结果放在该数据的上面。

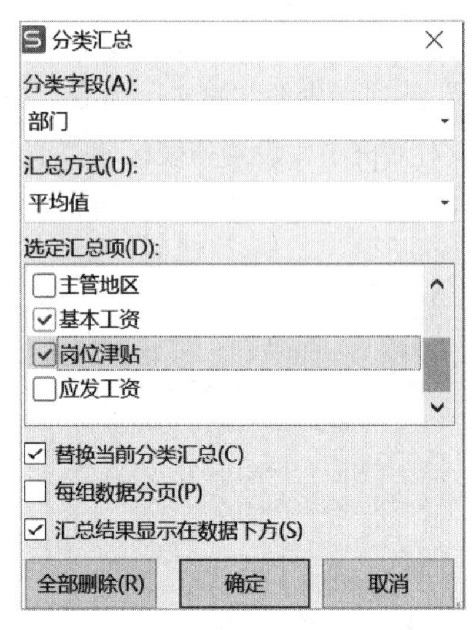

图 8-15 “分类汇总”对话框

2）多级分类汇总。多级分类汇总的操作与单级分类汇总类似，但需要注意的是在选择汇总结果呈现方式时，不要勾选“替换当前分类汇总”。

3）嵌套分类汇总。嵌套分类汇总中所需分类字段至少两个，故在排序时要用多关键字进行排序。其他操作可参照单级分类汇总方法。

（2）汇总结果分级显示。在汇总结果中，左边有几个标有“-”和“1”“2”“3”的小按钮，利用这些按钮可以实现数据的分级显示。单击外括号下的“-”数据折叠，单击“+”数据还原；单击内括号中的“-”数据折叠，单击“+”数据还原；若单击左上方的“1”，表示一级显示，仅显示汇总总计；单击“2”，表示二级显示等。

2. 数据合并

WPS 表格中的合并计算是指将指定单元格区域的数据合并到一个新的区域中，并应用选定的汇总函数对数据进行处理。

合并计算的源数据区域可以是同一工作簿的多个工作表，也可以是多个不同工作簿的多个工作表。多个工作表数据在合并计算时有两种情况，一种是根据位置来合并计算数据，另一种是根据首行和左列分类来合并计算数据。

（1）按位置合并计算。如果待合并计算的数据来自同一模板的多个工作表，则可以按位置合并计算，如图 8-16 所示。

首先新建一张工作表（工作表可命名为“成绩表”），在新的工作表中将图 8-16 中两张数据表相同列（姓名列和性别列）信息录入“成绩表”A、B 两列，在 C 列录入“总成绩”字段名，如图 8-17 所示。

	A	B	C
1	姓名	性别	语文成绩
2	陈雪梅	女	68
3	张强	男	65
4	钱仲谦	男	80
5	赵晨	女	77
6	张丽	女	53
7	陈红	女	75
8	凌红英	女	66
9	周鸿	男	57
10	陈强	男	71
11	孙坚	男	60
12	李忠	男	83
13	李小娜	女	52
14	李敏	女	84
15	王小明	男	53

	A	B	C
1	姓名	性别	数学成绩
2	陈雪梅	女	79
3	张强	男	90
4	钱仲谦	男	73
5	赵晨	女	89
6	张丽	女	73
7	陈红	女	85
8	凌红英	女	87
9	周鸿	男	80
10	陈强	男	77
11	孙坚	男	78
12	李忠	男	90
13	李小娜	女	79
14	李敏	女	88
15	王小明	男	78

图 8-16　某班学生的课程成绩表

	A	B	C
1	姓名	性别	总成绩
2	陈雪梅	女	
3	张强	男	
4	钱仲谦	男	
5	赵晨	女	
6	张丽	女	
7	陈红	女	
8	凌红英	女	
9	周鸿	男	
10	陈强	男	
11	孙坚	男	
12	李忠	男	
13	李小娜	女	
14	李敏	女	
15	王小明	男	

图 8-17　成绩表

其次在“成绩表”工作表中，选中 C2 单元格，单击“数据”选项卡中的“合并计算”，在打开的“合并计算”对话框中，在函数列表中选择“求和”，在引用位置中选中所有同学的语文成绩，单击“添加”按钮，将引用位置信息添加到所有引用位置中，同样操作所有同学的数学成绩，也将其引用位置信息添加到所有引用位置中，如图 8-18 所示，单击“确定”按钮，完成所有同学的成绩合并计算，如图 8-19 所示。注意在“合并计算”对话框中不要勾选“首行”和“最左侧”两个标签位置选项。

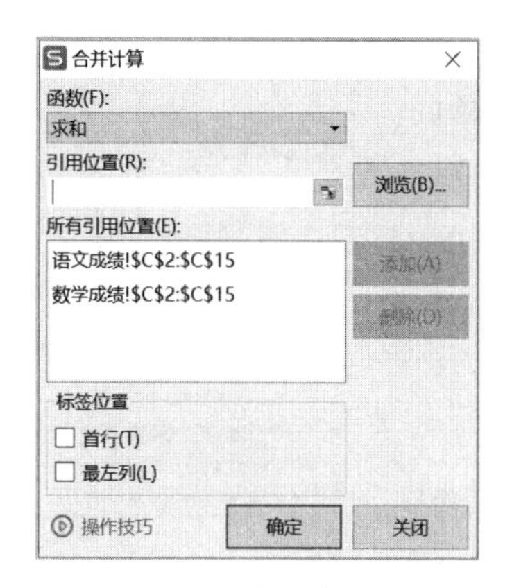

图 8-18　“合并计算”对话框

	A	B	C
1	姓名	性别	总成绩
2	陈雪梅	女	147
3	张强	男	155
4	钱仲谦	男	153
5	赵晨	女	166
6	张丽	女	126
7	陈红	女	160
8	凌红英	女	153
9	周鸿	男	137
10	陈强	男	148
11	孙坚	男	138
12	李忠	男	173
13	李小娜	女	131
14	李敏	女	172
15	王小明	男	131

图 8-19　合并计算成绩的结果

（2）按分类合并计算。按分类合并计算不要求源数据来自同一模板。

新建一张工作表（工作表可命名为“成绩表”），在这张工作表中选中 A1 单元格；单击“数据”选项卡中的“合并计算”，在打开的“合并计算”对话框中，在函数的列表中选择“求和”，在引用位置中选中所有同学的语文成绩相关信息，单击“添加”按钮，将引用位置信息添加到所有引用位置中，同样操作所有同学的数学成绩，也将其引用位置信息添加到所有引用位置中；然后一定要勾选“首行”和“最左侧”两个标签位置选项，如图 8-20 所示；单击“确定”按钮，完成所有同学的成绩合并计算，如图 8-21 所示。

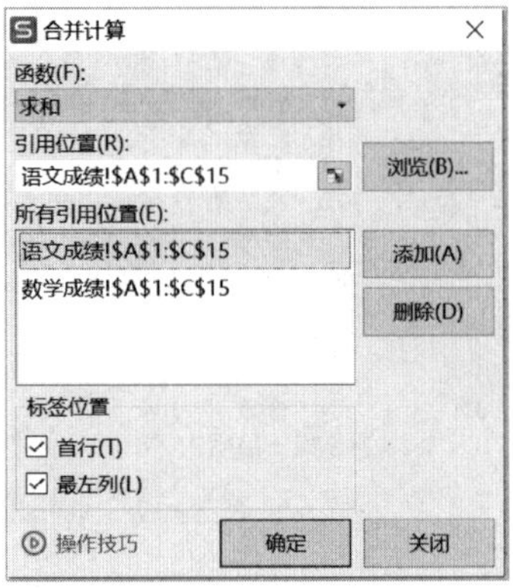

图 8-20　分类合并计算

	A	B	C	D
1		性别	语文成绩	数学成绩
2	陈雪梅		68	79
3	张强		65	90
4	钱仲谦		80	73
5	赵晨		77	89
6	张丽		53	73
7	陈红		75	85
8	凌红英		66	87
9	周鸿		57	80
10	陈强		71	77
11	孙坚		60	78
12	李忠		83	90
13	李小娜		52	79
14	李敏		84	88
15	王小明		53	78

图 8-21　分类合并计算结果

在图 8-21 的 A1 单元格输入“姓名”，在 B2:B15 单元格区域填写各位同学的性别信息。

五、数据透视表与透视图创建

数据透视表是一种对大量数据快速汇总和建立交叉列表的交互式报表。它可以快速分类汇总、比较大量的数据，并可以随时选择页、行和列中的不同元素，以快速查看源数据的不同统计结果。使用数据透视表可以深入分析数值数据，以不同的方式来查看数据，使数据代表一定的含义。

1. 数据透视表创建

单击数据表的任意单元格，再单击“插入”选项卡的“数据透视表”按钮，WPS 表格会自动确定数据透视表的区域（即光标所在的数据区域），也可以键入不同的区域或用该区域定义的名称来替换它。若要将数据透视表放置在新工作表中，选择“新建工作表”单选按钮；若要将数据透视表放在现有工作表的特定位置，选择“现有工作表”单选按钮，然后在“位置”框中指定放置数据透视表的单元格区域的第一个单元格，单击“确定”，如图 8-22 所示。

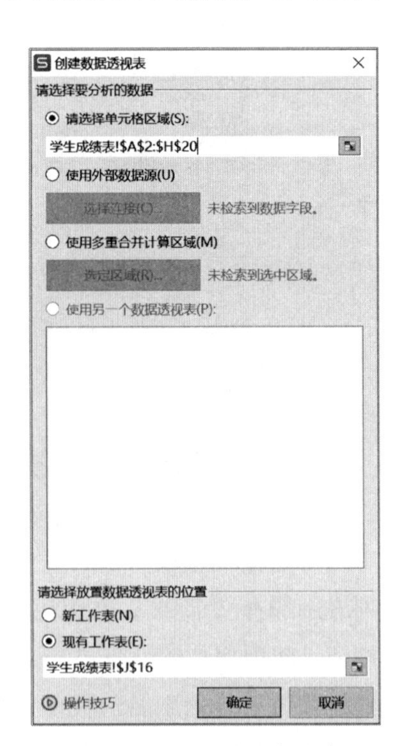

图 8-22　数据透视表创建

WPS 表格会将空的数据透视表添加至指定位置

并显示数据透视表字段列表，以便添加字段、创建布局以及自定义数据透视表，再将“选择要添加到报表的字段”中的字段分别拖动到对应的“筛选”“列”“行”和“值”框中，如图 8-23 所示。

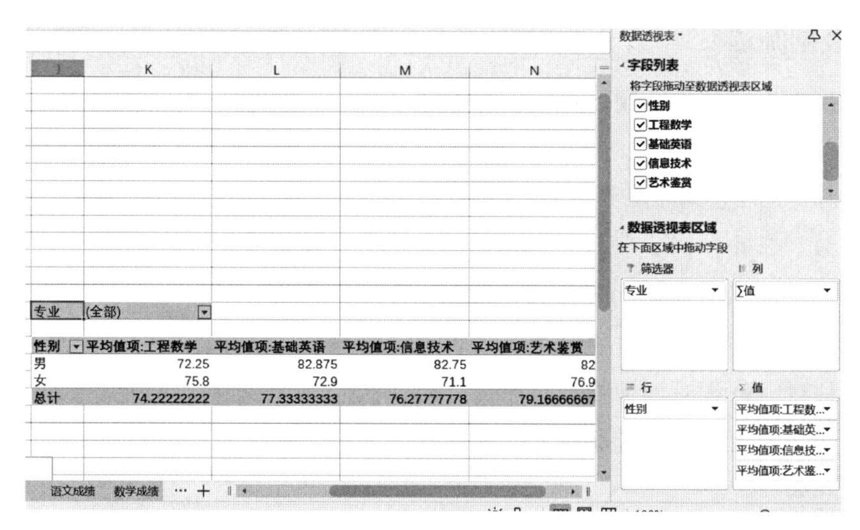

图 8-23　数据透视表设置

创建数据透视表之后，根据需要可通过“设计”选项卡中的相关命令，对其布局、数据项、数据汇总方式与显示方式、格式等进行修改，如图 8-24 所示。

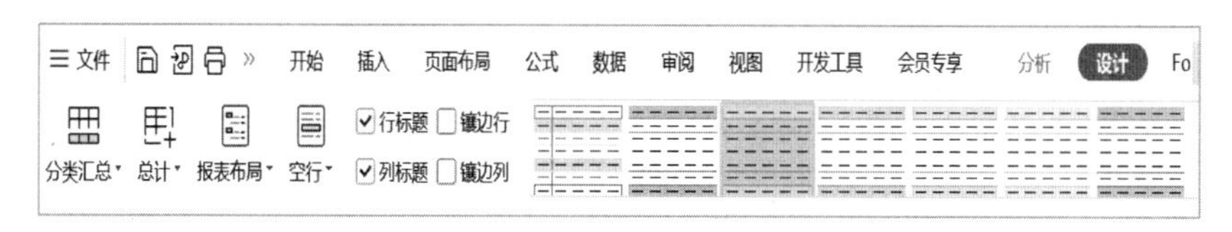

图 8-24　“设计”选项卡

2. 数据透视图创建

数据透视图是利用数据透视表的结果制作的图表，它以图形的方式表示数据，能更形象、生动地表现数据的变化规律。在“插入”选项卡中单击“数据透视图”，其他操作步骤与“数据透视表创建”类似。

实训任务

食品销售数据分析

杨阳是某食品销售企业负责人，现在要对企业的销售数据、产品数据和客户数据进行综合分析，从而为未来决策提供依据。

在 WPS 表格中，可以使用合并数据功能将分散的数据源合并为一张规范的表格，并通过数据透视表功能高效汇总数据。

1. 数据筛选

在表格中有重复的标题行存在，可以通过筛选的方式将其找出并删除。

（1）打开文档，选中表格区域中的任意单元格，单击“数据”选项卡中的“筛选”按钮。

（2）单击 B1 单元格“订单日期”右侧的筛选按钮，在下拉列表中单击“订单日期”右侧的“仅筛选此项”按钮，如图 8-25 所示。

（3）选中筛选出的两行数据，右击，在快捷菜单中选择“删除”命令。

（4）单击“数据”选项卡中的“筛选”按钮，退出筛选状态。

图 8-25 数据筛选

2. 数据排序

将数据按照产品类别进行升序排序，相同的产品类别按订单日期升序排序。

（1）单击“数据”选项卡中的“排序”下拉按钮，在菜单中选择“自定义排序”。

（2）在打开的“排序”对话框中，将“主要关键字”设置为“产品类别”，并确认次序为“升序”，然后单击“添加条件”按钮，将“次要关键字”设置为“订单日期”，并确认次序为“升序”，单击“确定”按钮，如图 8-26 所示。

图 8-26 数据自定义排序

3. 数据透视表创建

数据透视表是快速汇总大量数据的有效工具，在本任务中，要使用数据透视表分析不同客户、不同产品类别、不同月份的销售情况。

（1）选中“销售数据”工作表中数据区域的任意单元格，单击“插入”选项卡中的“数据透视表”按钮。

（2）在打开的“创建数据透视表”对话框中，直接单击“确定”按钮。

（3）此时会创建名为“Sheet1”的新工作表，在工作表中会显示数据透视表默认的占位区域，在右侧会显示包含表格字段的任务窗格。将“客户名称”和“产品类别”字段拖曳到下方的“行”区域，将“金额”字段拖曳到下方的“值”区域，可以看到，在工作表中已经显示出了按照不同客户和产品类别的汇总结果，如图 8-27 所示。

图 8-27 创建数据透视表

（4）如果希望看到不同客户和不同产品类别的百分比，可以再次将“金额”字段拖曳到下方“值”区域，此时会在该区域出现“求和项：金额 2”，单击该汇总字段，在向上弹出的菜单中单击“值字段设置”。

（5）在打开的“值字段设置”对话框中，修改自定义名称为“占比”，在下方切换到“值显示方式”标签，将值显示方式修改为“总计的百分比”，如图 8-28 所示，单击“确定”按钮。

图 8-28 设置值的显示方式

（6）选中 C3 单元格，将内容修改为“总金额”。

（7）双击工作表标签，将工作表名称修改为“按客户和类别汇总”。

4. 数据透视图创建

在使用数据透视表分析的基础上，还可以快速生成数据透视图，从而使数据分析结果以更直观的形式呈现。在本任务中，将使用数据透视图分析不同季度的销售变化趋势。

（1）选中“销售数据”工作表中数据区域的任意单元格，单击“插入”选项卡中的“数据透视图”按钮。

（2）在打开的“创建数据透视图”对话框中，直接单击“确定”按钮。

（3）此时会创建名为“Sheet2”的新工作表，双击工作表标签，将工作表名称修改为“按季度汇总”。

（4）在工作表中会显示数据透视表默认的占位区域和图表。在右侧会显示包含表格字段的任务窗格。将“订单日期”字段拖曳到下方的“行”区域，将“金额”字段拖曳到下方的“值”区域，此时在工作表中已经显示出了每天的销售总金额以及对应的数据透视图。

（5）选中数据透视表标题“订单日期”下方的任意单元格，单击“分析”选项卡中的“组选择”按钮。

（6）在打开的“组合”对话框的“步长”列表框中选中“季度”，如图 8–29 所示，单击“确定”按钮。

（7）选中图表，单击“图表工具”中的“更改类型”按钮。

（8）在打开的“更改图表类型”对话框中，在左侧选择“折线图”，在右侧单击第四个图标（带数据标记的折线图），然后单击下方的第一项“插入预设图表”，如图 8–30 所示。

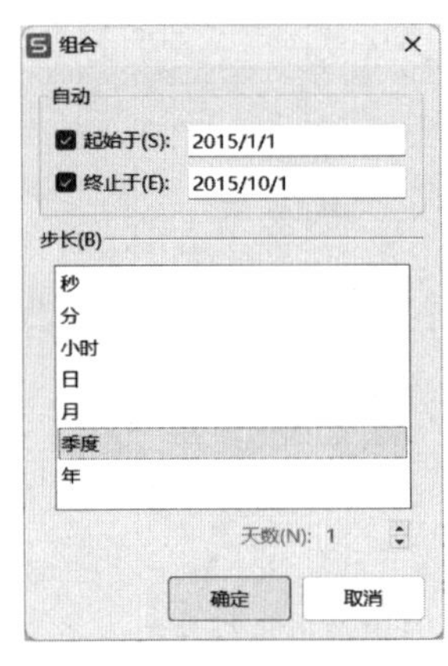

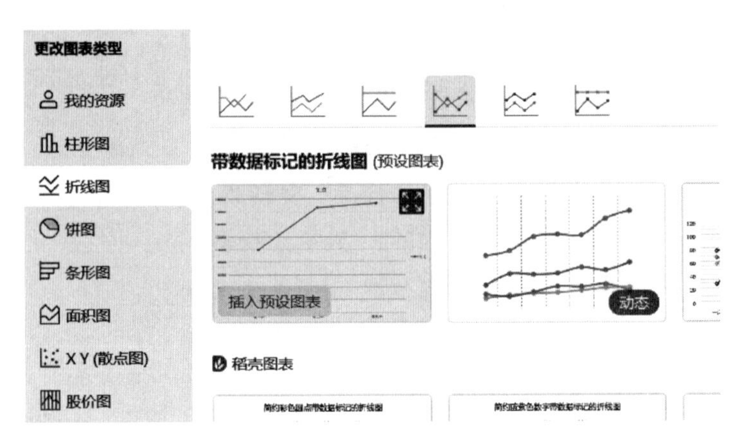

图 8–29　组合字段

图 8–30　更改图表类型

（9）将图表标题修改为“前三季度汇总”，删除图例，然后单击“图表工具”选项

卡，在样式库中选择“样式 3”，完成设置，效果如图 8-31 所示。

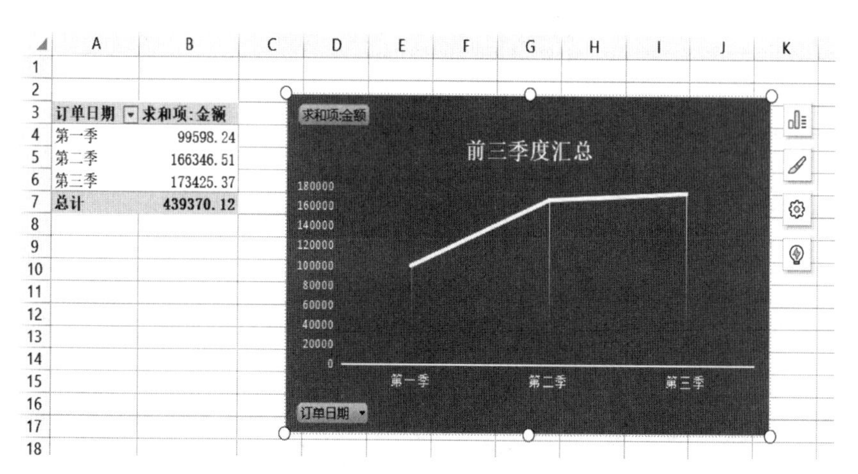

图 8-31　修改图表样式

培训任务 3

WPS 演示文稿应用

学习单元 9

演示文稿基础操作

一、WPS 演示文稿的界面介绍

启动 WPS 后，单击“新建”按钮，然后选择“演示”，在“可用模板和主题”选择项中选择“新建空白演示”，即打开 WPS 演示文稿的工作界面，如图 9-1 所示。

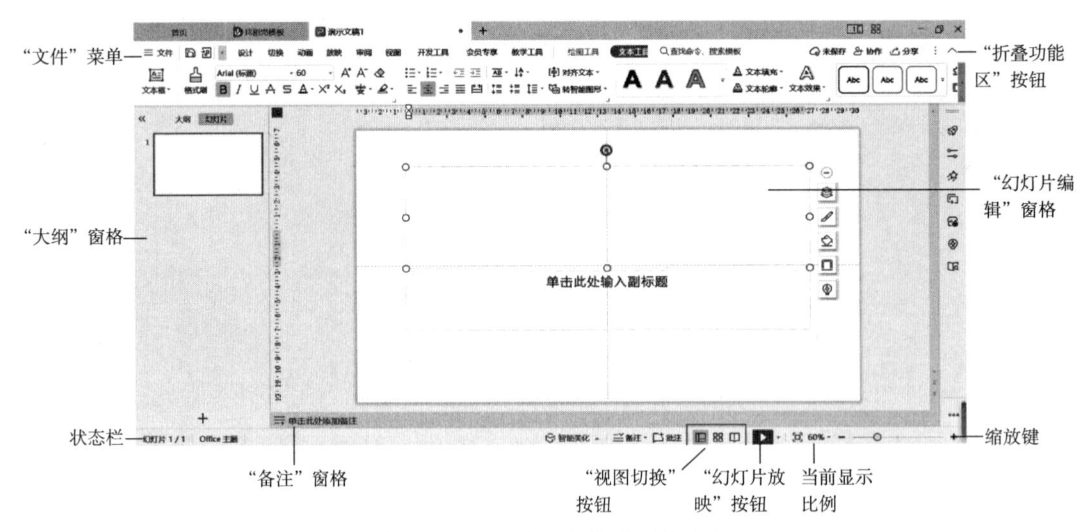

图 9-1　WPS 演示文稿的工作界面

1. 功能区

功能区包含“文件”菜单、自定义快速访问工具栏、功能区选项卡、快速搜索框等。

（1）“文件”菜单。“文件”菜单主要提供 WPS 演示文稿命令，如新建、保存、打开、打印、选项、退出等，并且可以查看当前演示文稿的基本信息和最近使用的演示文稿信息。

（2）自定义快速访问工具栏。自定义快速访问工具栏位于 WPS 表格工作窗口的左上角，由部分常用的工具按钮组成，如“保存”按钮、“输出为 PDF”按钮、“打印”按钮等。

2. 工作区

WPS 演示文稿的工作区位于工作窗口，由位于左侧的“大纲”窗格、位于右侧的“幻灯片编辑”窗格和位于下方的“备注”窗格组成。

（1）“大纲”窗格主要用于显示演示文稿的幻灯片数量和位置。

（2）“幻灯片编辑”窗格主要用于显示和编辑当前幻灯片。

（3）“备注”窗格是在普通视图中显示用于编辑关于当前幻灯片的附加说明信息。

二、演示文稿的相关基础知识

1. 视图

WPS 演示文稿提供了四种不同的视图方式，分别是普通视图、幻灯片浏览视图、备注页视图和阅读视图，如图 9–2 所示。

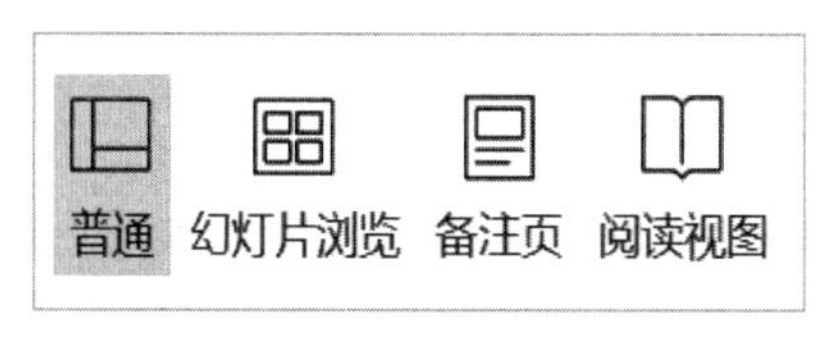

图 9–2　视图类别

（1）普通视图。WPS 演示文稿默认的视图模式为普通视图。普通视图是幻灯片的主要编辑视图方式，可用于编辑演示文稿。它的工作区域可分为“大纲 / 幻灯片”窗格、“幻灯片编辑”窗格和“备注”窗格三个部分，如图 9–3 所示。

“大纲 / 幻灯片”窗格位于工作窗口的左侧，包括“大纲”和“幻灯片”两个选项卡。“大纲”选项卡是以大纲形式显示各张幻灯片中的具体文本内容，不显示图形、图像和图表等对象，适合快速查看整个演示文稿的文档结构，也可以直接在该窗格中编辑文本。“幻灯片”选项卡是以缩略图形式显示各张幻灯片，方便选择、添加和删除幻灯片。

（2）幻灯片浏览视图。在幻灯片浏览视图（见图 9–4）中，可以整体浏览所有幻灯片的效果，并可以进行幻灯片的复制、移动、删除等操作，但不能直接在幻灯片浏览视图下对幻灯片的内容进行编辑和修改。

图 9–3　普通视图

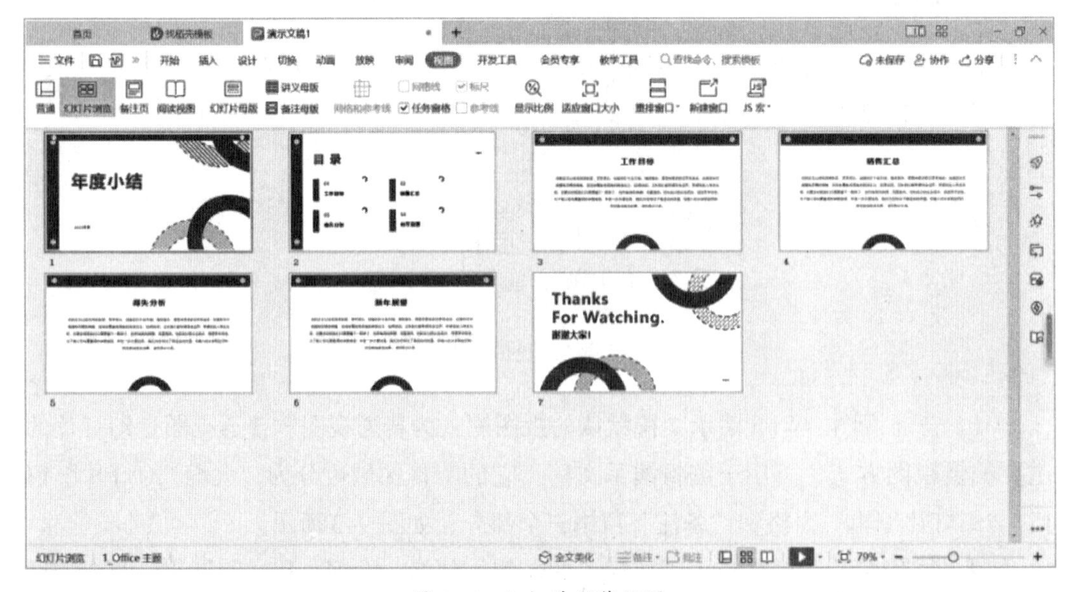

图 9–4　幻灯片浏览视图

（3）备注页视图。备注页视图用于建立、修改和编辑演讲者备注，其视图的上方为幻灯片，下方为备注页添加窗口，如图 9-5 所示。

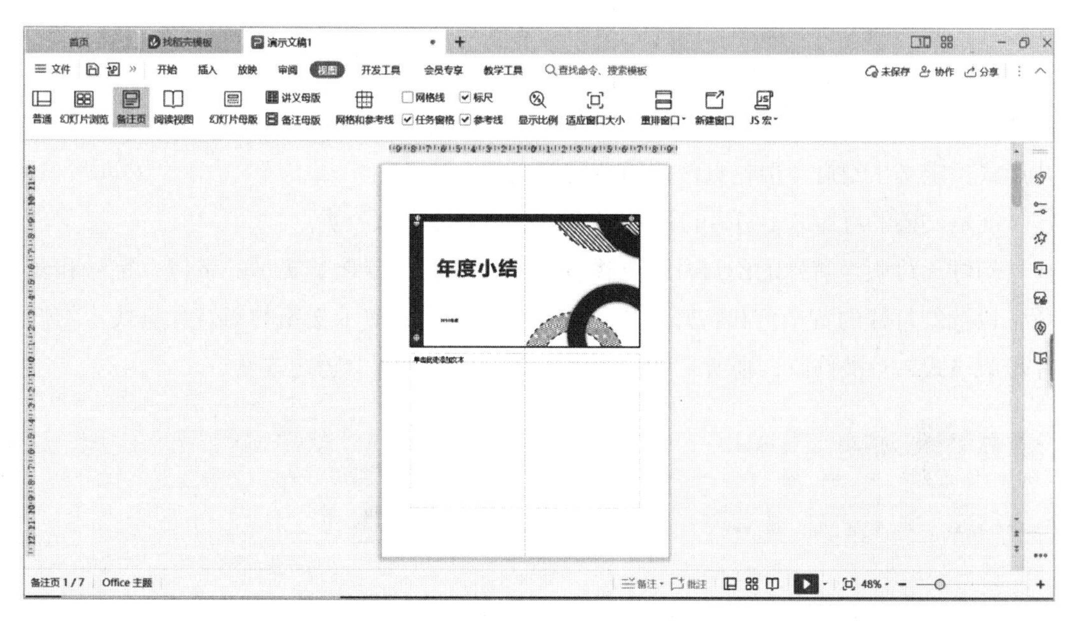

图 9-5　备注页视图

（4）阅读视图。阅读视图是用大屏幕放映演示文稿，但不会占用整个屏幕的放映方式，如图 9-6 所示。若要退出阅读视图模式，按【ESC】键。

图 9-6　阅读视图

2. 幻灯片的组成

演示文稿由一张张幻灯片组合而成，而一张幻灯片由若干对象组成，“对象”是指在幻灯片插入的文字、图形、图像、表格、音频、视频、动画等元素。

（1）幻灯片版式与母版。演示文稿中每一张幻灯片都是基于某种自动版式创建的。新建幻灯片时，可以从 WPS 演示文稿的内置幻灯片版式中选择需要的一种。每种幻灯片版式预定义了幻灯片中各点位符的布局情况。

演示文稿的母版有幻灯片母版、讲义母版和备注母版三类。

幻灯片母版是特殊的幻灯片，如图 9-7 所示。它预定义了文本的字体、字号和颜色，以及幻灯片的背景色和特殊效果。它主要用于统一演示文稿的幻灯片格式。幻灯片母版格式一旦被修改，则所采用该母版建立的幻灯片都会随之改变。

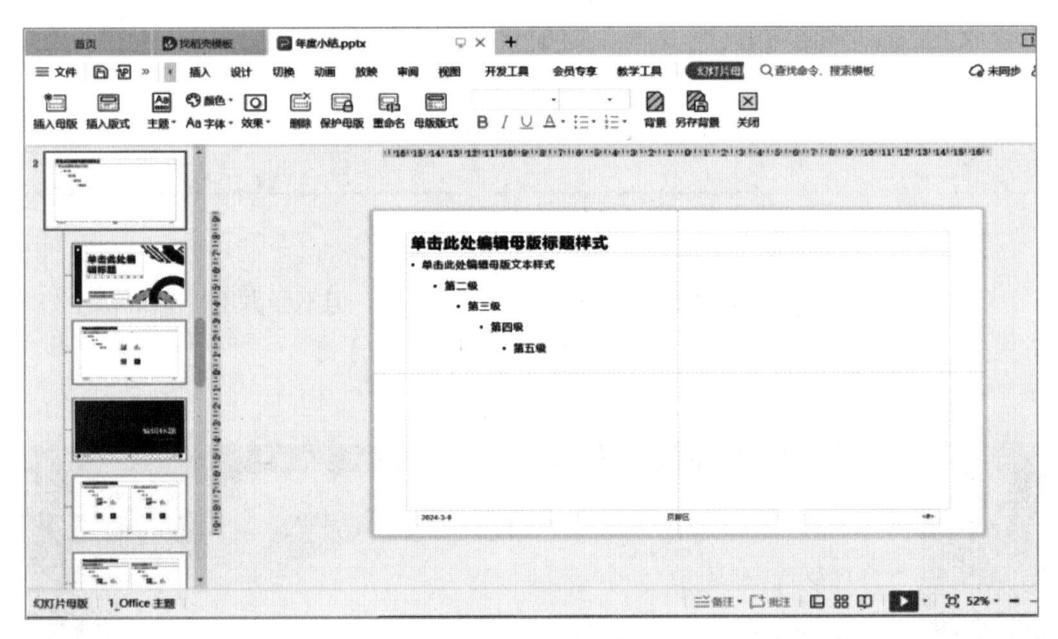

图 9-7　幻灯片母版

讲义母版是指控制幻灯片以讲义形式打印的格式，而备注母版是指设置备注幻灯片的格式。

（2）占位符。占位符是指在幻灯片中先占住一个固定的位置，之后由用户自行填充内容。占位符在幻灯片中以“虚线框”的形式展现，如图 9-8 所示，它可以协助用户规划每张幻灯片的结构。占位符的提示信息在相关内容填写完成后自动消失。

3. 演示文稿的制作原则

演示文稿的设计制作主要包括文字设计、颜色搭配、外观统一、可视化思维与表

达、图片设计、动画设计与演示技巧的整体配合，在谋篇布局的过程中有以下原则。

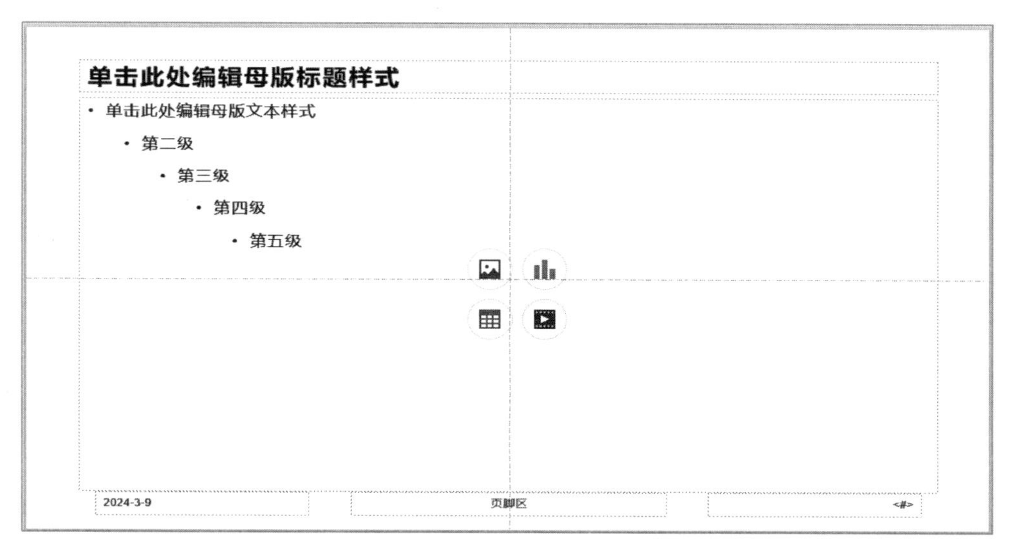

图 9-8　占位符

（1）内容不在多，贵在精干。一张 PPT 的版面有限，不但要有文字和图片，适当的留白也是很重要的，内容要精挑细选、合理总结，恰当地反映制作者的中心思想或观点。

（2）色彩不在多，贵在和谐。切忌乱用颜色、滥用颜色和背景，以免喧宾夺主。

（3）动画不在多，贵在适当。不恰当或过多的动画会混淆观众的视听，令人眼花缭乱。演示文稿提供的动画效果并不一定适合主题，因此需要根据实际适量设置。

三、演示文稿的操作

1. 演示文稿的新建与保存

（1）新建演示文稿。启动 WPS Office 软件，单击“新建”选项卡中的“新建演示”命令，在右侧展开的选项中单击“新建空白演示”，如图 9-9 所示。

空白的演示文稿就是一张空白幻灯片，没有任何内容和对象，创建空白演示文稿后，通常需要通过添加幻灯片等操作来完成演示文稿的制作。

（2）保存演示文稿。进入工作界面，新建的演示文稿默认命名为“演示文稿 1”，在快速访问工具栏中单击“保存”按钮，如图 9-10 所示；然后在打开的“另存为”对话框中，先设置文件的保存路径，然后在“文件名称”输入框中输入文件名，在“文件类型”下拉列表中选择合适的类型，单击“保存”按钮完成保存信息设置。

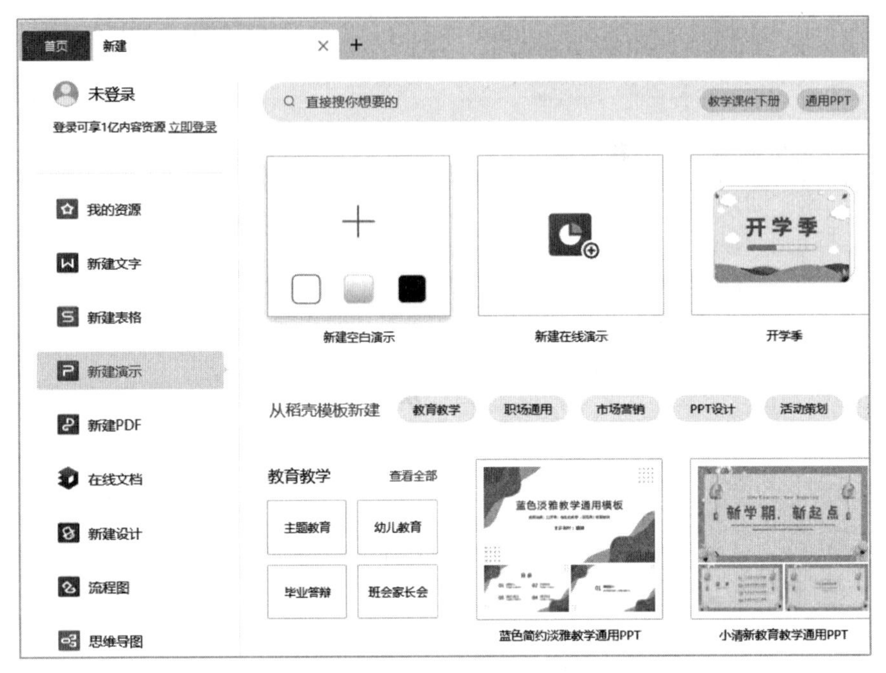

图 9-9　新建演示文稿

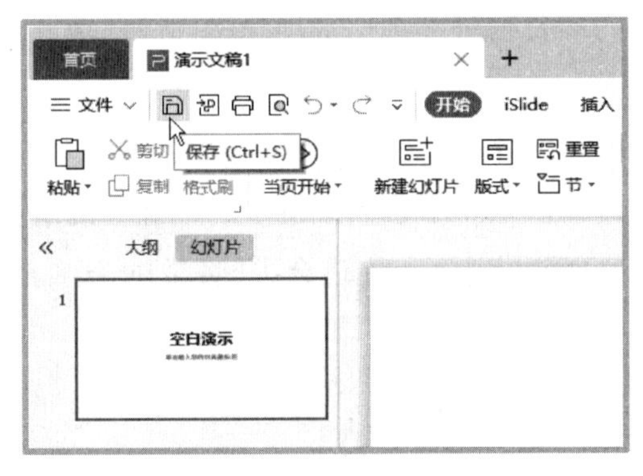

图 9-10　保存演示文稿

对已保存的演示文稿进行新编辑工作后，应及时单击快速访问工具栏中的“保存”按钮，避免不可控的因素导致新编辑内容丢失。

2. 幻灯片的基本操作

（1）选择幻灯片

1）选择单张幻灯片，在普通视图的“大纲 / 幻灯片”窗格的“幻灯片”选项卡中单击所需的幻灯片缩略图。

2）选择多张幻灯片，在“大纲 / 幻灯片”窗格中选中第一张幻灯片后按住【Shift】键，同时选中最后一张幻灯片，即可选中多张连续的幻灯片；若在选中第一张

幻灯片后按住【Ctrl】键，单击选中其他幻灯片，选完后松开【Ctrl】键，即可选中多张不连续的幻灯片。

（2）新建幻灯片。默认新建幻灯片位于全部幻灯片最后，如果需要在其他位置新建，则要先选中插入位置之前的幻灯片。

方法一：单击“开始”选项卡中的“新建幻灯片”命令，选择合适版式的幻灯片，如图 9–11 所示。

方法二：在“大纲 / 幻灯片”窗格中右击，在打开的快捷菜单中选择“新建幻灯片”命令。

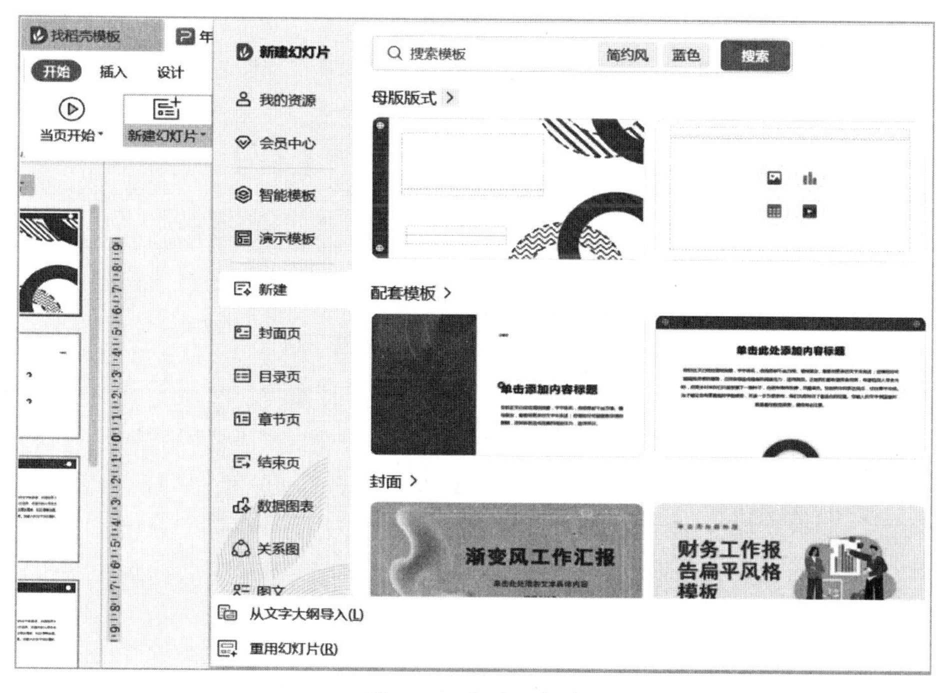

图 9–11　新建幻灯片

（3）移动与复制幻灯片

1）移动幻灯片。移动幻灯片是指将选中的幻灯片从一个位置移至另一个位置。

选中要移动的幻灯片，右击，在快捷菜单中选择“剪切”命令（或使用快捷键【Ctrl+X】）；将鼠标移至目标位置，右击，在快捷菜单中选择“带格式粘贴”命令（或使用快捷键【Ctrl+V】）。

2）复制幻灯片。复制幻灯片是指将选中的幻灯片副本从一个位置移至另一个位置。

选中要移动的幻灯片，右击，在快捷菜单中选择“复制”命令（或使用快捷键【Ctrl+C】；将鼠标移至目标位置，右击，在快捷菜单中选择“带格式粘贴”命令（或使用快捷键【Ctrl+V】)。

3. 演示文稿内容输入

（1）使用文本框。演示文稿内容输入主要是指在幻灯片中添加文稿内容，通常可以使用文本框。

单击“插入”选项卡中的“文本框”命令，在下拉选项中选择合适的文本框类型，如图 9–12 所示，拖动鼠标移至幻灯片合适之处后，松开鼠标左键。单击刚插入的文本框，进入文本框编辑状态，输入相应的文本内容。

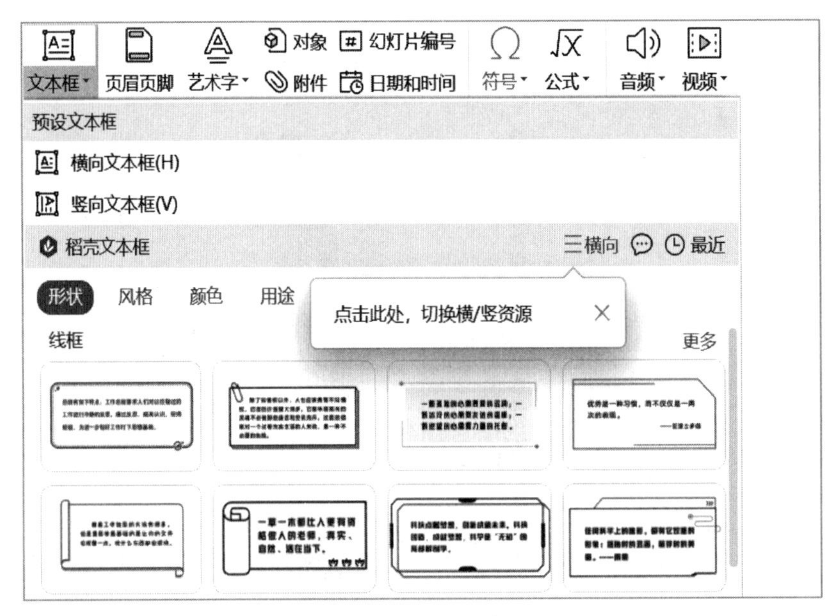

图 9–12　插入文本框

（2）从文字大纲导入。使用 WPS 文字编辑一份架构清晰的文字大纲，单击“开始”选项卡中的“新建幻灯片”命令，在下拉选项中选择“从文字大纲导入”选项，在打开的“插入大纲”对话框中找到相应的文字大纲文件，单击“打开”按钮实现文字内容的导入。

4. 字体替换

一个演示文稿中的字体种类不宜过多，以免影响幻灯片的视觉效果。WPS 演示提供了“替换字体”和“批量设置字体”功能，可以对幻灯片的字体进行统一设置，有效减少重复性的工作，提高工作效率。

单击“开始”选项卡中的“查找”命令，在下拉列表选择“替换字体”选项，在打开的“替换字体”对话框中展开“替换”选项框，可以看到当前演示文稿中使用的

所有字体。选择需要替换的字体，在“替换为”选项框中选择要替换成的字体，如图 9–13 所示，单击“替换”按钮。

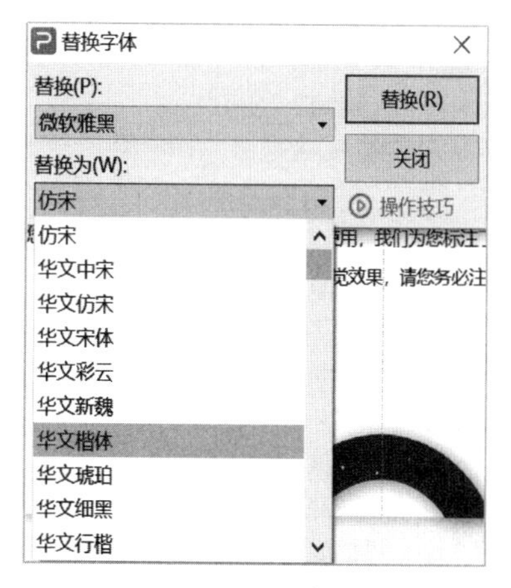

图 9–13　字体替换

5. 幻灯片页面设置

WPS 新建演示文稿的幻灯片大小默认设置为“宽屏（16 : 9）”，可以根据需要对幻灯片的大小进行调整。

单击“设计”选项卡中的“页面设置”命令，在打开的“页面设置”对话框中进行幻灯片大小、纸张大小、方向等设置，如图 9–14 所示。

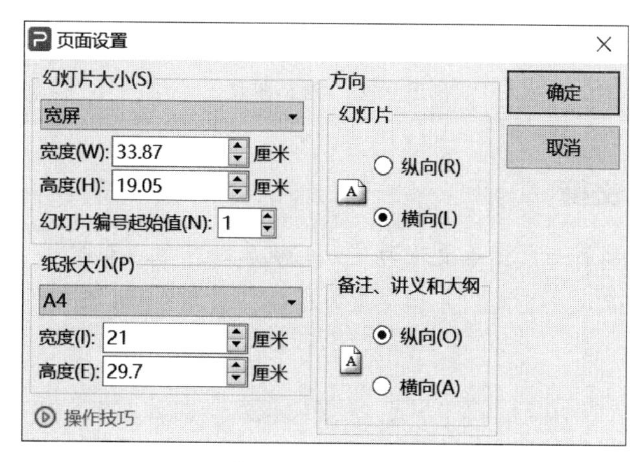

图 9–14　页面设置

实训任务

创建并修改“数控机床的维护与养护”演示文稿

小唐在一家销售数控机床的公司做售后服务工作，需要给客户介绍产品的后期维护和保养知识，创建并修改“数控机床的维护与养护”演示文稿。

1. 创建演示文稿

在 WPS Office 中选择单击“新建”选项卡中的“演示”命令，在模板选择页左侧选择“教育学习”，如图 9–15 所示，在右侧选择第一行“教育教学简约小清新通用”模板，单击“免费使用”。

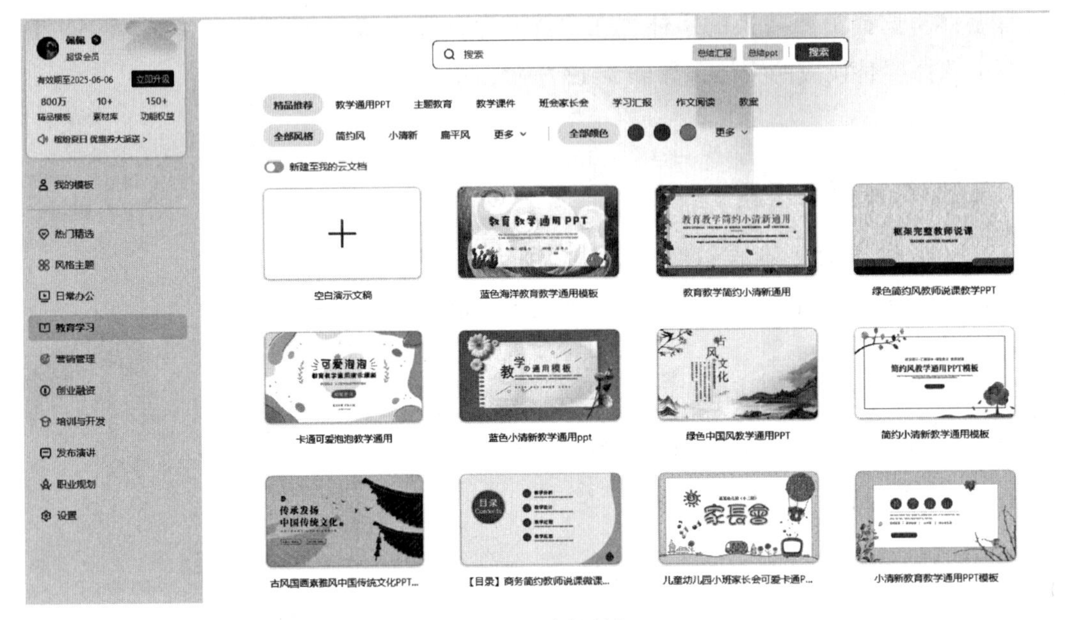

图 9-15　选择模板

2. 修改演示文稿

（1）将演示文稿第一页标题更改为“数控机床的维护与养护”，删除副标题，将段落内容更改为“授课人：某某”并调整至合适处，如图 9-16 所示。

图 9-16　修改、调整第一页

（2）选中第 13 页幻灯片，按【Delete】键或右击后在菜单中选择“删除幻灯片”。将结束页标题修改为“授课结束”，单击副标题按【Delete】键删除，调整标题至合适处，如图 9–17 所示。

图 9–17　修改结束页

（3）单击“开始”选项卡中的“查找”命令，在下拉列表选择“替换字体”，打开“替换字体”对话框中，在“替换”选项框中选择“方正清刻本悦宋简体”字体，在“替换为”选项框中选择“思源黑体 CN Normal”字体，如图 9–18 所示，单击“替换”按钮。

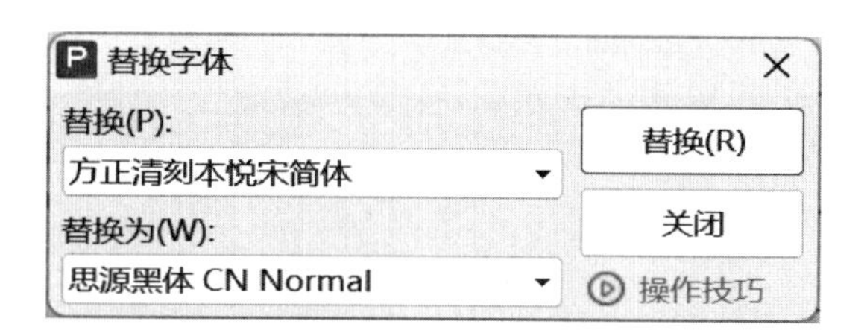

图 9–18　替换字体

（4）单击“文件”菜单中的“保存”命令，如图 9–19 所示。在弹出的“另存为”对话框中，选择合适的位置保存，文件名称改为“教育教学工作汇报”，文件类型选择“Microsoft PowerPoint 文件（*.pptx）”，如图 9–20 所示。

图 9-19 保存演示文稿

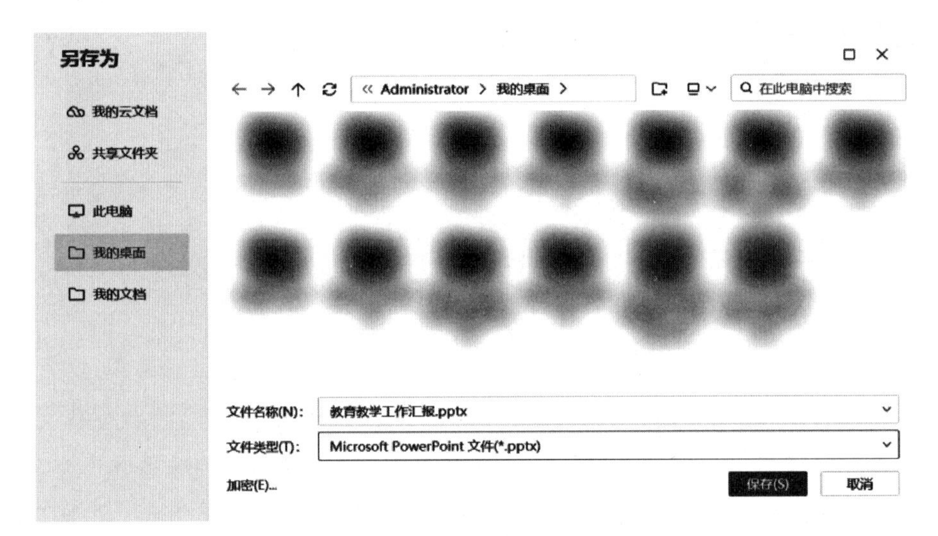

图 9-20 保存设置

图文混排及美化

一、演示文稿的图文混排

在 WPS 演示文稿中除了文字内容，还可以向演示文稿添加所需要的图表素材，如形状、图片、艺术字、图表、音频和视频等。

1. 插入与编辑形状

WPS 演示文稿提供了线条、矩形、基本形状、箭头总汇、公式形状、流程图、星与旗帜、标注和动作按钮共九类预设形状。

（1）插入形状。单击“插入”选项卡中的“形状”命令，在下拉列表中选择合适的形状，如图 10–1 所示，当鼠标变成十字形时，按住鼠标左键并拖动即可绘制所选的形状。

（2）编辑形状。WPS 演示文稿中编辑形状是指对形状内文字进行编辑，更改形状为其他预设形状，以及更改形状的顶点构建自定义形状。

1）编辑文字。右击选中的形状，在快捷菜单中选择“编辑文字”，即可在形状内输入文字内容，同时也可以通过字体格式化命令设置文字的效果。

2）更改形状。选中要变换的形状，单击“绘图工具”选项卡中的“编辑形状”，在下拉选项中选择“更改形状”，在右侧展开的选项中选择合适的形状。

3）编辑顶点。选中要编辑顶点的形状，单击“绘图工具”选项卡中的“编辑形状”，在下拉选项中选择“编辑顶点”，此时会在形状中出现可调整的锚点，可以通过拖动锚点实现形状变化。

（3）设计样式

1）可通过“绘图工具”选项卡相关效果设置命令快速实现形状样式的设计，如图 10–2 所示。

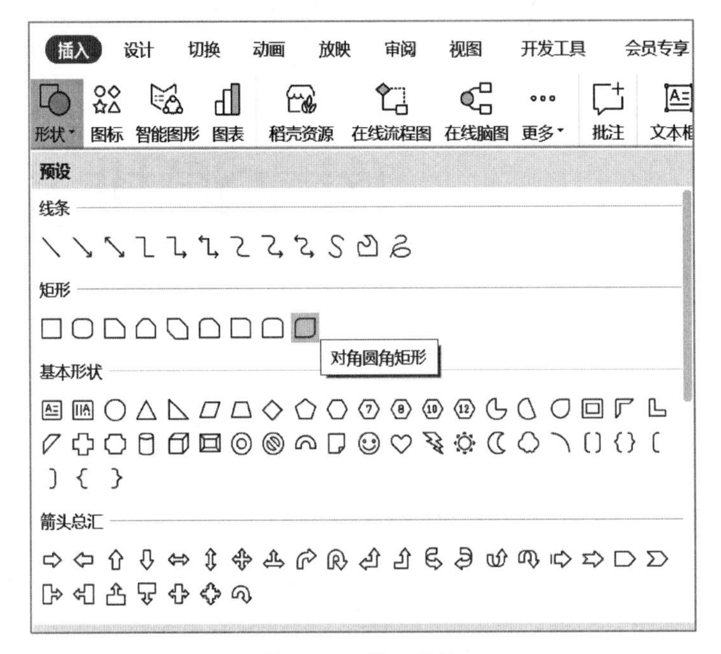

图 10–1　插入形状

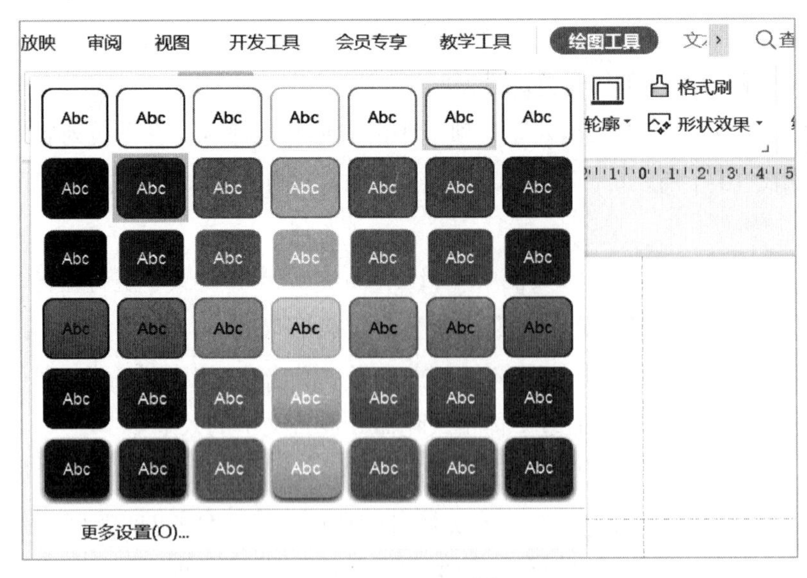

图 10–2　预设样式

2）可右击选中的形状，在快捷菜单中选择“设置对象格式”命令，在打开的“对象属性”窗格中根据需要设置形状和文本的效果，如图 10–3 所示。

（4）组合形状。可以将不同的形状进行组合，形成新图形，可以通过“组合”命令将新图形组合为一个对象，方便对其进行移动与复制。

设置各个形状的摆放位置（如对齐方式、上下层关系等），可以通过“绘图工具”选项卡中的“对齐”“上移一层”和“下移一层”来控制；组合图形时，选中所有形状后，单击“绘图工具”选项卡中的“组合”命令，如图 10–4 所示。

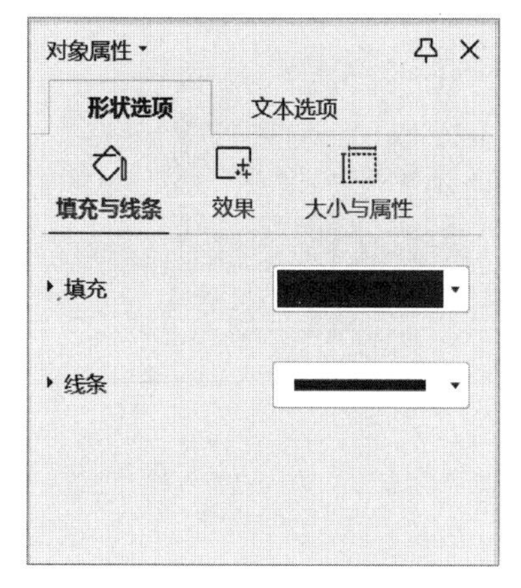

图 10–3　形状样式设置

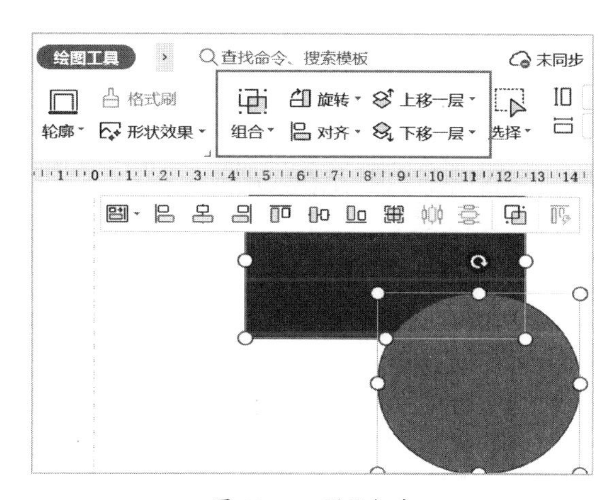

图 10–4　形状组合

2. 插入与编辑图片

在 WPS 演示文稿中，经常插入的图片文件格式及其特点见表 10–1。

表 10–1　不同格式的图片特点

格式	特点
JPG	图像色彩丰富，精度高；但在调整图片大小时可能会降低其清晰度
GIF	无损压缩，支持动画，文件大小较小，兼容性广
PNG	图像色彩较丰富且背景为透明
AI	矢量图的一种，调整图片大小时不会变形失真

（1）图片插入。将光标移到幻灯片的图片占位符，单击“插入”选项卡中的“图片”命令，在下拉选项中选择“本地图片”，在“插入图片”对话框中找到需要插入的图片文件，单击“打开”。

WPS 还提供在线搜索图片功能，方便用户查找图片素材。

（2）设计图片效果。选中图片，右击，在快捷菜单中选择“设置对象格式”命令，在打开的“对象属性”窗格中根据需要设置填充与线条、效果、大小与属性和图片的效果参数，如图 10–5 所示。

（3）图片拼接。选中需要拼接的图片，单击“绘图工具”选项卡中的“图片拼接”命令，在下拉列表中选择合适的拼图样式，如图 10–6 所示。对已拼接的图片，可以根据需要在图片拼接处对其顺序、间距、样式等做出调整，如图 10–7 所示。

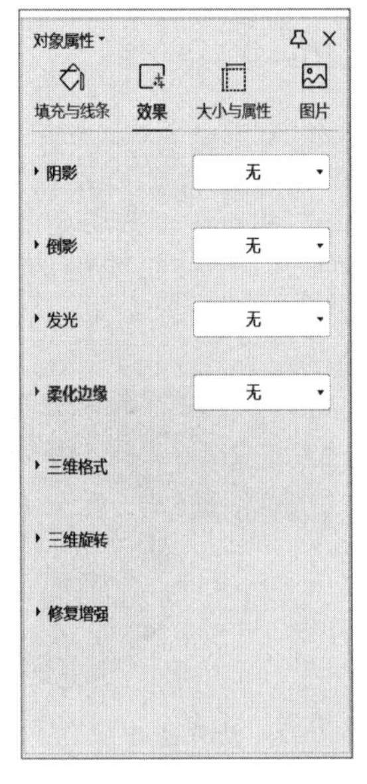

图 10–5　设置图片效果

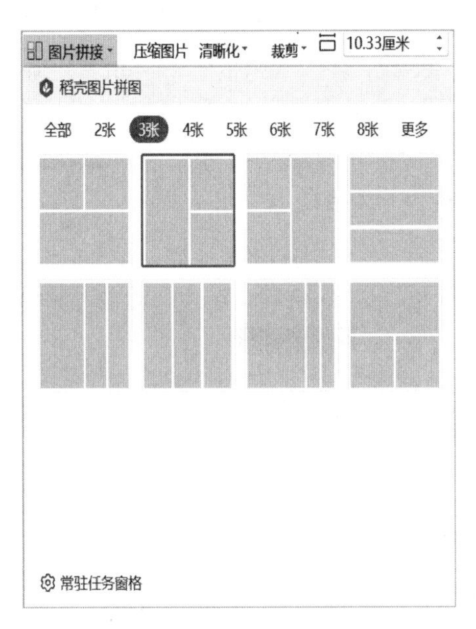

图 10–6　图片拼接样式

图 10–7　图片拼接设置

3. 插入与编辑艺术字

（1）将光标移至需要插入艺术字的位置，单击“插入”选项卡中的“艺术字”命令，在其下拉列表中选择“预设艺术字样式”后单击，页面会出现一个带有选定艺术

字样式的文本框，并提示“请在此处输入文字”，如图 10–8 所示。

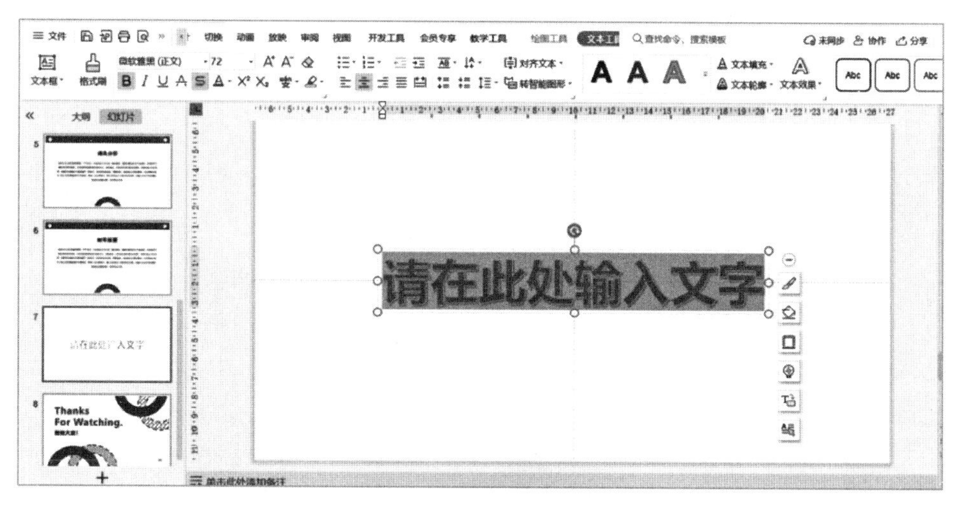

图 10–8　插入艺术字

（2）设置艺术字效果。选择艺术字文本框，通过“文本工具”选项卡中的相关命令设置艺术字的文本填充、文本轮廓和文本效果。

4. 插入与编辑图表

（1）插入图表。选中要插入图表的幻灯片，在“插入”选项卡中选择“图表”工具，在打开的“图表”对话框中选择合适的图表类型，如图 10–9 所示。

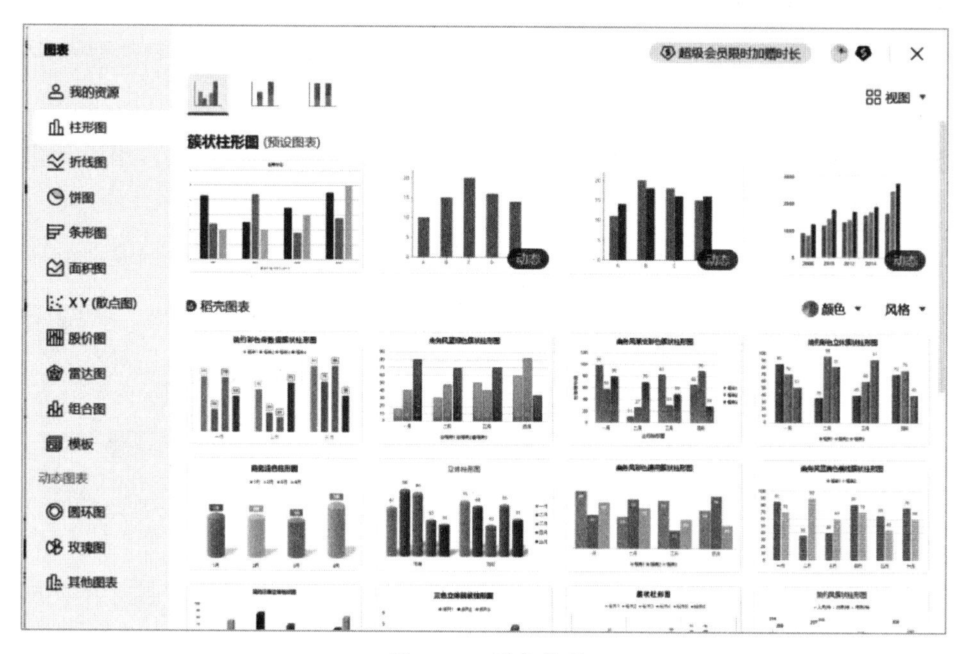

图 10–9　图表类型

（2）编辑图表数据。WPS 演示文稿中插入图表所关联的数据是预设的，用户可以调整数据。选中图表，单击“图表工具”选项卡中的“编辑数据”命令，会自动打开 WPS 表格，可对数据进行编辑与更改，如图 10–10 所示。数据的变化会引起图表的自动调整，更改完成后关闭 WPS 表格文档。

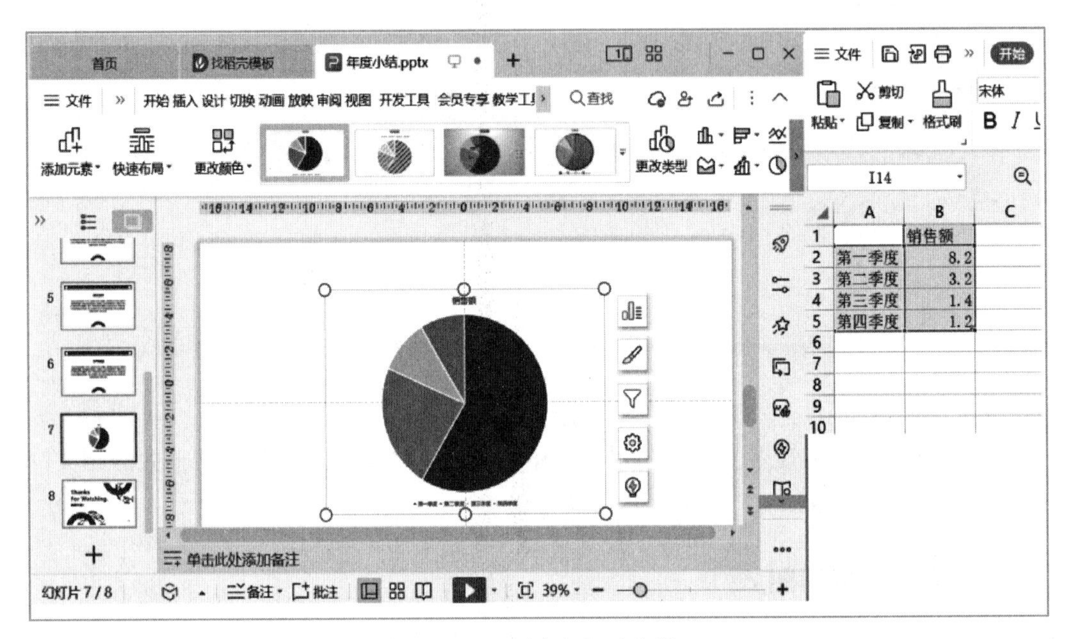

图 10–10　图表数据的编辑

5. 插入与编辑音频

（1）插入音频。选中幻灯片，单击“插入”选项卡中的“音频”命令，在下拉列表选择合适的插入音频的方式。

1）嵌入音频。以嵌入的方式插入音频文件，此种方式音频文件会占用一定的存储空间，使 WPS 演示文稿文件变大。

2）链接到音频。以关联本地文件或云端链接的方式插入音频，需要跨设备播放建议选择云端音频，此种方式不会使 WPS 演示文稿文件变大，但可能会因为音频文件路径问题或网络问题而导致无法播放。

图 10–11　音频文件图标

音频插入完成后，幻灯片上会出现音频文件的图标，如图 10–11 所示。

（2）编辑音频。选中已插入的音频文件图标，通过“音频工具”选项卡中的相关命令可以对音频进行简易编辑，如图 10–12 所示。

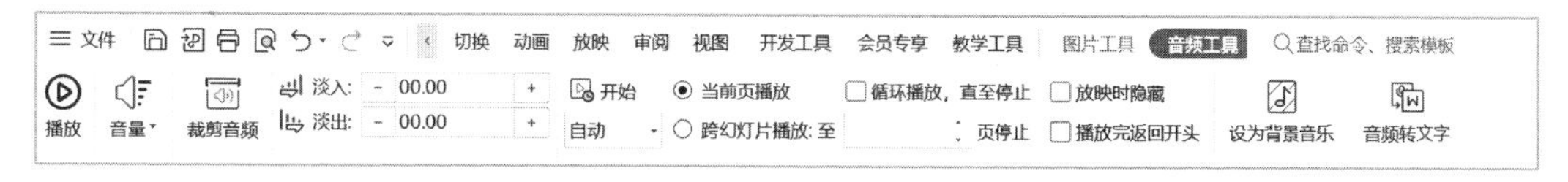

图 10-12 音频工具

6. 插入与编辑视频

（1）插入视频。选中幻灯片，单击“插入”选项卡中的“视频”命令，在下拉列表选择合适的插入视频的方式。“嵌入视频”和“链接到视频”的区别与“嵌入音频”和“链接到音频”的区别类似。

视频插入完成后，幻灯片上会出视频播放界面，如图 10-13 所示。

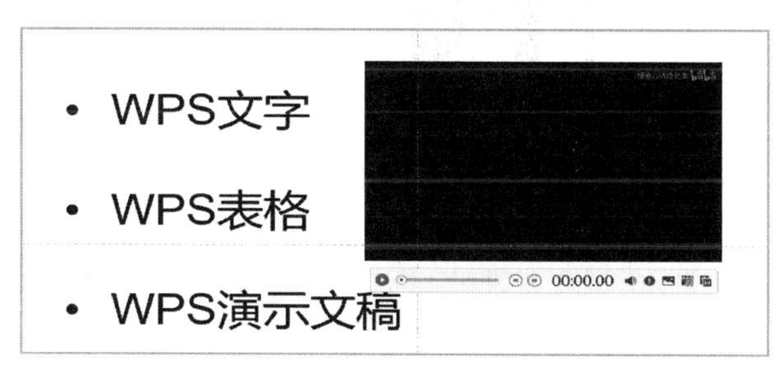

图 10-13 视频播放界面

（2）设置播放选项。选中已插入的视频文件，通过“视频工具”选项卡中的相关命令可以对视频进行简易编辑，如图 10-14 所示。

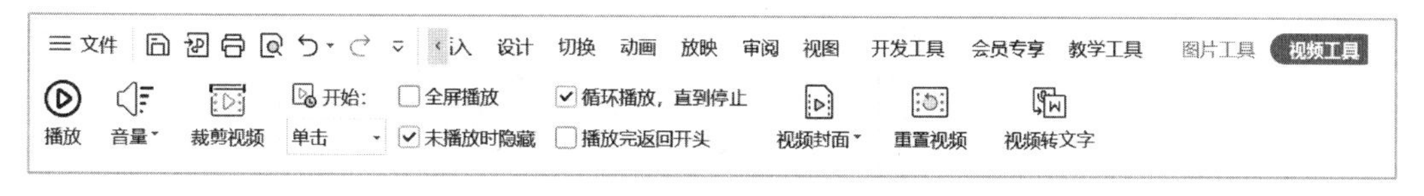

图 10-14 视频工具

二、演示文稿的美化

图文混排能使内容有条理，突出重点，而主题设计、排版和配色等设计能使演示文稿的风格统一。

1. 主题设计

针对不同场合和演讲主题，可以选择不同的主题，从而快速统一演示文稿的排版和设计风格。

打开要进行主题设计的演示文稿，选择“设计”选项卡中的预设主题。若已有的主题不能满足需求时，可通过“智能美化”下拉列表中的“全文换肤”“统一版式”“智能配色”和“统一字体”命令进行设置，如图 10-15 所示。

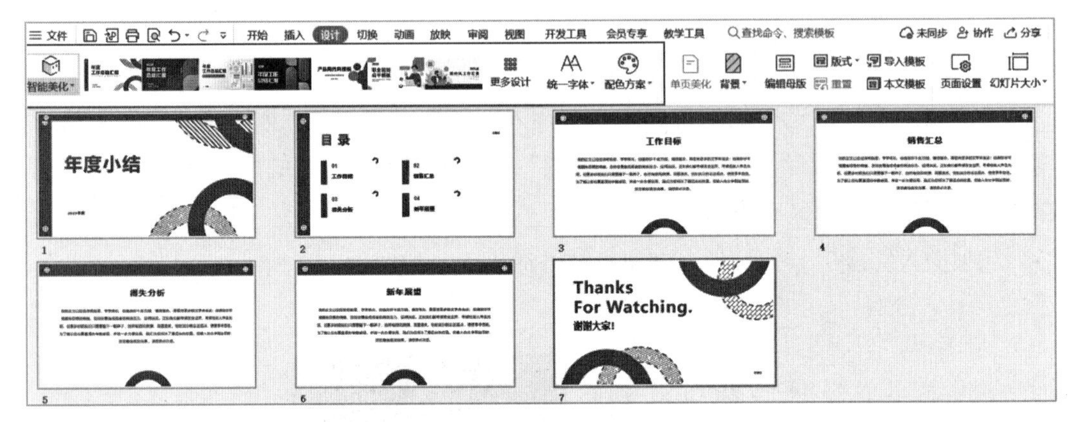

图 10-15　主题设计

打开“全文美化”命令进行主题设计，在窗口的右侧可以预览美化效果，如图 10-16 所示。

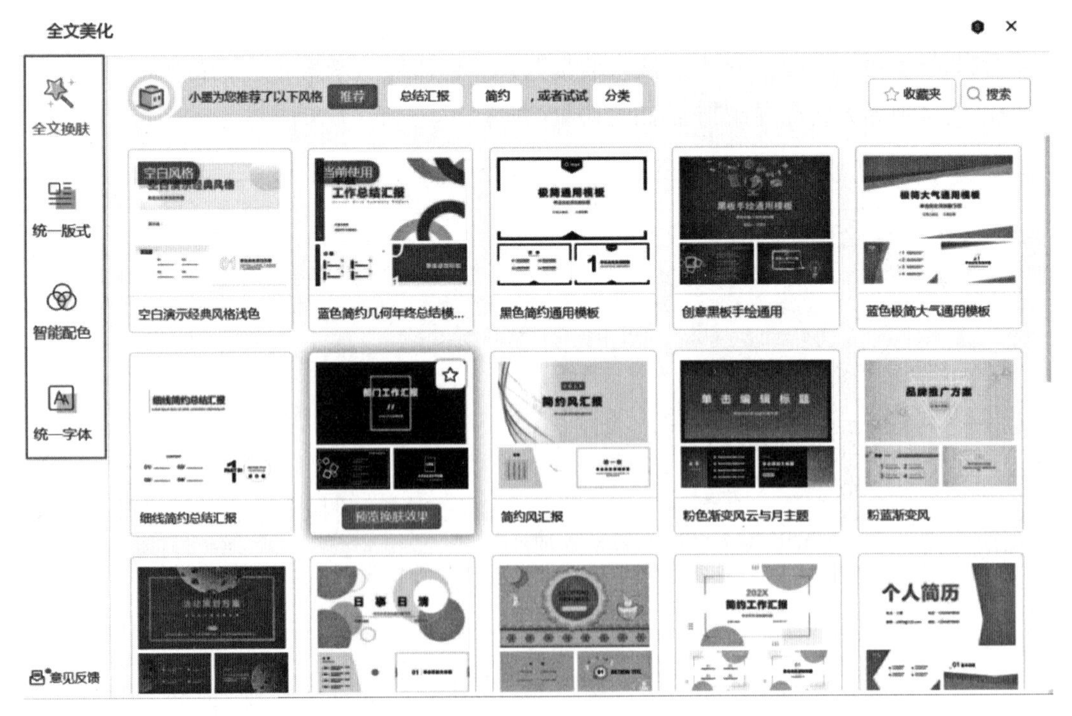

图 10-16　全文美化

2. 背景格式设计

WPS 演示文稿可以设置不同的颜色、图案、纹理等背景，不仅可以为单张幻灯片或多张幻灯片设置个性化背景，也可以为母版设置个性化背景，从而快速更换整个演示文稿的背景。

选中要设置背景的幻灯片，单击“设计”选项卡中的“背景”命令，在下拉列表中选择合适的背景；或右击选中的幻灯片，在快捷菜单中选择“设置背景格式”命令，在“对象属性”窗格中完成背景设计。

3. 幻灯片母版设计

WPS 在创建新演示文稿时，会同步为该文稿创建一个母版集合，每一个母版页面都有相应的版式页面。母版中信息是共享的，只要改变母版中的信息，那么演示文稿中应用该母版页的幻灯片都会同步自动调整。故在设计演示文稿时，会将重复出现的元素放入母版中，以使各张幻灯片呈现统一的效果。

当前演示文稿的视图切换到幻灯片母版视图；在该视图模式下工作窗口的导航会显示一张母版式和多张分别对应不同版式的子版式，如标题幻灯版式、标题和内容版式等，如图 10-17 所示。

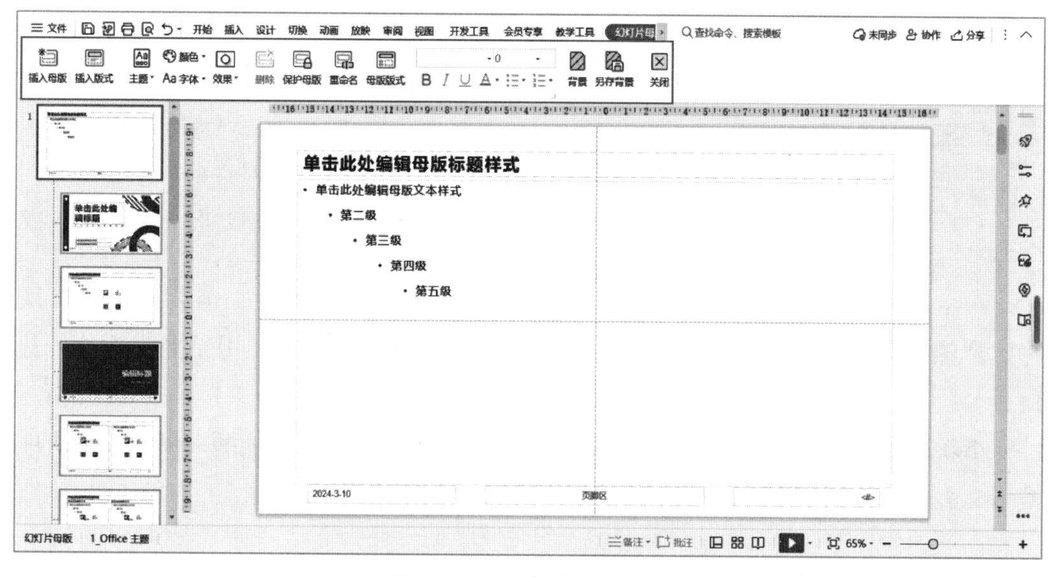

图 10-17 幻灯片母版视图

可以插入新的母版和版式，也可以对已有母版式和子版式的主题、字体、版式和背景等内容进行设置；设置结束后，单击“幻灯片母版”选项卡中的“关闭”命令即可退出母版视图。

4. 页眉与页脚设计

单击“插入”选项卡中的“页眉页脚”命令，在打开的“页眉和页脚”对话框中，可以编辑幻灯片的日期和时间、幻灯片编号和页脚等参数，设置完成后单击“应用”或“全部应用”按钮，如图 10–18 所示。“应用”表示为当前幻灯片添加页眉页脚信息；“全部应用”表示为演示文稿的所有幻灯片添加页眉页脚信息。

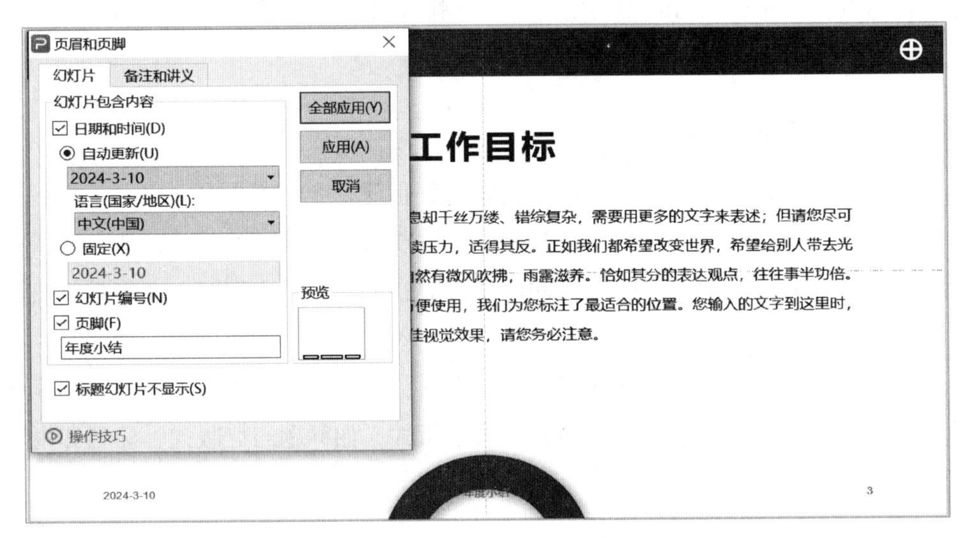

图 10–18　幻灯片页眉和页脚设置

实训任务

“人工智能的发展”演示文稿美化

演示文稿美化时，细节是关键，布局要合理，内容要清晰，需要在形状、图片、音频、视频、排版等方面下功夫，确保演示文稿既美观又实用，能直观地传达信息。

小新老师是“人工智能”课程的授课老师，需要对“人工智能的发展”主题讲座演示文稿进行美化。

1. 修改主题模板

（1）双击打开“人工智能的发展 .pptx”，如图 10–19 所示。

图 10-19　素材演示文稿

（2）单击“设计”选项卡，选择“更多设计”，在弹出的“全文美化”窗口中选择“分类”，风格中选择“商务”，选择第一行“紫色商务科技超越梦想”风格，如图 10-20 所示。

图 10-20　更换主题模板

（3）单击主题模板上的“预览换肤效果”，在右侧预览窗口单击“应用美化”，更换完成主题模板的演示文稿，如图 10-21 所示。

图 10-21　完成效果

（4）在“设计”选项卡中选择“统一字体”，在弹出的“统一字体”对话框中选择“商务”“汉仪文黑 85W”，如图 10-22 所示。如果只有部分字体被替换为目标字体，则可以使用“替换字体”功能。

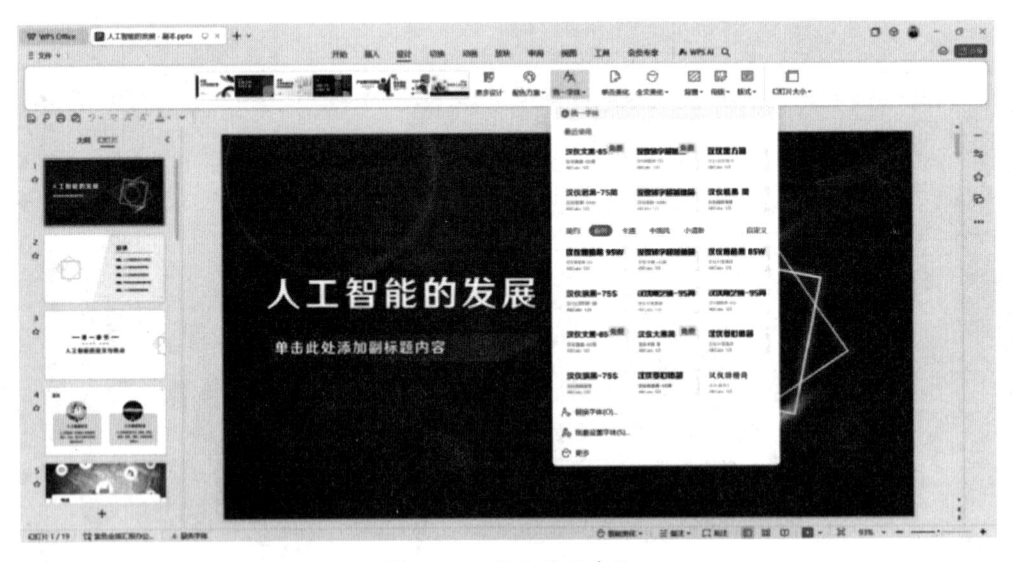

图 10-22　整体修改字体

2. 演示文稿美化

（1）在左侧导航窗口单击“14”页，在编辑区使用鼠标左键框选三张图片，在“图片工具”选项卡中单击“图片拼接”，单击选择第一个，调整拼接图片的大小和位置，如图 10-23 所示。

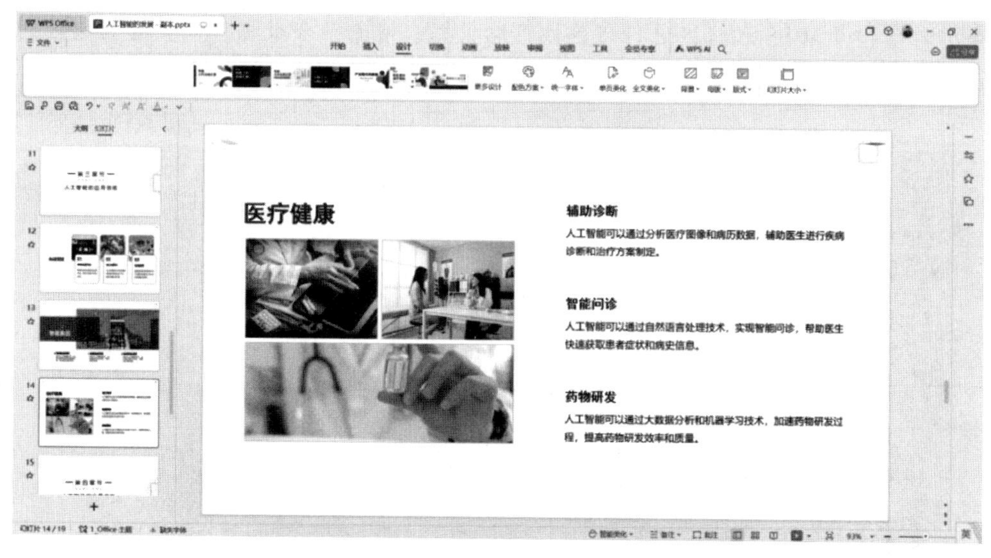

图 10-23　调整大小和位置

（2）在左侧导航窗口单击“16”页，在编辑区使用鼠标点选“算法优化”等三个标题文本，单击“文本工具”选项卡中的“字体填充”，选择“紫色，着色 1”，如图 10-24 所示。

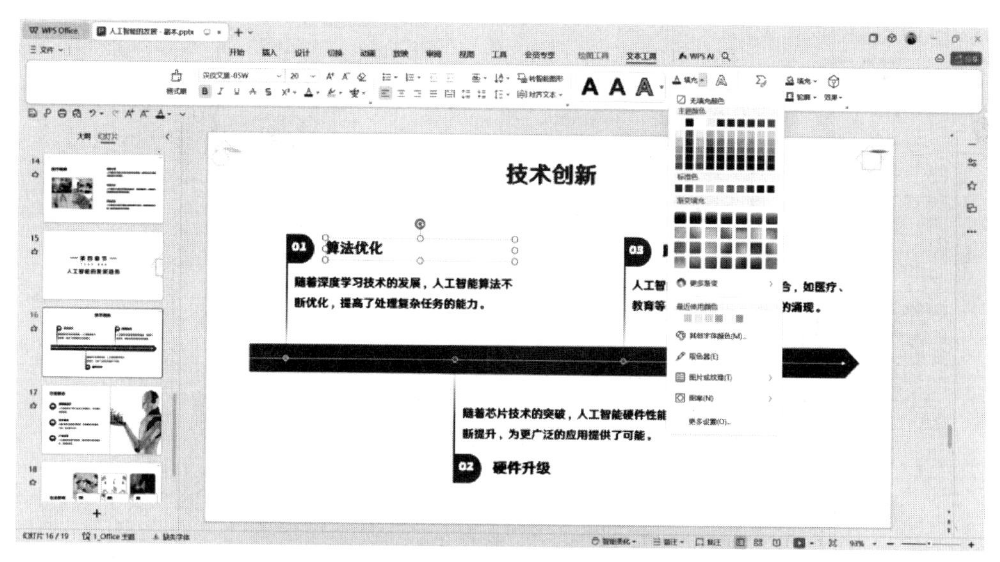

图 10-24　设置文字填充颜色

（3）在左侧导航窗口单击“19”页，在“插入”选项卡中选择“图表”，在打开的“图表”对话框中选择“柱形图”，右侧类型选择“免费”，如图 10-25 所示，选择第一行第三个，单击“立即使用”。

（4）复制编辑区的数据表格，选中柱形图，单击“图表工具”中的“编辑数据”

命令，自动打开 WPS 表格，进行覆盖性粘贴数据，清除多余数据，调整数据选区到正确区域，关闭 WPS 表格，编辑区柱状图会根据数据进行自动调整，如图 10-26 所示。

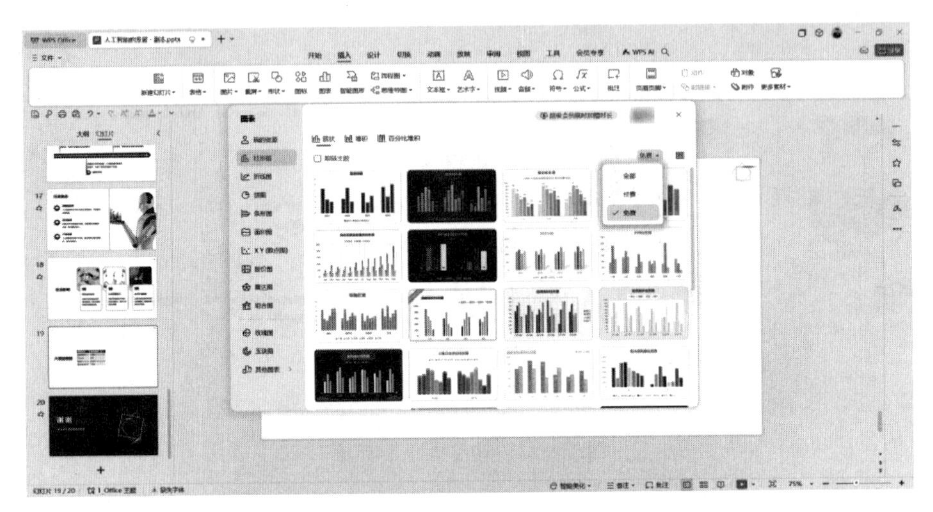

图 10-25　插入柱形图

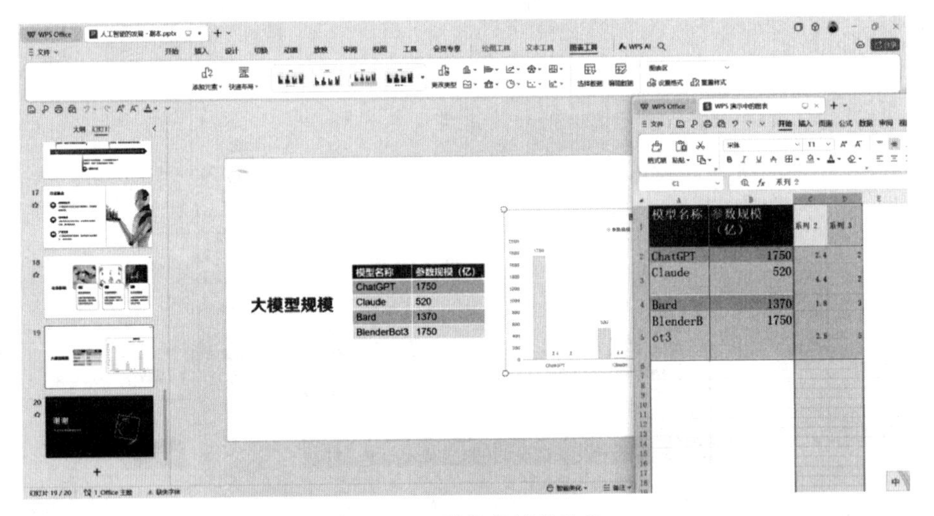

图 10-26　图表数据的编辑

（5）选择柱状图，单击“图表工具”选项卡中的“添加元素”，将“图表标题”和“图例”更改为“无”。通过“图表工具”选项卡中的预设窗口，选择预设系列配色为“单色”。调整数据图表及柱状图大小和位置。

单击左侧导航窗口“18”页，在编辑区选中文本框，对文本框中的标题和内容进行层级调整，选中内容，按【Tab】键对内容进行降级，如图 10-27 所示。

（6）选中文本框，单击“文本工具”选项卡中的“转智能图形”，在打开的“智能图形”中选择“并列”关系图形，付费类型选择“免费”，选择第一行第一个图形，单

击“立即使用”，调整图形位置，如图 10-28 所示。

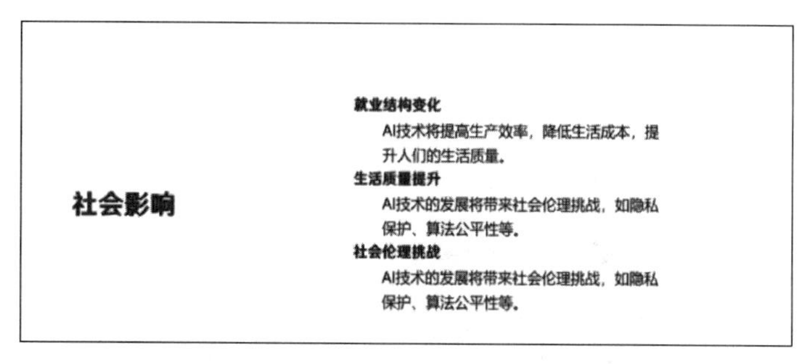

图 10-27　调整内容层级

图 10-28　调整图形位置

（7）在左侧导航窗口单击“20”页，单击“插入”选项卡中的“视频”，在下拉选项中选择“嵌入视频”，选择“实训任务 10”文件夹中的“结尾 .mp4”，如图 10-29 所示。

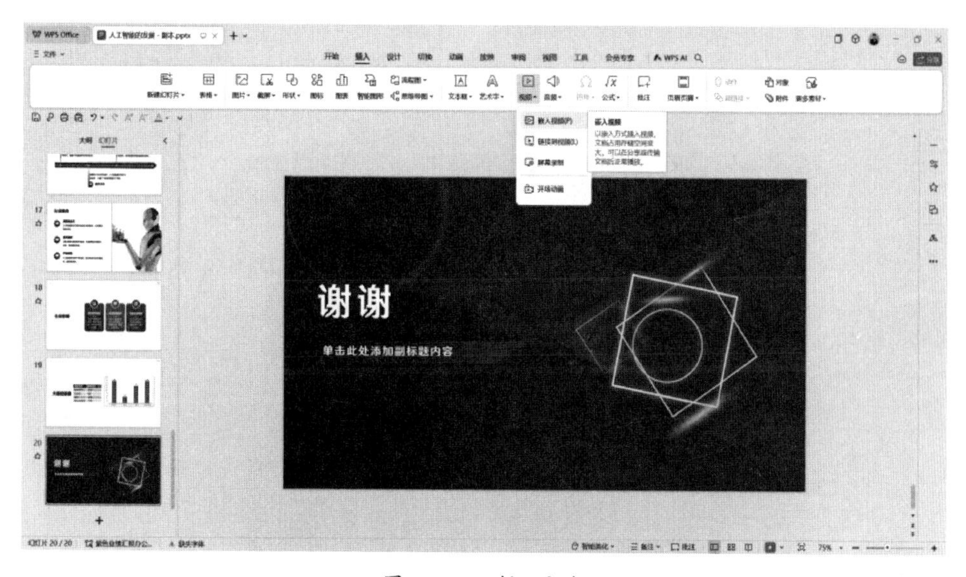

图 10-29　插入视频

（8）单击选中视频，在“视频工具”选项卡中选择“开始”，将视频的触发方式设置为“自动”，如图 10-30 所示。

图 10-30　设置视频触发方式

学习单元 11

交互优化设计

一、演示文稿的交互设计

演示文稿的交互设计是提升观众参与度和理解度的关键要素。一个精心设计的交互环节能够让观众更加投入，主动参与到演示过程中，从而更好地理解和记忆所传达的信息。

在设计交互演示文稿时，可以使用动画效果来突出显示关键信息。

1. 分节设置

使用节可以对幻灯片页面进行分类管理，有助于规划演示文稿的文档架构，提高工作效率。

（1）新增节。选中要分节的幻灯片，单击“开始”选项卡中的“节”下拉按钮，单击“新增节”按钮，如图 11–1 所示；此时演示文稿分为两节，第一节的名称为“默认节”，第二节的名称为“无标题节”。

（2）重命名。将光标移至需要重命名的节名处，右击，在快捷菜单中选择“重命名”命令，在打开的“重命名”对话框中输入新节名，如图 11–2 所示，输入完成后单击“重命名”按钮。

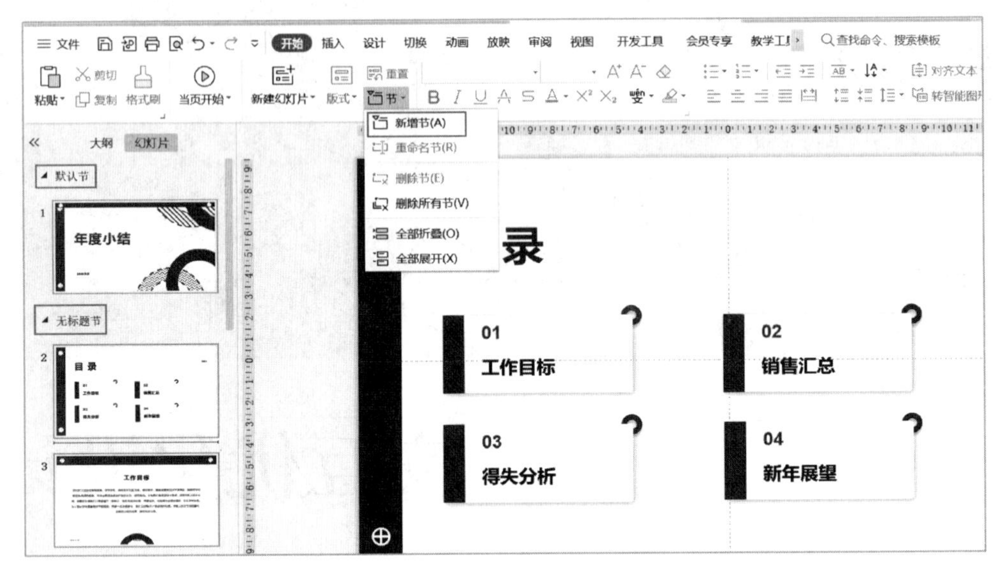

图 11-1　新增节

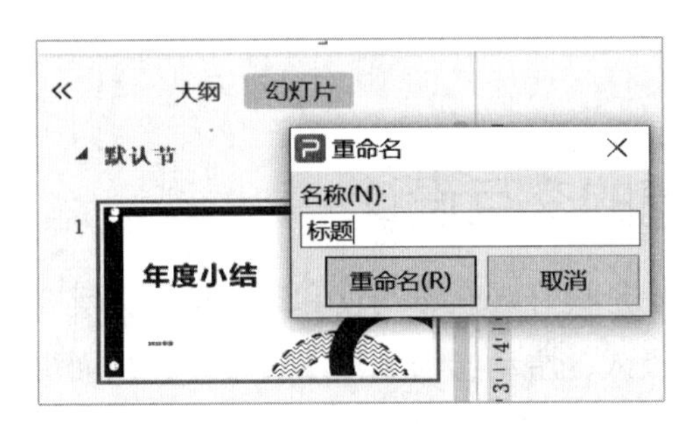

图 11-2　节的重命名

2. 切换设置

在演示文稿中添加切换效果，可以让各幻灯片页面更好地衔接。在播放时，幻灯片页面切换显得更为自然、生动或有趣，有效提升用户注意力。WPS 演示文稿提供了平滑、淡出、切出、擦除等切换效果。

选中要添加切换效果的幻灯片，单击“切换”选项卡中预设的切换效果，根据需要设置切换效果、方式、速度、时间等参数；或右击，在快捷菜单中选择“幻灯片切换”命令，在打开的“幻灯片切换”窗格中进行参数设置，如图 11-3 所示。

单击“切换”选项卡中的“预览”命令，可以预览当前幻灯片的切换效果。

3. 超链接设置

在演示文稿中可以给文本、图形、图片等对象添加超链接，通过添加超链接可以转换到演示文稿的其他位置。

图 11-3 设置切换效果

（1）插入超链接。切换到普通视图模式，选中要插入超链接的文本或图片等对象，单击“插入”选项卡中的“超链接”命令；在“插入超链接”对话框中选择“本文档中的位置”命令，并在右侧“请选择文档中的位置”列表框中选择相应的幻灯片，单击“确定”按钮，如图 11-4 所示。

图 11-4 插入超链接

单击“插入超链接”对话框中的“超链接颜色”按钮，可进入“超链接颜色”对话框，对超链接的颜色和链接是否显示下划线进行更改，如图 11-5 所示。

（2）编辑超链接。已创建的超链接可以根据实际需要重新设置。选择需要编辑的超链接对象，右击，在快捷菜单中单击“超链接”级联菜单中的“编辑超链接”命令，打开“编辑超链接”对话框，如图 11-6 所示，进行超链接的重新设置。

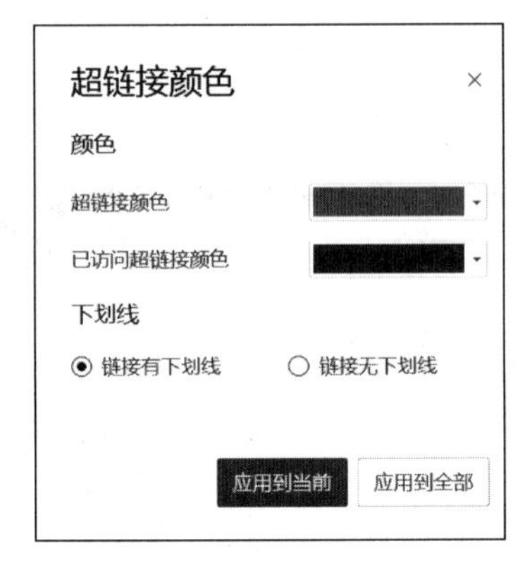

图 11-5　超链接颜色设置

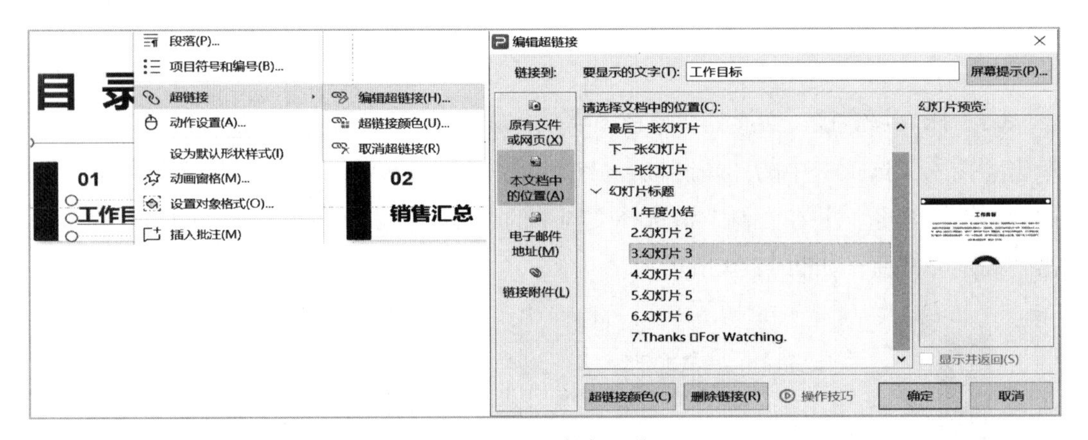

图 11-6　编辑超链接

4. 动作设置

WPS 演示文稿不仅可以为幻灯片中的对象添加超链接，也可以为幻灯片中的对象添加动作。

（1）绘制动作按钮。切换到普通视图模式，选中需要添加动作的幻灯片，单击“插入”选项卡中的“形状”命令，在下拉列表中选择“动作按钮”组中合适的动作按钮形状，如图 11-7 所示；此时鼠标变成十字形，将鼠标移至幻灯片需要插入动作按钮的位置，拖动鼠标直至按钮形状大小合适，松开鼠标左键。

在绘制动作按钮结束时，即松开鼠标左键之时，WPS 演示文稿会同步打开“动作设置”对话框，在该对话框中完成鼠标单击动作或鼠标经过动作的设置。

（2）为文本或图形添加鼠标单击动作。在幻灯片中选中要添加动作的对象，单击“插入”选项卡中的“动作”命令，打开“动作设置”对话框，单击该对话框“鼠标单击”选项卡中的“超链接到”命令，并在其下拉列表中选择所需要的动作，如图 11-8 所示，动作设置完成后，单击“确定”按钮。

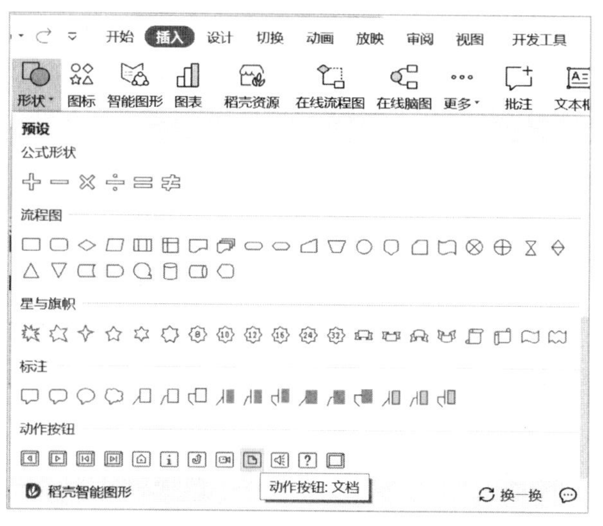

图 11-7　动作按钮

（3）为文本或图形添加鼠标经过动作。在“动作设置”对话框中还可以添加鼠标经过动作，即鼠标移过对象时产生的动作。相关动作设置要在“动作设置”对话框的“鼠标经过”选项卡中进行设置，相关操作与“鼠标单击”动作设置类似，如图 11-9 所示。

图 11-8　鼠标单击动作设置

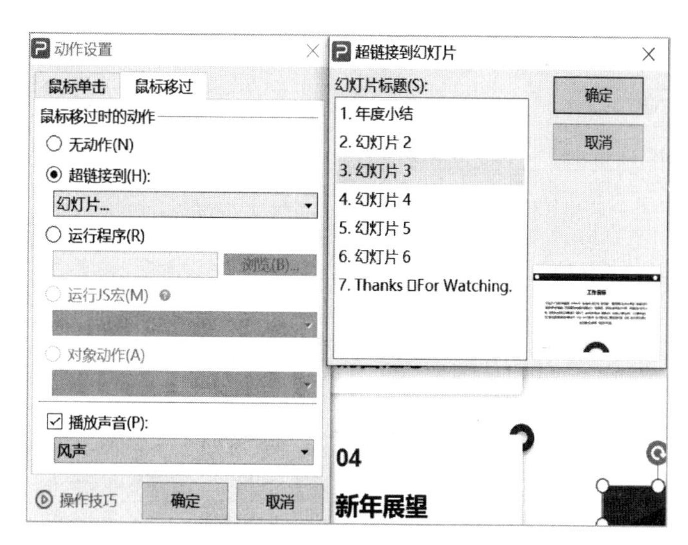

图 11-9　鼠标经过动作设置

二、演示文稿的动画设计

WPS 演示文稿提供多种动画效果，如进入、强调、退出和动作路径，使用这些效果可以使演示文稿在放映时更加生动。

1. 动画效果类型

（1）进入。进入动画是指放映过程中对象从无到有的动态效果，是常用的效果之一。

（2）强调。强调动画是指放映过程中对象已显示，但为了突出而添加的动态效果，达到强调的目的。

（3）退出。退出动画是指放映过程中对象从有到无的动态效果，通常应用于同一幻灯片中对象太多、出现拥挤重叠的情况下。让这些对象按顺序进入，并且在下一对象进入前让前一对象退出，使前一对象不影响后一对象，则在放映过程中是看不出对象的拥挤和重叠的，相对地扩大了幻灯片的版面空间。

（4）动作路径。动作路径动画是指放映过程中对象按指定的路径移动的效果。

2. 添加动画效果

在幻灯片中选择要添加动画效果的对象，如文本、图片等；在“动画”选项卡的样式列表中选择需要的动画样式，如图 11-10 所示。

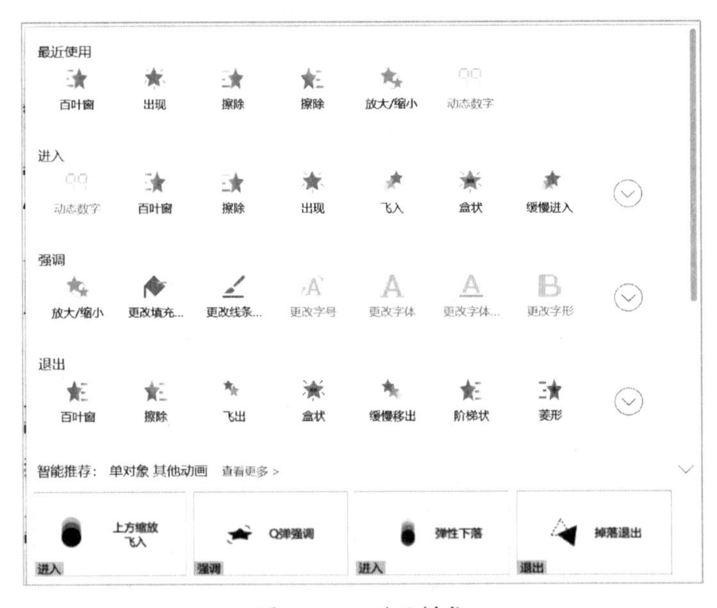

图 11-10　动画样式

若列表中没有需要的动画样式，可以单击动画效果列表右侧的下拉箭头，会展开当前动画效果更多的动画样式以供选择。

3. 设置动画效果

在幻灯片中为某一对象添加动画效果后，可以在动画窗格中设置动画的相关效果，

如动画之间的顺序、动画效果的持续时间等。

（1）设置效果。选择已经添加动画效果的对象，单击“动画属性”下拉按钮，在下拉列表中选择动画运动方向，如图 11–11 所示；单击“文本属性”下拉按钮，在下拉列表中选择运动对象的序列，如图 11–12 所示。

图 11–11 动画属性设置

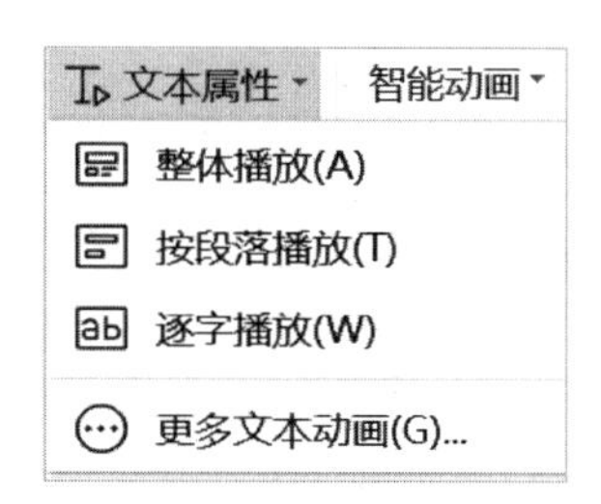

图 11–12 文本属性设置

（2）调整动画顺序。多个动画之间的播放顺序可以调整。单击“动画”选项卡中的“动画窗格”命令，打开动画窗格，通过窗格下方的“向上”按钮或“向下”按钮调整动画的播放顺序，如图 11–13 所示。

（3）设置动画时间。添加动画后，可以在“动画”选项卡中为动画效果设置开始时间、持续时间和延迟时间，如图 11–14 所示。

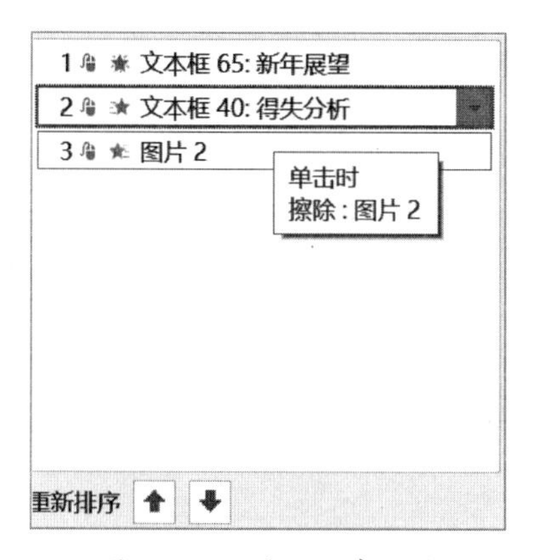

图 11–13 动画顺序设置

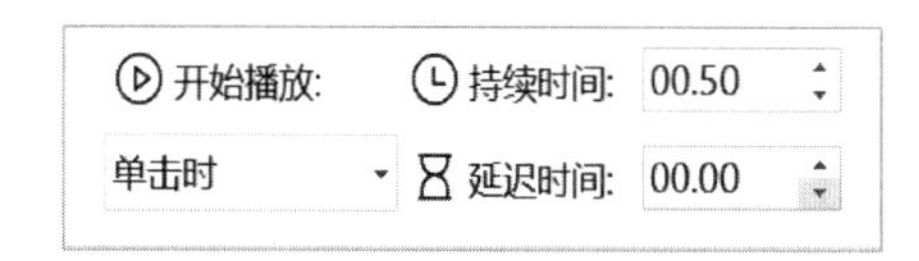

图 11–14 动画时间设置

（4）复制动画效果。可以使用动画刷复制某个对象的动画效果，并将其应用到其他对象中。在幻灯片中选择一个动画效果，单击“动画”选项卡中的“动画刷”命令，用鼠标单击目标对象，即可实现动画效果复制。

（5）为单个对象添加多个动画效果。若要为一个对象添加多个动画效果，可以在幻灯片中选中要设置动画的对象，使用“动画”选项卡的相关命令完成一个动画效果设置，重复此步骤为该对象添加后续动画效果。

4. 智能动画

WPS 演示文稿提供“智能动画”功能，可以快速制作酷炫的动画效果。

选定要添加智能动画的对象，单击“动画”选项卡中的“智能动画”命令，在下拉列表中选择合适的动画效果，如图 11–15 所示。

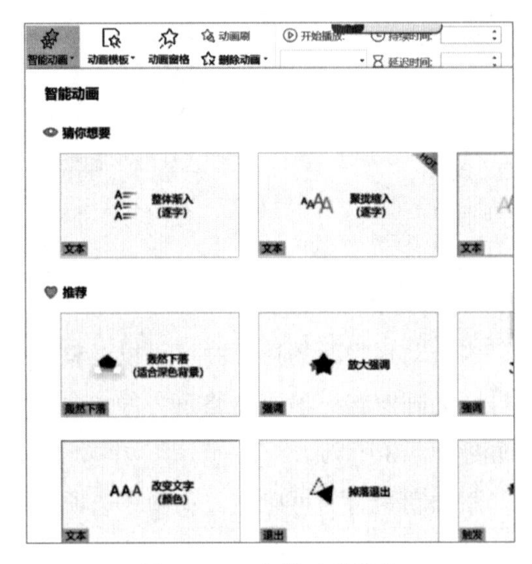

图 11–15 智能动画设置

三、演示文稿的放映设置

演示文稿制作完成后，可以根据演示文稿的用途、观众需求和放映场合，选择不同的放映方式。

在放映幻灯片的过程中，演讲者可能对幻灯片的放映类型、选项、数量和换片方式等有不同的需求，可以在“放映”选项卡进行相应设置，如图 11–16 所示。

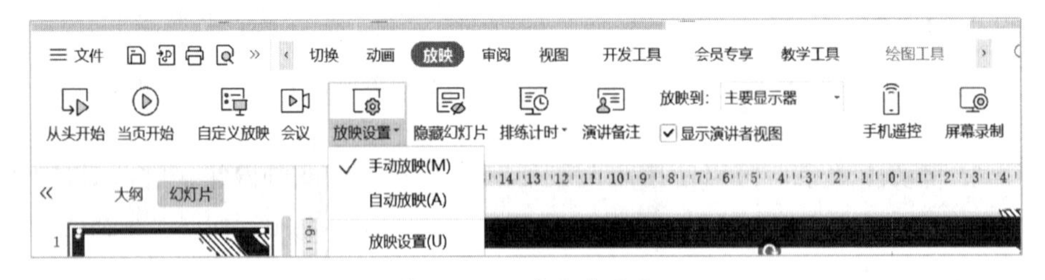

图 11–16 放映选项卡

1. 自动放映

自动放映一般用于展台浏览等场合，放映时不需要人工控制，大多数采用自动循

环放映。

自动放映也可以用于演讲场合，随着幻灯片的放映，演讲者同步讲解幻灯片中的内容。这种情况下，必须要用“排练计时”，在排练放映时自动记录每张幻灯片的使用时间。单击“放映”选项卡中的“排练计时”命令，此时开始排练放映幻灯片，并同步计时，如图 11–17 所示。当前幻灯片放映结束时，会显示此张幻灯片播放时间，若不满意，可单击“重复”按钮，重新排练。在演示文稿播放结束时，屏幕上会显示确认时间的消息框，如图 11–18 所示。

图 11–17　预演对话框

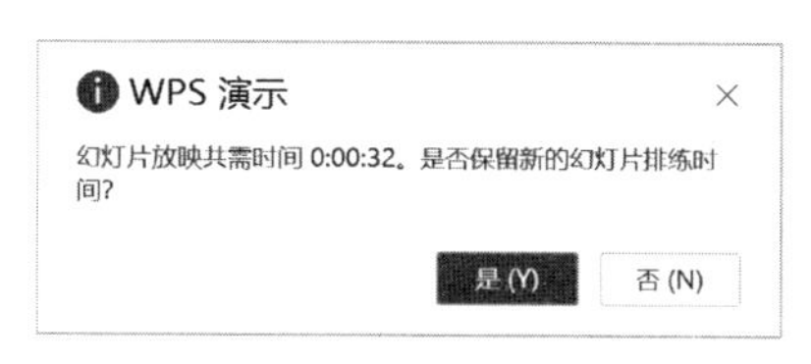

图 11–18　确认排练计时

2. 自定义放映

自定义放映可以对现有演示文稿中的幻灯片进行分组，以便给特定的受众放映演示文稿的特定部分。

单击“放映”选项卡中的“自定义放映”命令，打开“自定义放映”对话框，在该对话框中单击“新建”按钮，打开“定义自定义放映”对话框，如图 11–19 所示；在该对话框左侧会出现演示文稿所有幻灯片的信息，从中选择需要自定义放映的幻灯片，单击“添加”按钮后在右侧会同步出现刚选择的幻灯片，设置完成后，可以在“幻灯片放映名称”栏给当前自定义放映命名，最后单击“确定”按钮。

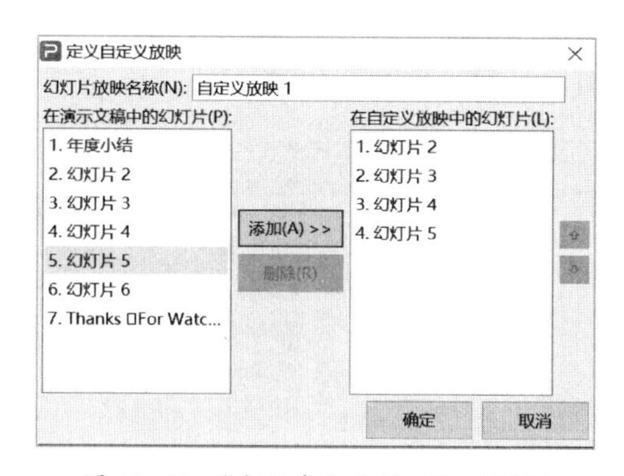

图 11–19　“定义自定义放映”对话框

3. 手动放映

手动放映是指在放映过程中幻灯片全屏显示，采用人工的方式控制幻灯片放映。

（1）常用快捷键。手动放映幻灯片时的常用快捷键见表 11-1。

表 11-1　　手动放映幻灯片时的常用快捷键

效果	快捷键
切换到下一张幻灯片	【→】键 /【↓】键 / 空格键 / 回车键 /【N】键
切换到上一张幻灯片	【←】键 /【↑】键 /【Backspace】键 /【PageUp】键 /【P】键
到达第一张 / 最后一张幻灯片	【Home】键 /【End】键
直接跳转到某张幻灯片	输入数字后按回车键
演示休息时白屏 / 黑屏	【W】键 /【B】键
使用绘图笔指针	【Ctrl+P】键
清除屏幕上的图画	【E】键
调出 PowerPoint 放映帮助信息	【Shift+?】键

（2）绘图笔的使用。在幻灯片播放过程中，有时需要对幻灯片划线注解，可以利用绘图笔来实现。

在幻灯片播放时，右击，在快捷菜单中选择“墨迹画笔”，在其级联菜单中选择合适的笔形，如图 11-20 所示，即可在幻灯片上做标记。想要擦除屏幕上绘图笔的痕迹，按【E】键。

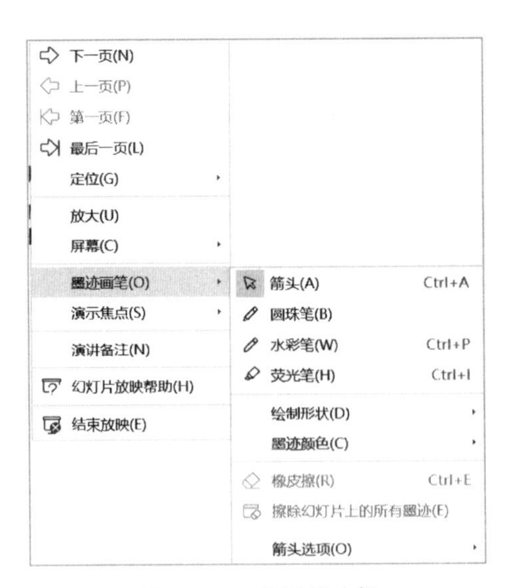

图 11-20　绘图笔选择

（3）隐藏幻灯片。如果演示文稿中不必放映某些幻灯片，但又不想删除它们（备用），用户可以隐藏这些幻灯片。

选中需要隐藏的幻灯片，单击“放映”选项卡中的“隐藏幻灯片”命令。若要取消隐藏，再次单击“隐藏幻灯片”命令。

4. 交互式放映

放映幻灯片时，默认按照幻灯片的次序进行播放。用户可以通过设置超链接和动作按钮来改变幻灯片的播放次序，从而提高演示文稿的交互性，实现交互式放映。

5. 手机遥控

WPS 演示文稿可使用手机遥控演示文稿的放映。

单击“放映”选项卡中的“手机遥控”命令，生成遥控二维码；使用 WPS Office 移动端的“扫一扫”功能，扫描遥控二维码，实现手机控制演示文稿的放映。

6. 设置备注

在制作幻灯片后，可以提炼页面中的内容，添加到备注中，在演讲时作为提示。备注内容不宜过多，以简短的思路提醒、关键内容提醒为宜，提炼关键词。如果内容过多，就无法快速找到重点，演讲时长时间盯着备注会影响演讲效果。

播放演示文稿时，右击，在快捷菜单中选择“演讲备注”，打开“演讲者备注”提示框，如图 11–21 所示。

7. 将演示文稿打包成文件夹

若演示文稿中以链接的方式插入了音频和视频，在演示文稿制作完成后，为了便于在其他计算机上播放演示文稿，需要把演示文稿打包输出，确保链接的文件能正常打开。

单击“文件”菜单下的“文件打包”命令，打开“演示文件打包”对话框，在该对话框中设置打包文件夹名称及文件存储位置，如图 11–22 所示，设置完毕单击“确定”按钮。

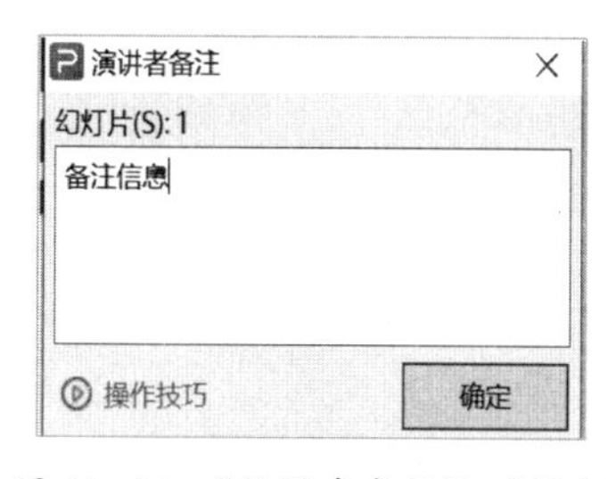

图 11–21 “演讲者备注”对话框

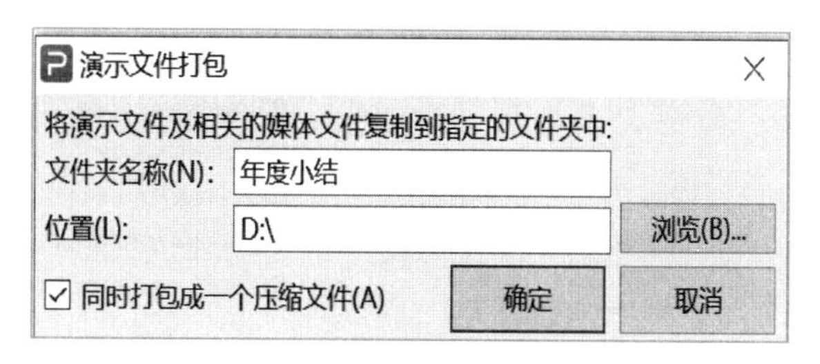

图 11–22 “演示文件打包”对话框

实训任务

“大学生职业选择”演示文稿创建并修改

王老师在学校就业指导中心工作，准备向大学生进行宣讲，以“大学生职业选择”演示文稿本为例进行交互设计。

1. 设置节

（1）双击打开“大学生职业选择.pptx”，如图 11−23 所示。

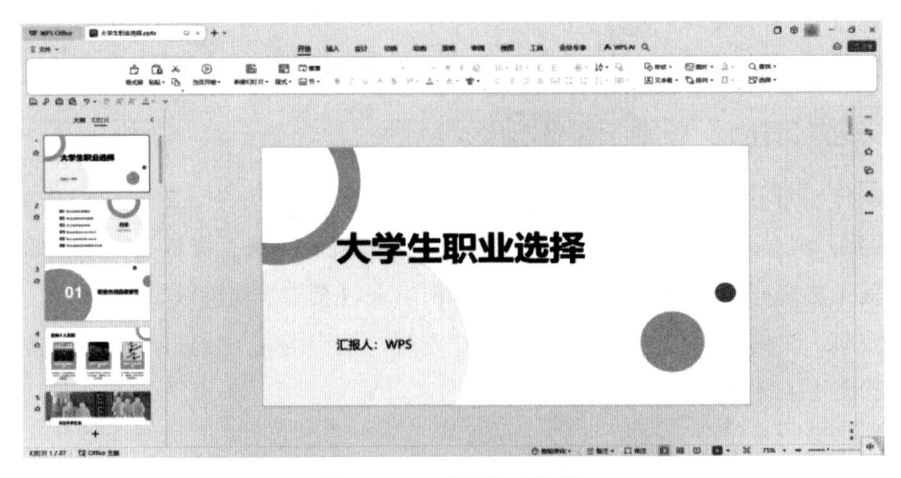

图 11−23　素材演示文稿

（2）单击左侧导航栏第 2、3 页之间位置，右击，在弹出的菜单中选择“新增节”，如图 11−24 所示。

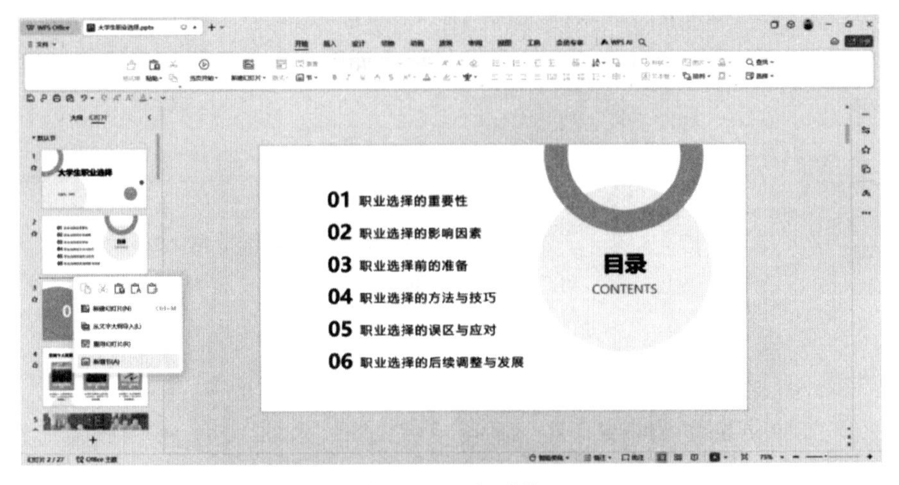

图 11−24　新增节

（3）选中“无标题节”字样，右击，在弹出的菜单中选择“重命名节”，在“重命名”对话框的名称中填写“内容”字样，如图 11-25 所示，单击“重命名”按钮。

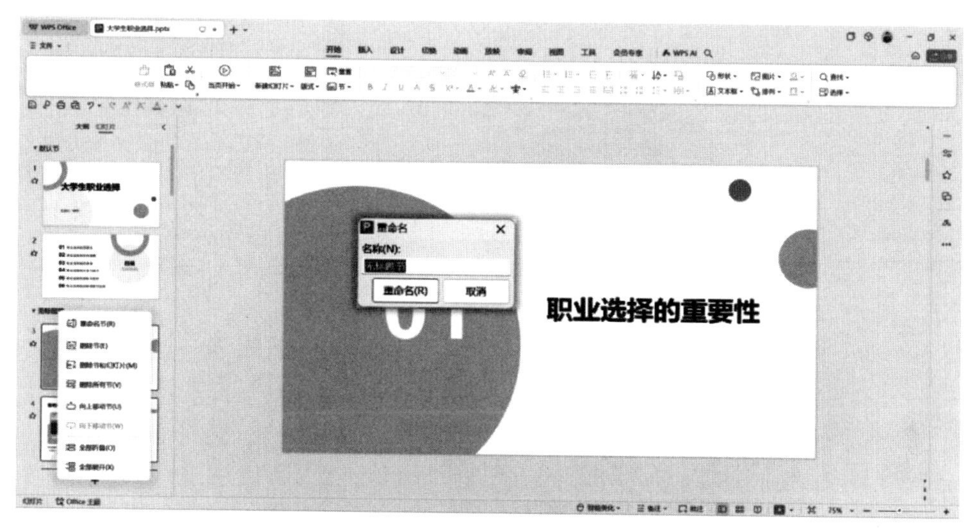

图 11-25　重命名节

2. 添加切换

（1）在左侧导航栏选中所有幻灯片，在“切换”选项卡中选择“淡出”，效果选项选择“平滑”。按住【Ctrl】键选择目录页和所有过渡页，在“切换”选项卡中选择“擦除”，效果选项选择“向左”，如图 11-26 所示。

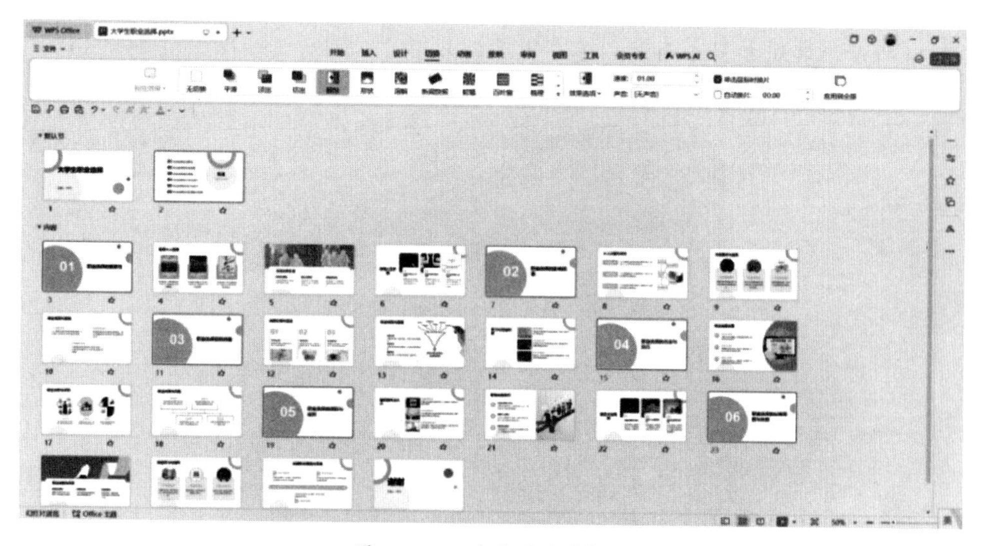

图 11-26　过渡页设置切换

（2）在目录页选中第一个章节标题文本框，在“插入”选项卡中选择“超链接”

下拉选项中的“本文档幻灯片页”，在弹出的“插入超链接”对话框中，选择“本文档中的位置”，如图 11-27 所示，单击“确定”按钮进行添加。其余章节标题依次按此步骤操作。

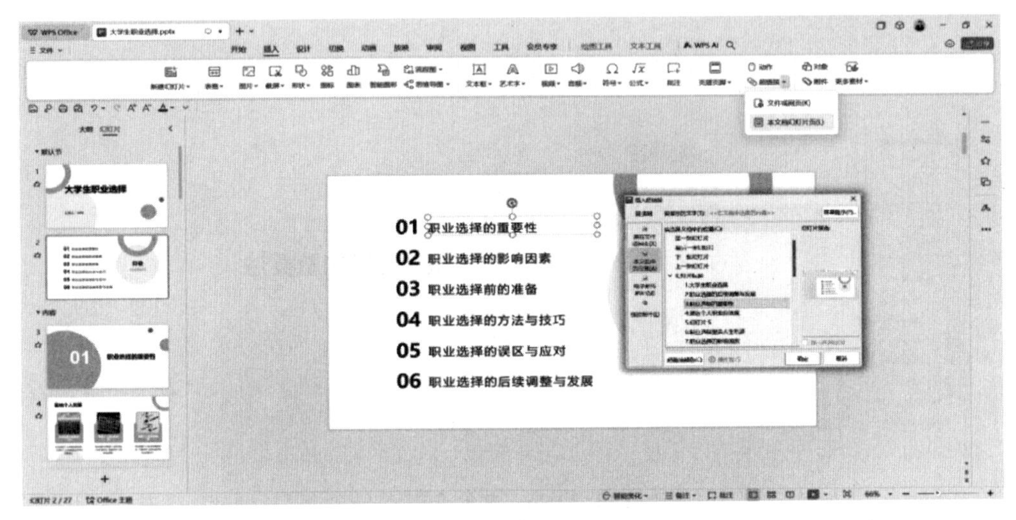

图 11-27　设置章节跳转超链接

（3）设置完成后，在放映模式下单击目录页章节标题，可以实现页面跳转。

3. 添加动画

（1）使用鼠标左键框选第 4 页幻灯片中的三项内容，在“动画”选项卡中选择“进入”中的“飞入”，动画属性选择“自底部”，开始选择“在上一动画之后”，如图 11-28 所示，实现本页三个动画逐个出现的效果。

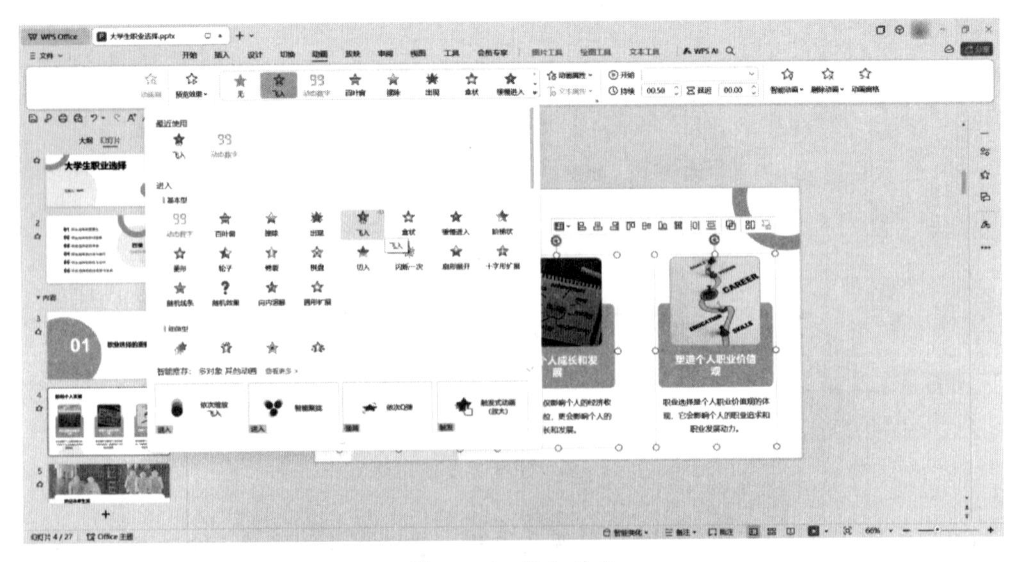

图 11-28　添加动画

（2）使用鼠标左键选中第 8 页幻灯片中的三项内容，在“动画”选项卡中选择“智能动画”中的“依次飞入”，单击“免费下载”，如图 11–29 所示。

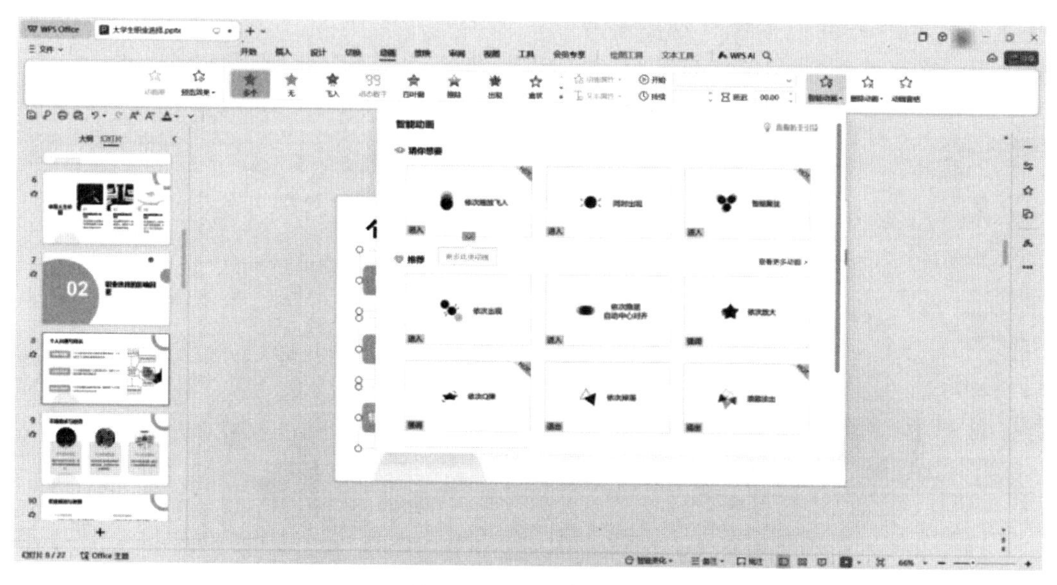

图 11–29　添加智能动画

4. 放映设置

放映时选择“放映”选项卡，选择“自定义放映”，在弹出的对话框中选择相应的放映方案，如图 11–30 所示，单击“放映”按钮。

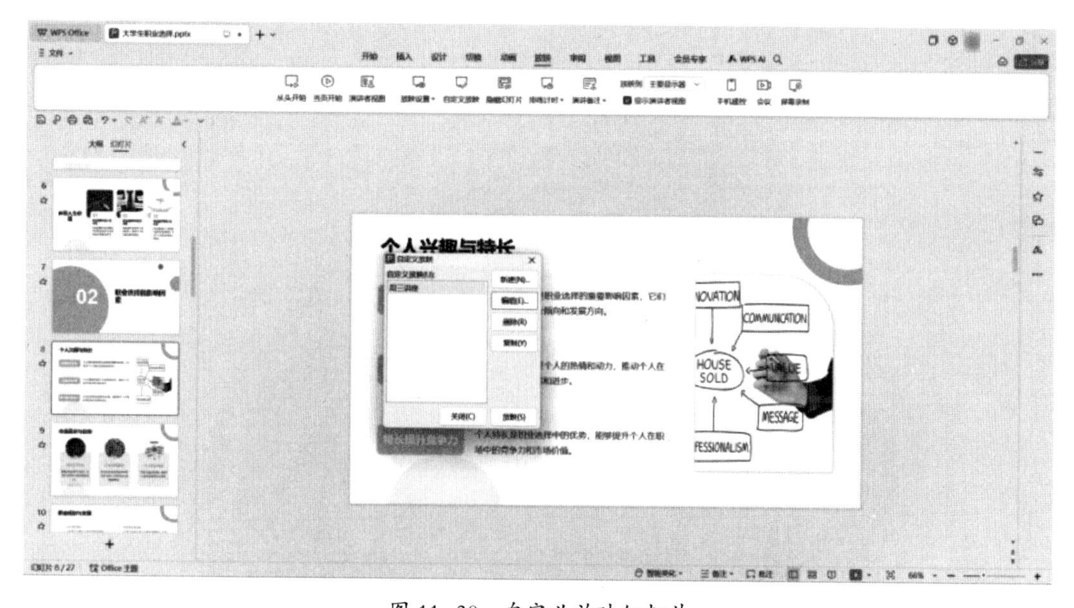

图 11–30　自定义放映幻灯片

5. 输出格式

单击左上角“文件”菜单，选择“保存”或者“另存为”命令，在弹出的对话框中选择保存位置，文件名称设置为“大学生职业选择”，文件类型为“Microsoft PowerPoint 文件（*.pptx）”，如图 11-31 所示，单击“保存”按钮。

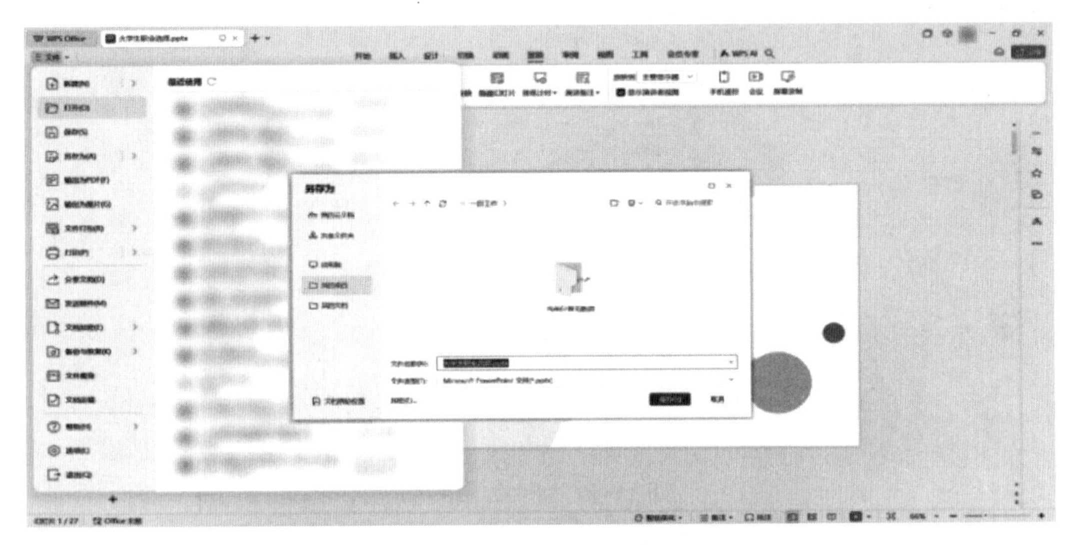

图 11-31　保存幻灯片

培训任务 4

WPS 其他应用

学习单元 12

PDF 文件应用

一、PDF 文档的基本操作

1. WSP PDF 软件介绍

WPS PDF 作为一款功能强大的 PDF 编辑工具，为用户提供了丰富多样的功能和工具，使他们能够迅速且高效地进行 PDF 文档的编辑。无论是对现有 PDF 文档进行调整，还是创建全新的 PDF 文档，WPS PDF 都能轻松应对，帮助用户高效完成任务。

如果用户想要创建一个全新的 PDF 文档，只需单击“新建”菜单下的“PDF”选项，单击“新建空白”，即可快速进入 WPS PDF 文档编辑界面，如图 12–1 所示。

WPS PDF 文档编辑界面的组成见表 12–1。

表 12–1　　WPS PDF 文档编辑界面

界面内容	说明
①“文件”菜单	包含新建、打开、保存、输出、打印、分享等一系列文档级功能
②快捷访问工具栏	包含一些常用的功能按钮
③选项卡	可以单击选项卡进入相应的功能区
④导航栏	可以在页面间切换，并且具备书签、缩略图、批注、附件、签名、图层功能

续表

界面内容	说明
⑤编辑区	编辑内容和显示内容的区域
⑥属性栏	包含查找、替换、翻译、属性及稻壳文库、帮助中心等
⑦状态栏	可以快速切换页面大小，显示文档状态

图 12-1 WPS PDF 文档编辑界面

（1）“开始”选项卡中的功能。进入 WPS PDF 文档编辑界面，在界面的“开始”选项卡中，系统提供了多种实用的功能，用户能够根据自己的需求灵活调整 PDF 文档的格式和布局。

1）“PDF 转换”功能允许用户将 PDF 文档转换为其他格式，如 Word、Excel、PPT、图片型 PDF、TXT、CAD 等，以满足不同场景下的需求，如图 12-2 所示。

2）“拆分合并”功能可以将一个 PDF 文件按设置拆分成不同部分，也可以将多个 PDF 文件合并成一个文件，如图 12-3 所示。

3）“播放 PDF”“调整 PDF 页面布局”“阅读模式”等功能（见图 12-4）为用户提供了便捷舒适的文档浏览方式，使用户能够按照自己喜欢的方式调整页面的大小和方向。

4）“查找替换”范围可以设置为全词匹配、区分大小写、包括书签、包括注释等。

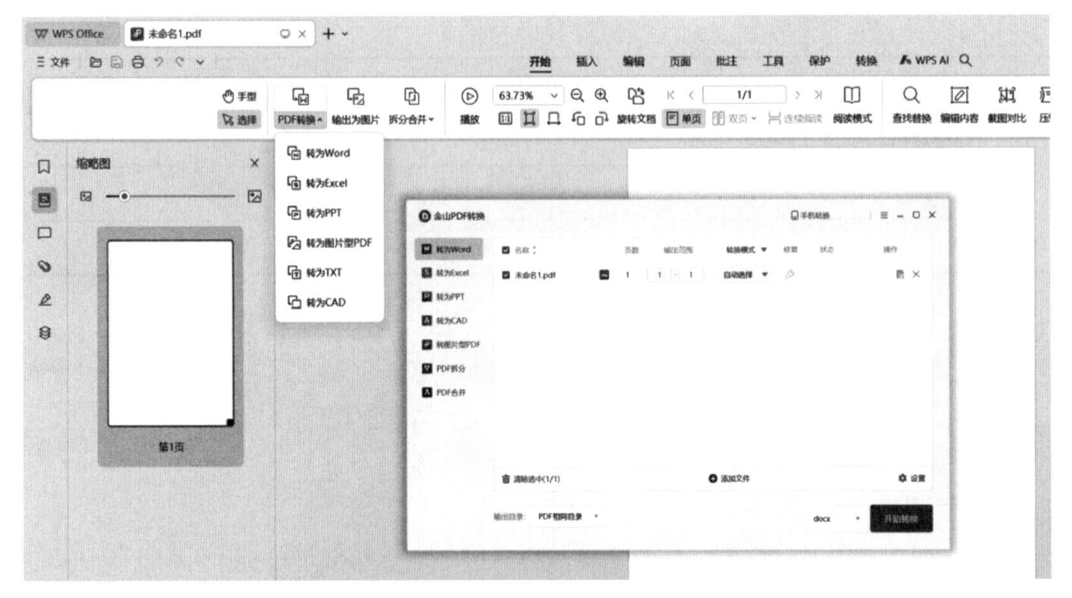

图 12-2　PDF 转换功能

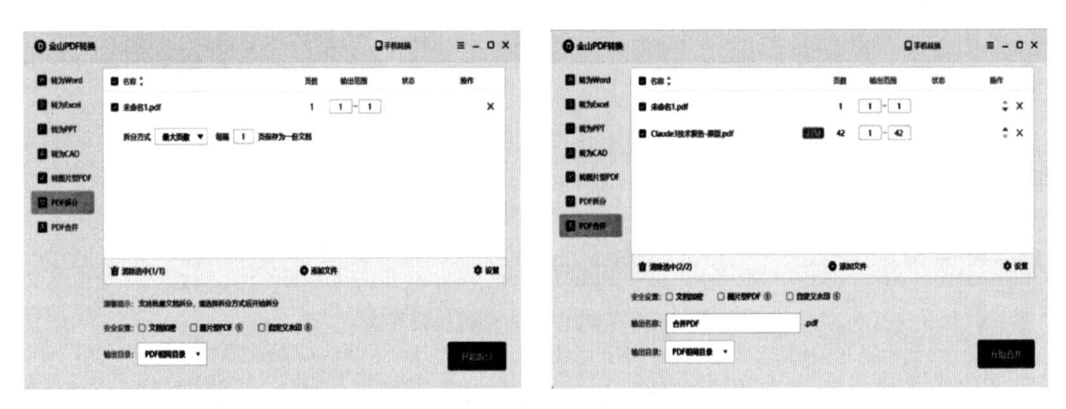

图 12-3　拆分合并功能

图 12-4　浏览方式

5）单击“编辑内容”将进入编辑功能区。

6）单击“截图对比”将开启 PDF 的截图工具。

7）单击“压缩”可以将 PDF 体积有效减小。

8）单击“全文翻译”可以对整篇 PDF 文档进行翻译，包含普通翻译和 AI 翻译；单击“划词翻译”可以通过鼠标对框选的部分内容进行翻译。

（2）“插入”选项卡的功能。“插入”选项卡如图 12-5 所示。

图 12-5 “插入”选项卡

1）单击“水印”命令，可以打开“添加水印”对话框，添加自定义的文本或图片水印，并可以对水印的大小、角度、位置、添加范围进行设置。

2）单击“页码”命令，可以添加、更新、删除页码，页码可以添加到页眉或页脚位置。

3）单击“文字批注”命令，单击页面需要增加批注的位置，即可输入批注文字，可以在“文字批注”选显卡中对批注字体、字号、文字颜色进行设置。

4）单击“签名”命令，可以创建图片、文本、手写签名，也可以通过手机 WPS App 端进行签名导入，签名支持云端同步。单击页面可以将签名放置在相应位置，也可以将签名嵌入文档及应用到多个页面中，嵌入文档的签名将变成一张图片。

5）“随意画”即屏幕画笔，单击“随意画”命令可以调整画笔颜色、粗细、曲线直线、不透明度，以及设置橡皮的部分擦除、整体擦除、清除笔记这三种擦除模式。

6）单击“图章”命令，可以添加自定义图章，包含圆形章和方形章，也可以添加推荐图章。

7）PDF 文档还可以插入音频、视频，插入后自动跳转到“音频”“视频”选项卡中。

2. WPS PDF 页面调整

（1）插入、删除、提取、替换页面。插入页面时，选中需要插入点的页面，单击“页面”选项卡中的“插入空白页”或者“导入页面”，弹出“插入页面”对话框，选择插入点页面之前或之后插入，即可把页面插入对应位置，如图 12-6 所示。选中相应页面，也可进行页面的删除、提取、替换操作。

（2）裁剪、分割页面。在扫描的 PDF 文件中经常会富余很多白边，可以通过“裁剪页面”将多余白边裁剪掉；可以通过“分割页面”将一页分割为多页。

（3）页面纠偏。“页面纠偏”功能可以对扫描件进行增强文本、黑白去底、增亮、画质修复等调整，如图 12-7 所示；也可以进行高清化、手写去字、纠偏矫正操作，使扫描件更容易阅读。

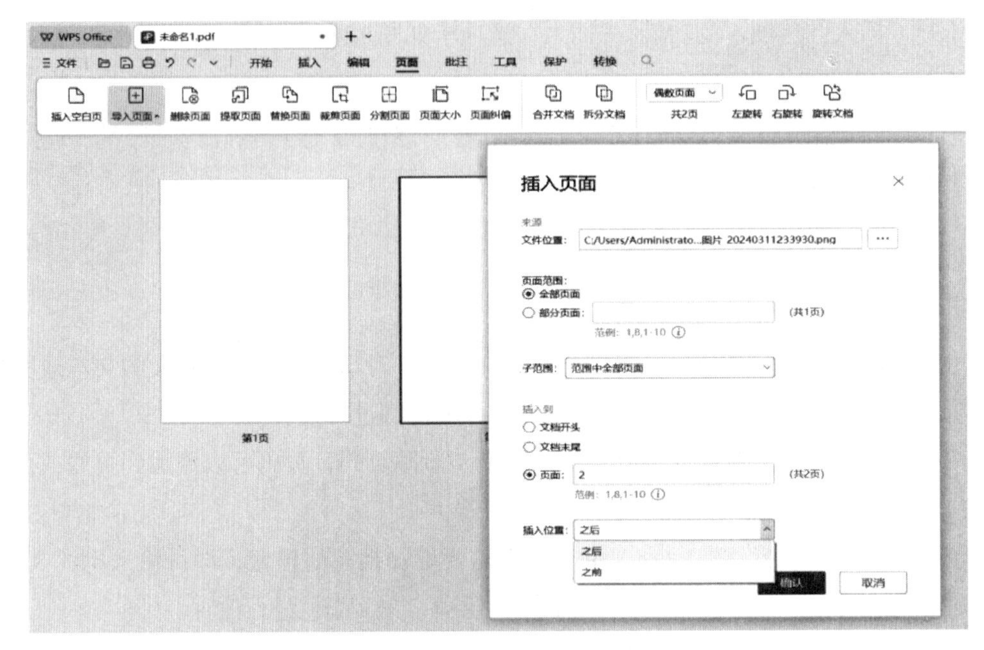

图 12-6　插入页面

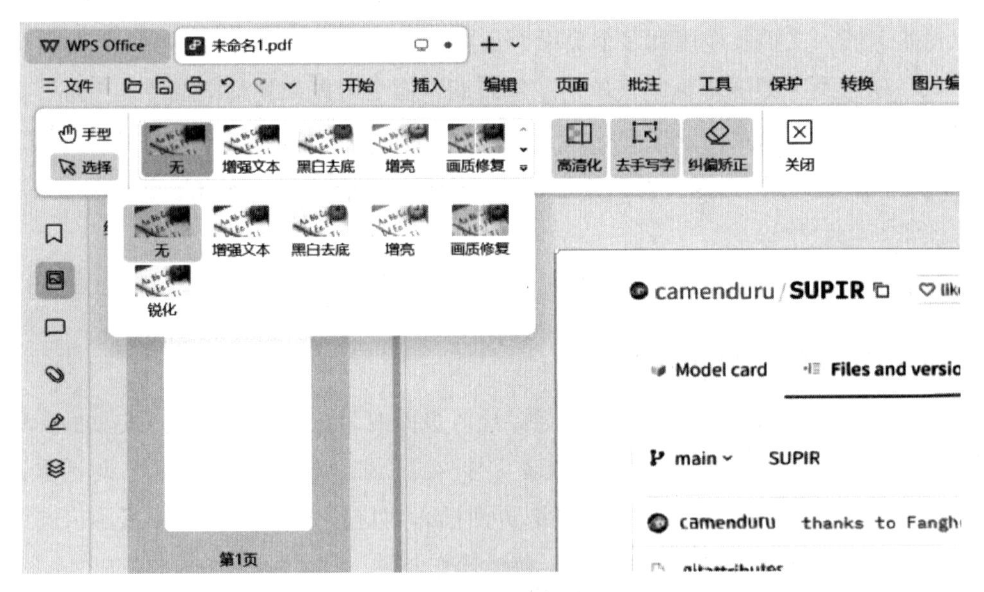

图 12-7　页面纠偏

（4）旋转文档。单击“页面”选项卡中的“左旋转”“右旋转”，可对页面进行旋转，如图 12-8 所示。选择“旋转文档”，可对整个文档页面进行旋转。

（5）合并与拆分文档

1）合并文档。单击“合并文档”，弹出“金山 PDF 转换”工具，选择多个需要合并的 PDF 文档，在右侧操作区调整文档的前后顺序。设定安全设置、输出名称、输出

目录，单击“开始合并”，即可完成多个文档的合并。

2）拆分文档。对一个 PDF 文档进行拆分的操作也比较频繁，单击“拆分文档”，弹出“金山 PDF 转换”工具，拆分方式选择“选择范围”，设定拆分页码，单击“开始拆分”，即可将选择的页面拆分为独立的 PDF 文档，如图 12-9 所示。

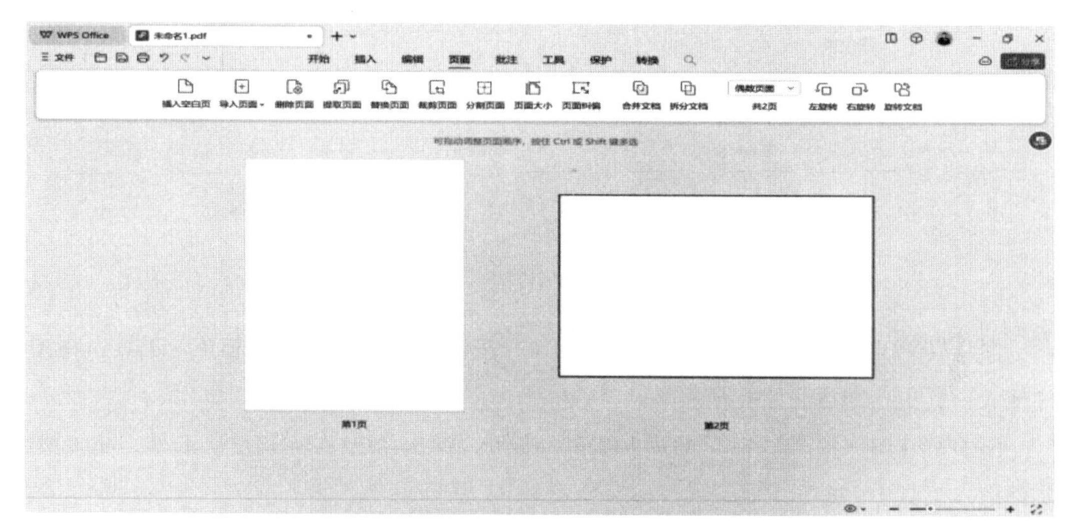

图 12-8　旋转文档

图 12-9　拆分文档

3. WPS PDF 文档转换

PDF 文档的转换是双向的，转换模式分为自动选择布局优先和编辑优先，如图 12-10 所示。布局优先是指保证排版的“原汁原味”，有时候文字会保持图片格式；编辑优先是指将文字转换为文本框，方便编辑。

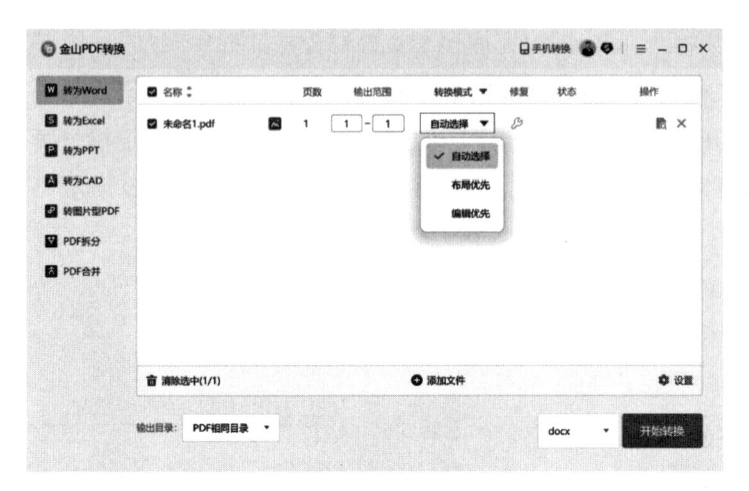

图 12-10　PDF 转换

图片转 PDF 文件时，单击“图片转 PDF”按钮，弹出“图片转 PDF”工具，将图片拖入工具中，即可开始转换。

CAD 转 PDF 时，单击“CAD 转 PDF”按钮，弹出“CAD 转 PDF”工具，将 CAD 文件拖入工具中，即可开始转换。

各类文档转换为 PDF 文档时，建议转换为图片型 PDF 并增加水印，以减少再转换为 Word 文档的可编辑性。

4. WPS PDF 提取页面和文字

提取页面是将本 PDF 文档的指定页面提取为指定格式的文件，如图 12-11 所示。

图 12-11　提取页面

提取文字是采用 OCR 技术将页面无法编辑的文字进行识别转换。

二、编辑 PDF 文档

1. WPS PDF 内容编辑

单击“编辑”选项卡的“编辑内容”按钮，页面上的文字还原为文本框，可以在文本框中直接修改文字内容，如图 12–12 所示。

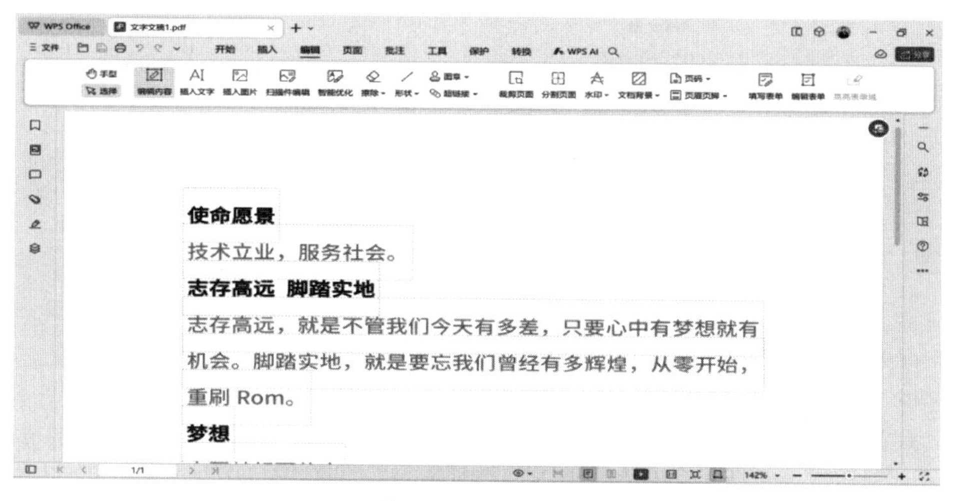

图 12–12 编辑内容

如果原文本框不能满足内容的排版需求，也可以单击“插入文字”，按照需要插入文本框，重新排版布局，如图 12–13 所示。

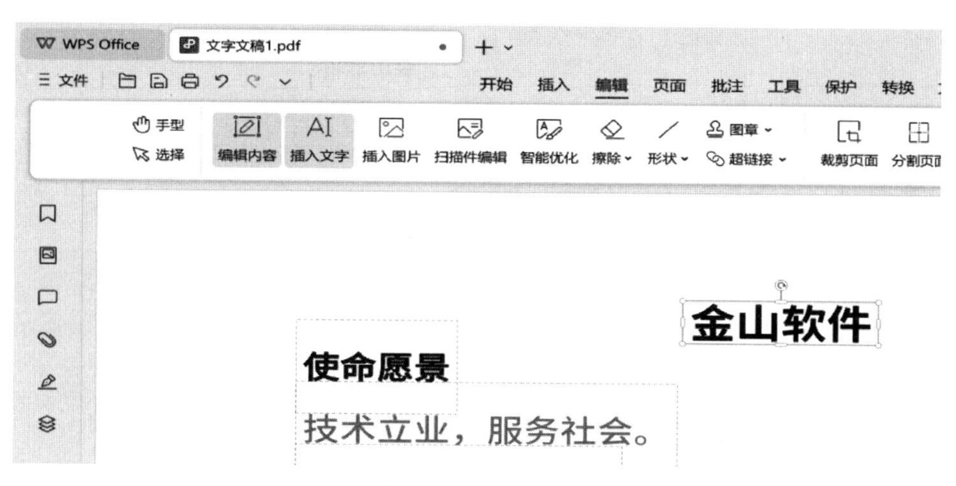

图 12–13 插入文字

如果 PDF 文件是图片类型的扫描件，无法编辑文字，可以单击“扫描件编辑”按钮进行文字识别，图片型 PDF 中的文字被转换成文本，即可以进行编辑，如图 12-14 所示。

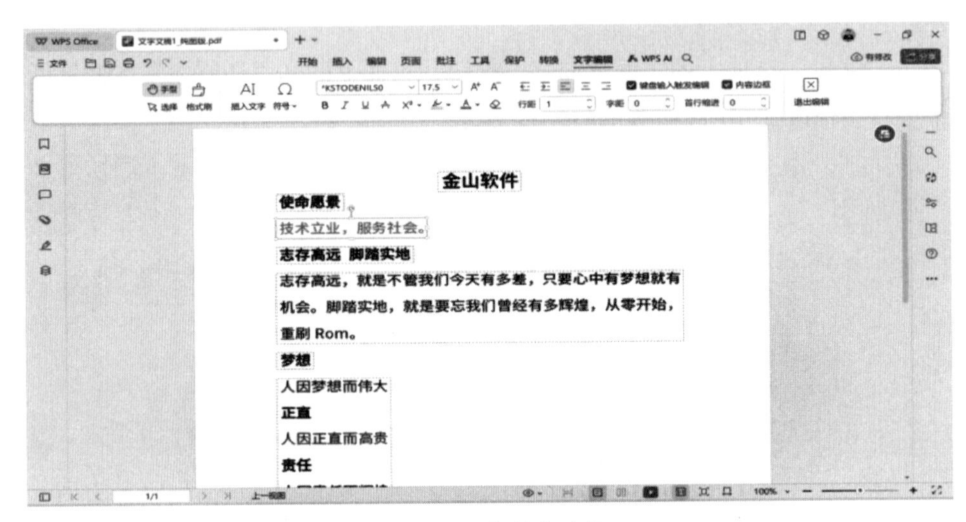

图 12-14　扫描件编辑

“表单编辑”功能可以在页面上添加表单域，如文本域、复选框等，方便阅读者填写，如图 12-15 所示。

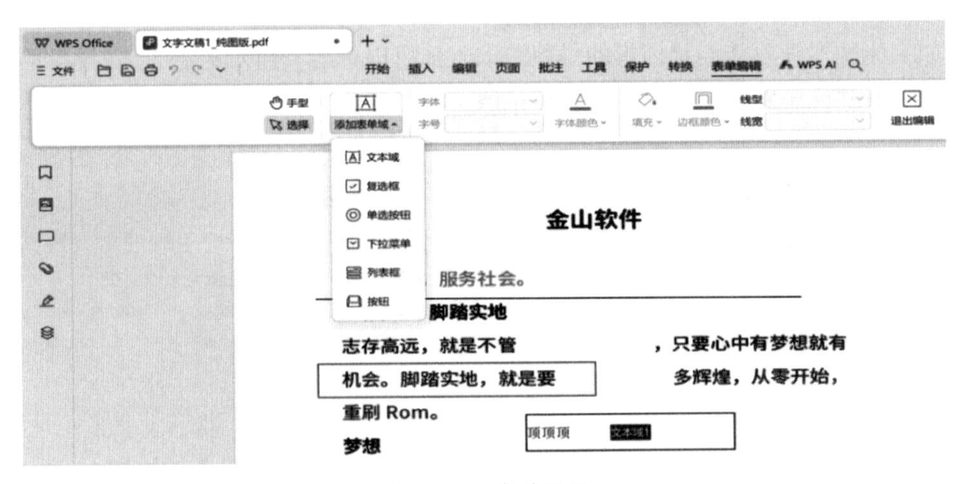

图 12-15　表单编辑

2. WPS PDF 页面批注

在阅读 PDF 文档的时候，需要对文档重要部分进行批注，WPS PDF 中的“高亮文本”“区域高亮”“随意画”标记方式效果如图 12-16 所示。

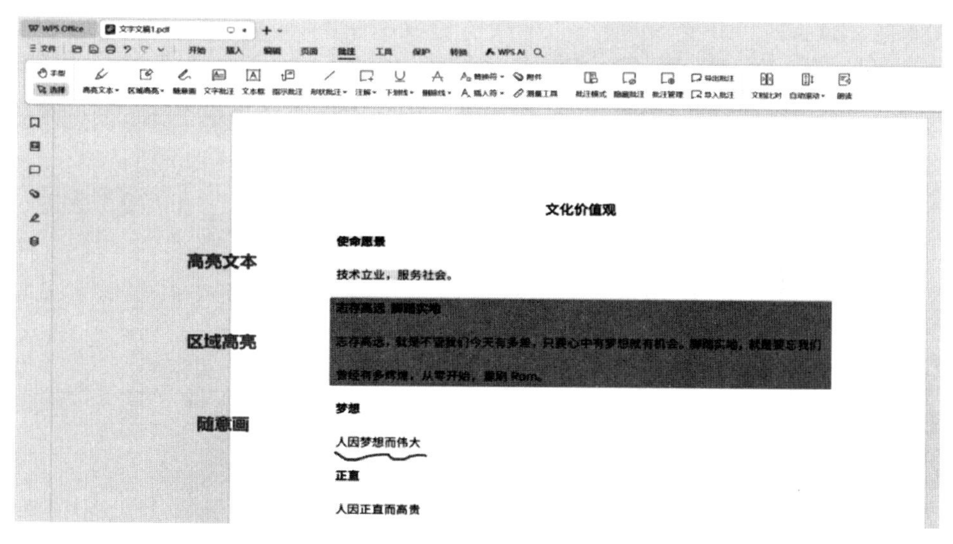

图 12-16　页面批注

“注释”类似文字组件中的“插入批注”功能，效果如图 12-17 所示。

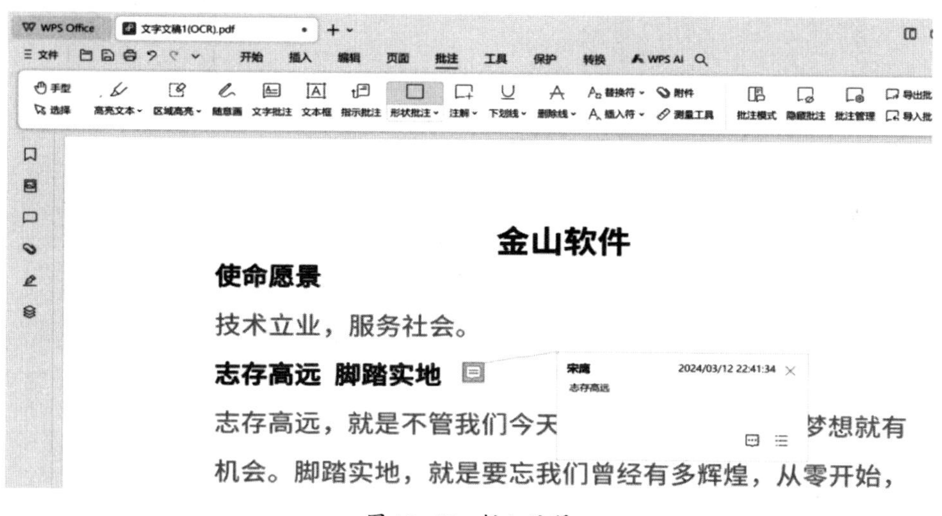

图 12-17　插入注释

“批注模式”“隐藏批注”“批注管理”类似于文字组件中的“修订模式”，将所有批注内容放置到右侧边栏中，如图 12-18 所示。

“导出批注”“导入批注”不破坏原有 PDF 文档结构。“文档比较”类似于文字组件中的“文档比较”，可对两个 PDF 文档进行对比，找出变化之处，如图 12-19 所示。

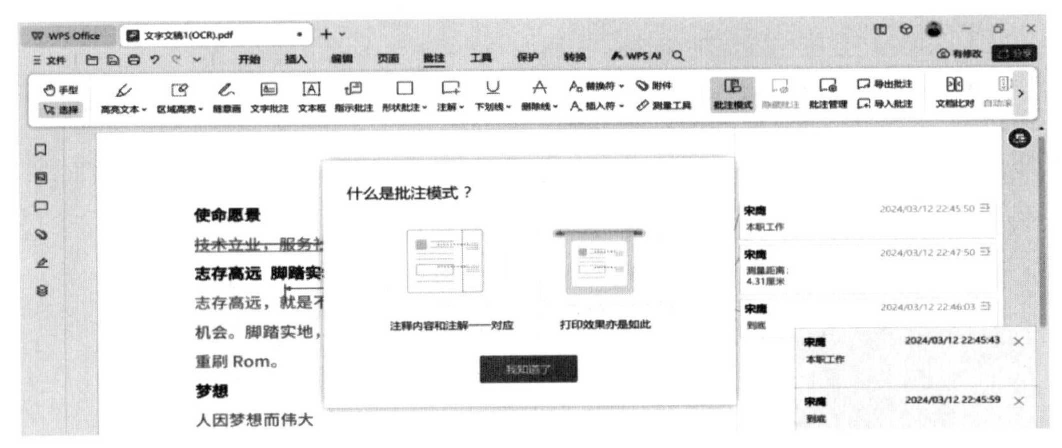

图 12-18　批注模式管理

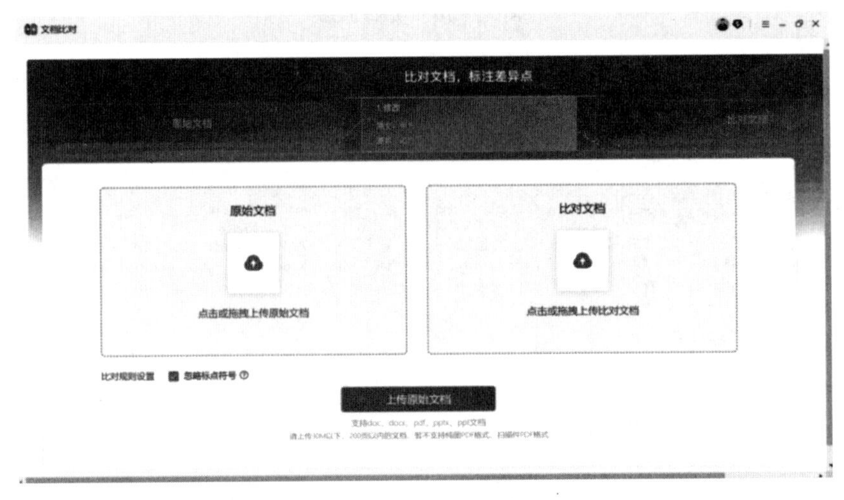

图 12-19　文档比较

实训任务

制作“招聘公告”PDF 文档

在当前的办公环境中，对 PDF 文件的编辑需求十分频繁。无论是为了修改其中的内容，还是为了调整其排版样式，都需要借助专业的 PDF 编辑工具。

小刘在某公司人力资源部工作，现在需要通过 WPS PDF 制作一份“招聘公告”PDF 文档，熟练地完成对文档的基本编辑与排版，最终效果如图 12-20 所示。

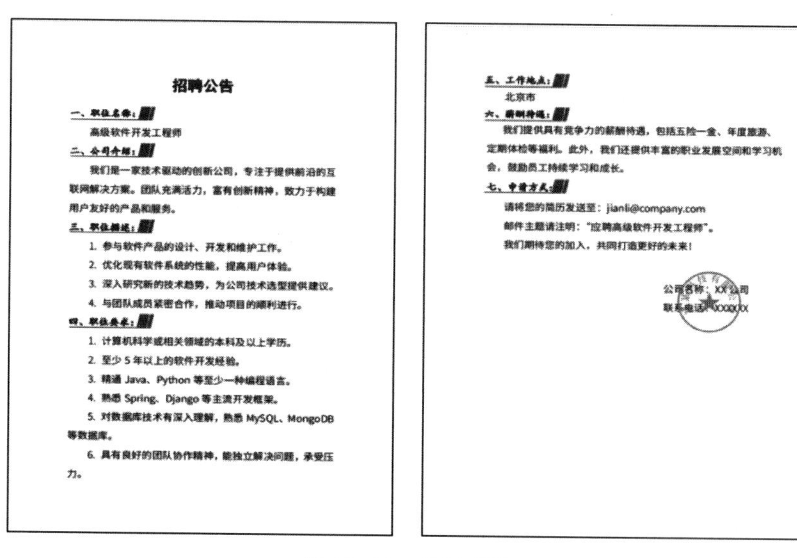

招聘公告

一、职位名称：

高级软件开发工程师

二、公司介绍：

我们是一家技术驱动的创新公司，专注于提供前沿的互联网解决方案。团队充满活力，富有创新精神，致力于构建用户友好的产品和服务。

三、职位描述：

1. 参与软件产品的设计、开发和维护工作。
2. 优化现有软件系统的性能，提高用户体验。
3. 深入研究新的技术趋势，为公司技术选型提供建议。
4. 与团队成员紧密合作，推动项目的顺利进行。

四、职位要求：

1. 计算机科学或相关领域的本科及以上学历。
2. 至少 5 年以上的软件开发经验。
3. 精通 Java、Python 等至少一种编程语言。
4. 熟悉 Spring、Django 等主流开发框架。
5. 对数据库技术有深入理解，熟悉 MySQL、MongoDB 等数据库。
6. 具有良好的团队协作精神，能独立解决问题，承受压力。

五、工作地点：

北京市

六、薪酬待遇：

我们提供具有竞争力的薪酬待遇，包括五险一金、年度旅游、定期体检等福利。此外，我们还提供丰富的职业发展空间和学习机会，鼓励员工持续学习和成长。

七、申请方式：

请将您的简历发送至：jianli@company.com

邮件主题请注明："应聘高级软件开发工程师"。

我们期待您的加入，共同打造更好的未来！

公司名称：XX 公司

联系电话：XXXXXX

图 12-20　实训样张

1. 补齐缺少的文字内容

打开实训任务中的“招聘公告原稿 .pdf”文档，查看原稿与最终要求文档的差别。

打开实训任务中的“补充文字 .docx”文档，复制补充文字；将“申请方式”及之后文字使用鼠标左键向下挪动，将补充文字插入其上方；修改标题字体为“楷体”，修改内容字体为“思源黑体 CN Normal”，内容首行缩进“2 字符”。字号和行距可以使用格式刷进行格式复制，如图 12-21 所示。

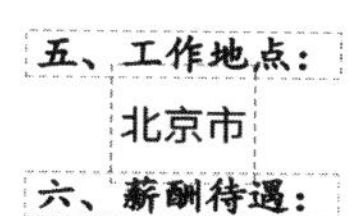

六、薪酬待遇：

我们提供具有竞争力的薪酬待遇，包括五险一金、年度旅游、定期体检等福利。此外，我们还提供丰富的职业发展空间和学习机会，鼓励员工持续学习和成长。

七、申请方式：

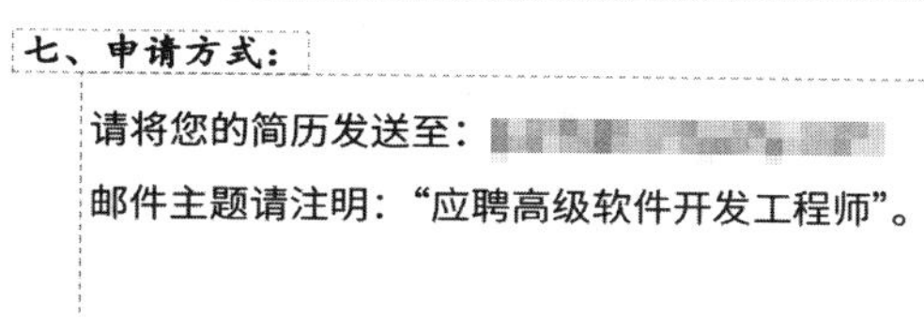

图 12-21　补充缺失内容

2. 插入标题框

单击“插入”选项卡中的“图片”按钮，将实训任务中的“标题框 .png”插入，调整至合适位置，如图 12-22 所示。

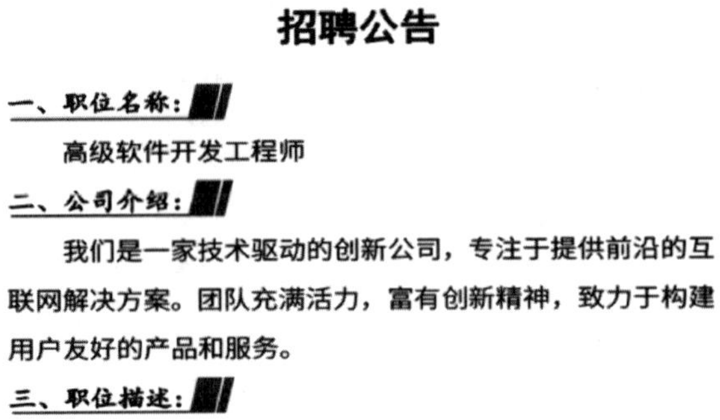

招聘公告

一、职位名称：

高级软件开发工程师

二、公司介绍：

我们是一家技术驱动的创新公司，专注于提供前沿的互联网解决方案。团队充满活力，富有创新精神，致力于构建用户友好的产品和服务。

三、职位描述：

图 12-22　增加标题框

3. 设置公司印章或签名

单击“插入”选项卡中的“签名”按钮，在下拉列表中选择“创建签名”，如图 12-23 所示。

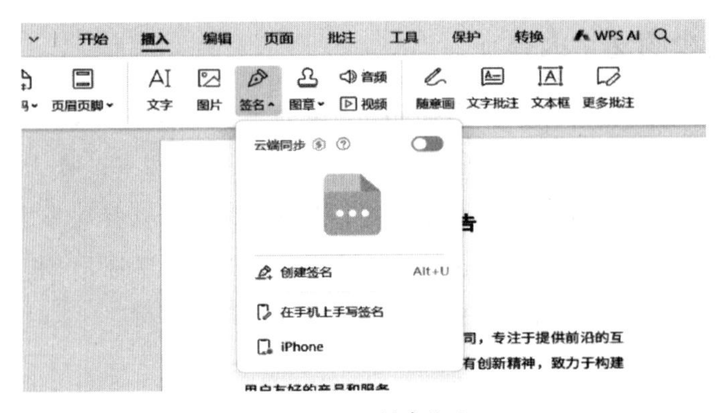

图 12-23　创建签名

将实训任务中的“公司印章.png”拖入，设置成 PDF 签名，如图 12-24 所示。单击“确定”按钮，插入印章，调整印章大小和位置。退出编辑状态，保存文档。

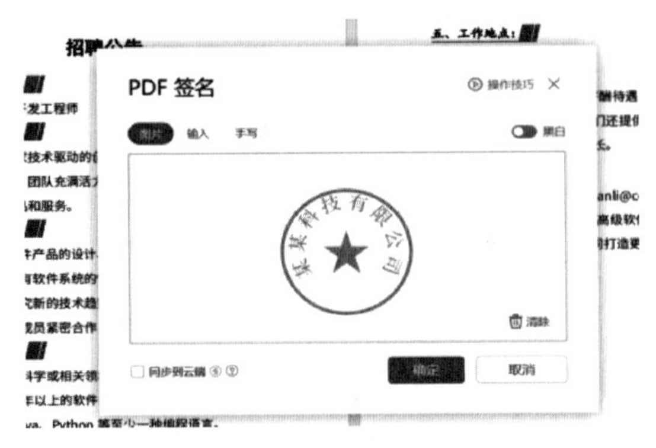

图 12-24　设置签名印章

流程图与思维导图制作

流程图和思维导图对于规划工作、学习和项目管理等非常有用。

一、绘制流程图

1. 流程图的概念

在 WPS Office 套件中，流程图是一种重要的工具，用于组织和展示一系列的任务、决策和过程。通过流程图，用户可以清晰地传达复杂的业务流程、项目管理计划，以及任何需要步骤顺序和逻辑关系的场景。流程图中的元素通常包括开始和结束节点、过程或步骤节点、决策节点等，它们通过箭头连接，箭头表示流程的方向和顺序。

WPS 流程图可以通过“新建空白流程图”“导入流程图”和“使用模板”三种方式创建。其中“导入流程图”支持 .vsdx 和 .pos 格式。流程图默认保存在云文档中，支持导出为图片格式（PNG、JPG）、PDF 文件、POS 文件、SVG 无损图片格式。

2. 流程图的界面

流程图软件界面如图 13-1 所示，其界面说明见表 13-1。

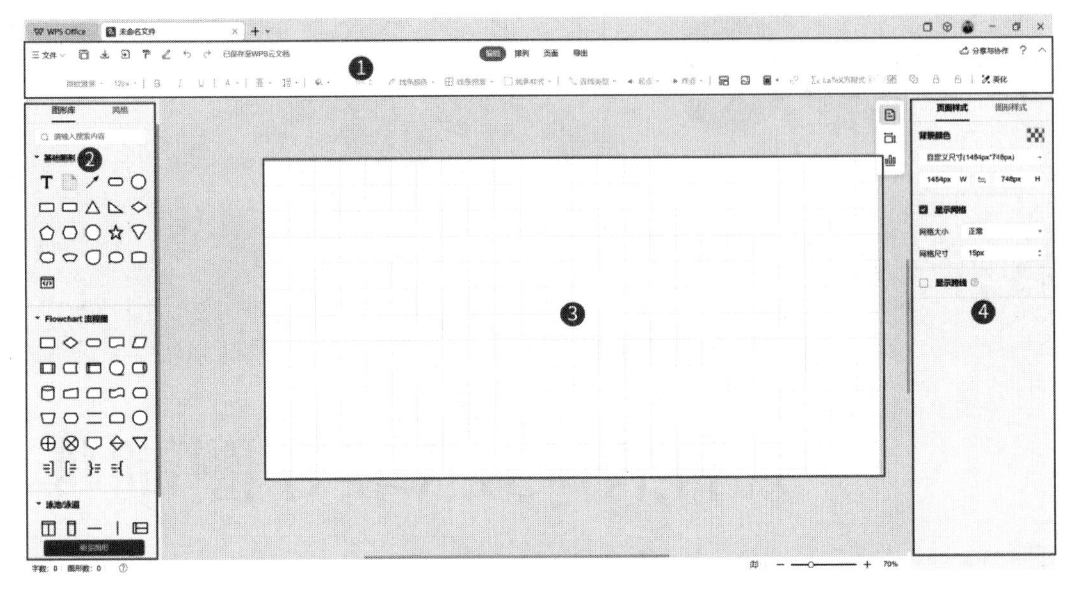

图 13−1　流程图软件界面

表 13−1　　流程图软件界面说明

界面内容	说明
①菜单和功能区	菜单提供了软件的主要功能，如新建、打开、保存、导入、导出等；功能区以图标形式提供了常用的一些命令和工具，方便用户快速访问
②图形面板	该面板提供了多个图形分类，用于显示和管理流程图的各种元素；也可手动在“更多图形”中添加需要的图形分类
③绘图区	这是 WPS 流程图软件的主要工作区域，用户可以在这里绘制和编辑流程图。绘图区支持多种形状和线条的绘制，用户可以根据需要添加、删除或修改流程图中的元素
④属性栏	当用户在绘图区选择某个元素时，属性栏会显示该元素的详细信息，如形状、大小、颜色等，用户可以在属性栏中修改这些属性

3. 构成流程图的基本形状

流程图如图 13–2 所示，其基础形状的说明如下。

（1）开始 / 结束符号：表示流程的开始和结束。

（2）流程节点符号：表示流程中的某个操作或任务。

（3）判定符号：用于表示流程中的决策点，通常有多个分支。

（4）流向线：连接各个符号，表示流程的方向。

（5）文字说明：对符号和流向线进行解释和说明。

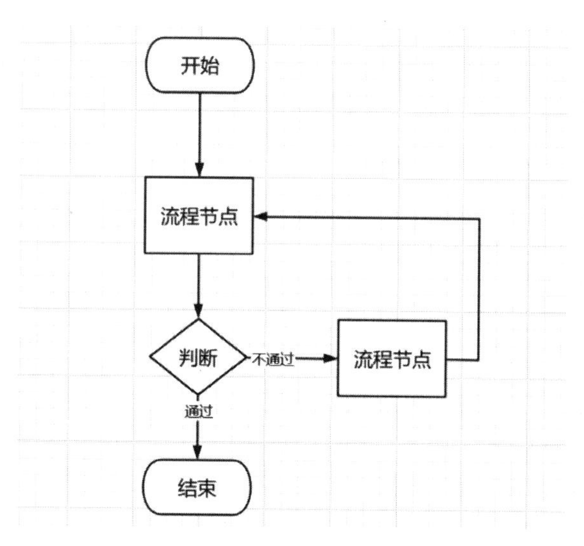

图 13-2　流程图构成

其他图形可以根据流程图绘制需要添加。

4. 流程图绘制的流程与要点

（1）新建流程图。在 WPS Office 中选择“新建”命令中的“流程图”，在弹出的对话框中选择“新建空白流程图”，如图 13-3 所示。

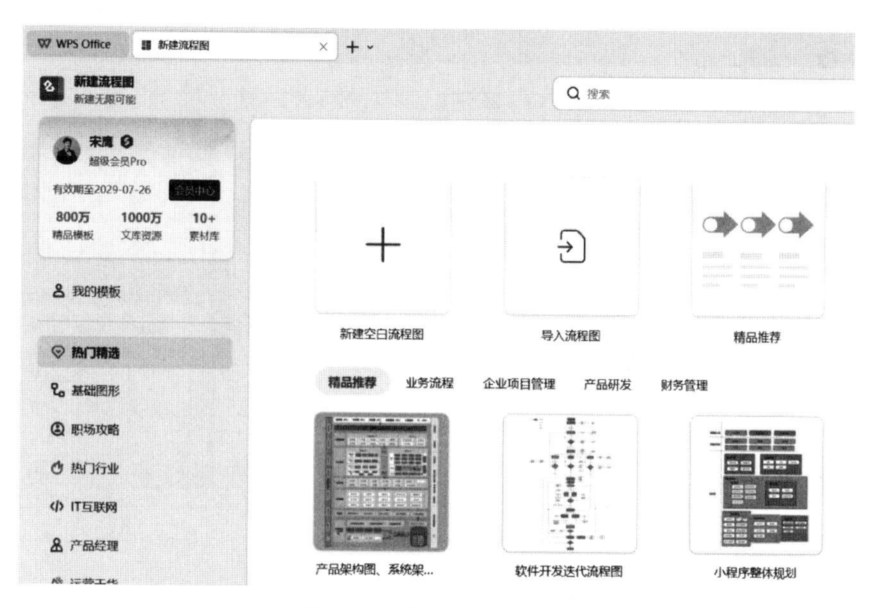

图 13-3　新建空白流程图

（2）添加图形。根据绘制流程图的需要，在“更多图形”中勾选需要加载的图形，如图 13-4 所示。

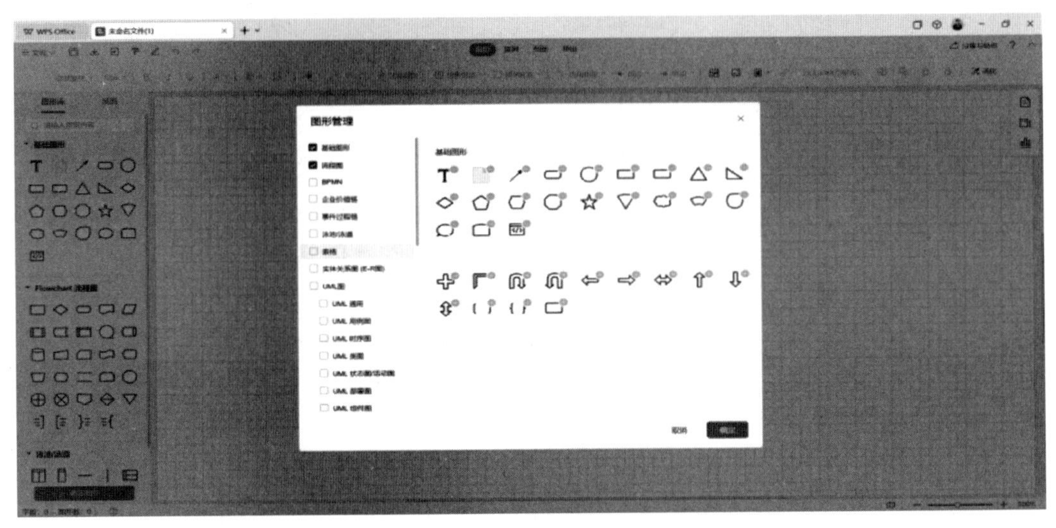

图 13-4 添加更多图形

（3）修改形状属性。使用鼠标左键将左侧“图形面板”中的图形拖入“绘图区”中，在图形中间的文本输入符号闪烁处可以输入文字内容。在右侧“属性栏”的图形样式中可以调整形状的填充颜色，边缘线条的颜色和类型，形状中文本的字体、颜色、大小、对齐方式等，如图 13-5 所示。

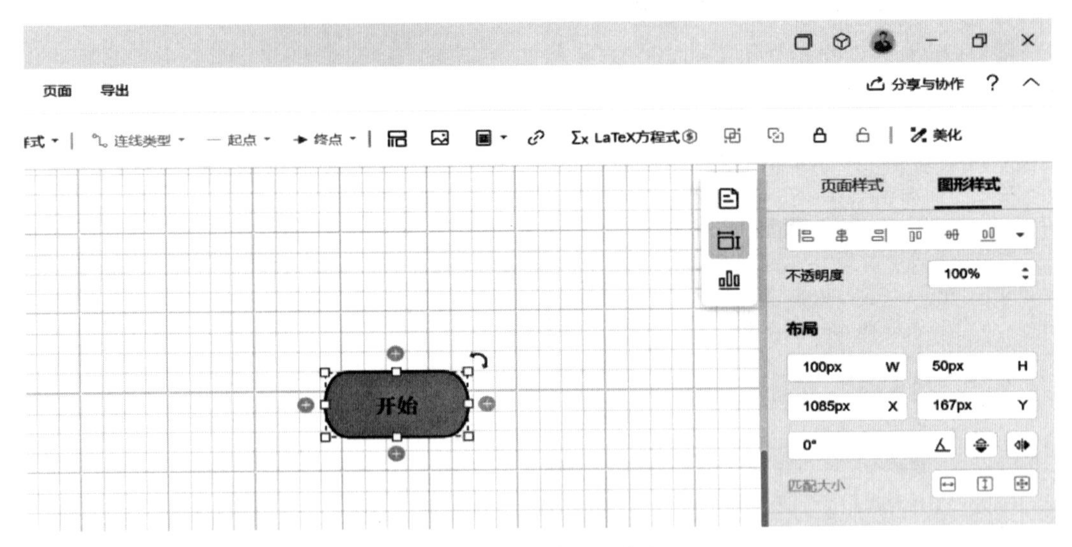

图 13-5 修改形状属性

选中形状后，通过鼠标左键拖拽形状周围的八个白色控点可以调整形状大小，按住【Shift】键拖拽角部的四个白色控点可以在改变形状大小的同时保持形状比例不变。

通过鼠标左键拖拽形状右上角的双向箭头可以调整形状的旋转角度。单击形状四周的“+”号，可以在弹出的形状菜单中快速添加“形状”，并且自动添加“流向线”。

（4）更改配色风格。流程图绘制完成后，可以在左侧的“图形面板”的“风格”选项中快速选择配色风格，如图 13-6 所示。

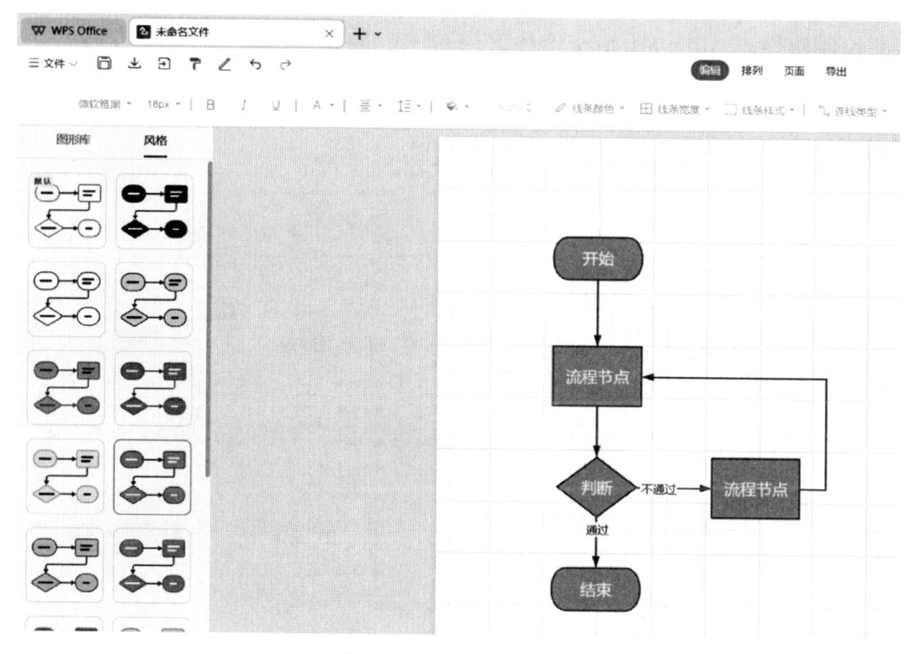

图 13-6　更改配色风格

（5）导出。流程图绘制完成后，默认保存在云文档中，可以被其他组件快速调用。如需要导出，可根据需要导出相应格式，图片和 PDF 格式均不支持流程图软件二次编辑，POS 文件格式支持导入后二次编辑，SVG 格式支持在其他组件中编辑，如图 13-7 所示。

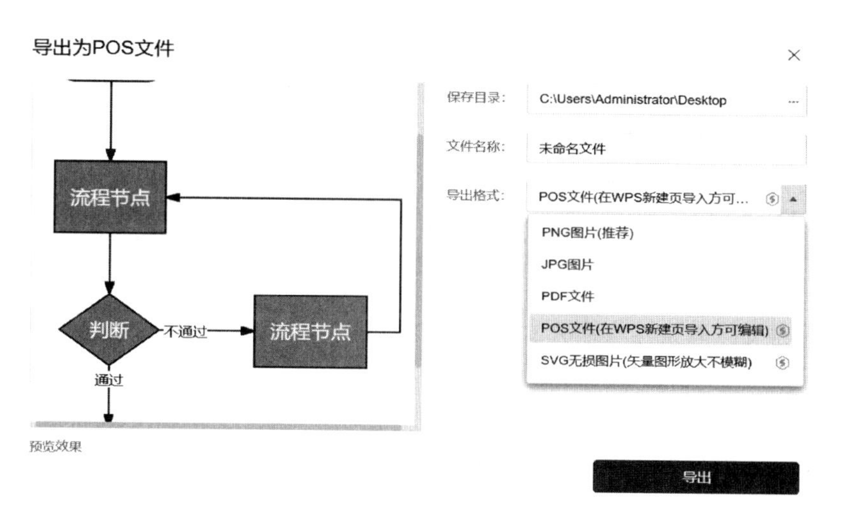

图 13-7　导出格式

（6）分享与协作。单击软件右上角的“分享与协作”，在弹出的对话框（见图 13-8）中可以设置通过超链接或者二维码分享流程图，在“链接权限”中可以设置分享范围和协作权限。在“高级设置”中还可以设置流程图的分享时限；在“管理协作者”中可以精准控制协作者，可以为每个协作者设置不同的协作权限。

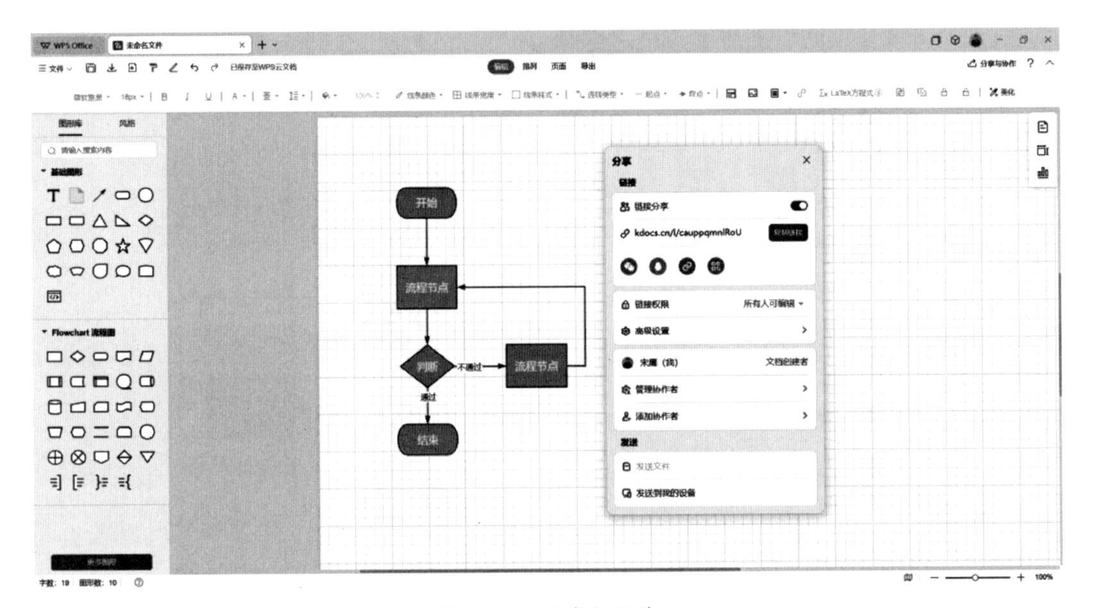

图 13-8　分享与协作

二、绘制思维导图

1. 思维导图的概念

思维导图是一种用于表达发散性思维的图形化工具。它以一个中心主题为核心，通过分支和节点来展示相关的概念和关联信息。思维导图可以帮助用户组织和整理思维，激发灵感和创造力，提高工作效率和学习效果。

WPS 思维导图软件支持“新建空白思维导图”“导入思维导图”或者选择思维导图模板方式新建。其中“导入思维导图”支持 .xmind，.mmap，.mm，.km，.txt，.xlsx，.pos 等格式。

WPS 思维导图默认保存在云文档中。

2. 思维导图界面

WPS 思维导图界面如图 13-9 所示，其界面说明见表 13-2。

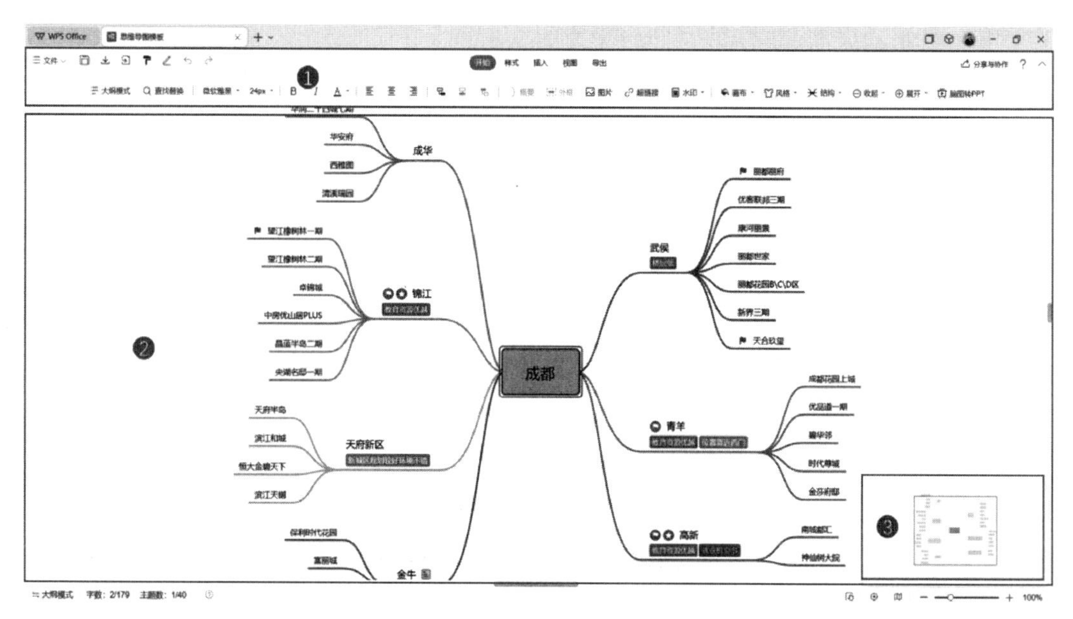

图 13-9 思维导图界面

表 13-2 思维导图界面说明

界面内容	说明
①菜单和功能区	提供各种常用的操作选项和常用的操作按钮
②导图区域	这是思维导图软件的主要工作区域，用于显示和编辑思维导图。导图区域中的每个节点都代表一个主题或概念，节点之间通过线条连接，表示它们之间的关系
③导航图	位于导图区域的右下侧，提供了导航和定位功能。用户可以通过拖动鼠标左键实现快速定位到导图中的任何节点

3. 思维导图绘制的流程与要点

（1）新建思维导图。在 WPS Office 中选择“新建”命令中的“思维导图”，在弹出的对话框中选择“新建空白思维导图”，如图 13-10 所示。

（2）输入中心主题。双击绘图区中间的绿色形状，输入中心主题，可以调整字体、加粗、斜体、下划线、删除线、字体颜色、公式、项目符号、对齐方式等，如图 13-11 所示。

（3）输入分支主题及子主题。单击“中心主题”右侧的“+”可以新建“分支主题”，单击“分支主题”右侧的“+”可以新建“子主题”。单击“分支主题”，按【Enter】键可以新建并列的“分支主题”；单击“子主题”，按【Enter】键可以新建并列的“子主题”。双击“分支主题”“子主题”可以输入文字内容。

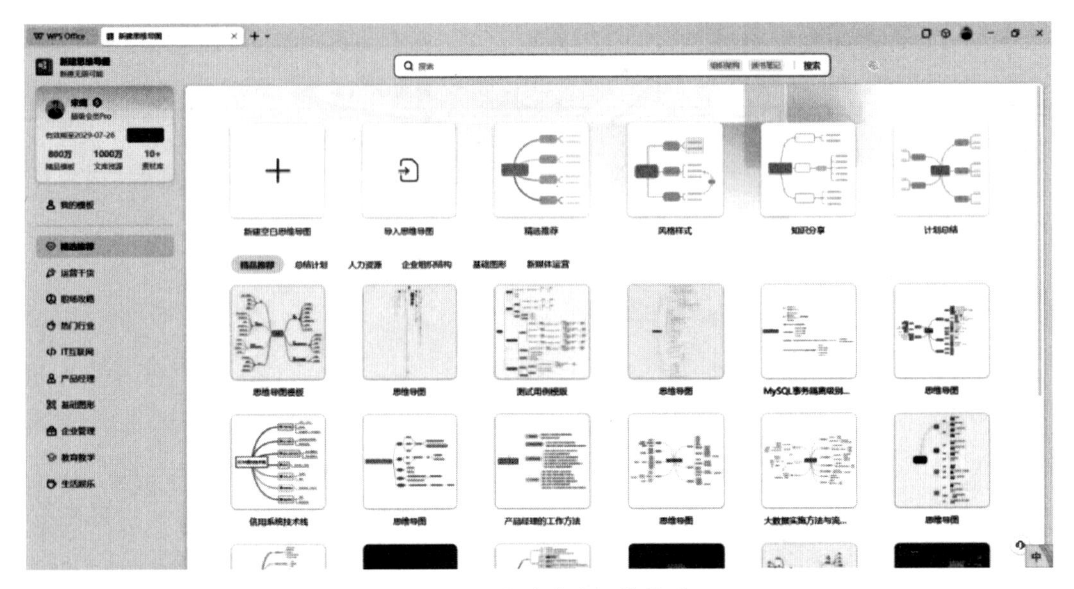

图 13-10　新建空白思维导图

图 13-11　输入中心主题

选中“分支主题”或“子主题”可以增加“概要”和“外框”，用来进行说明和重点提醒，如图 13-12 所示。

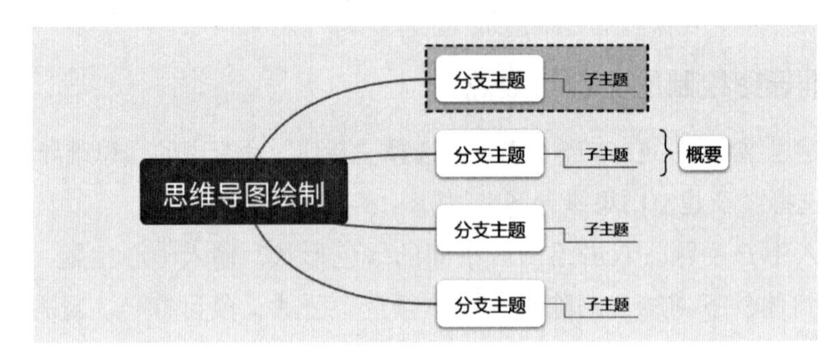

图 13-12　增加概要和外框

在各级主题、概要中可以添加“图片”“超链接”，如图 13-13 所示。

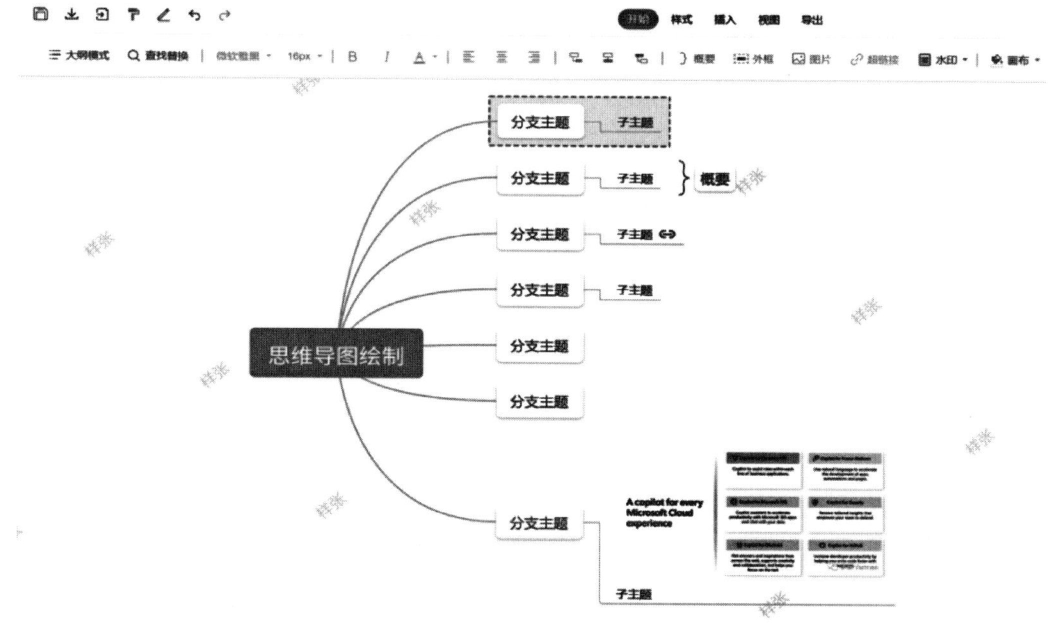

图 13-13　添加图片和超链接

（4）样式调整。为整个画布添加“水印”，更改画布的填充颜色。

可以通过“风格”更改思维导图的配色样式，通过“结构”更改思维导图的布局；也可以在“样式”选项卡中进行手动调整，如图 13-14 所示。

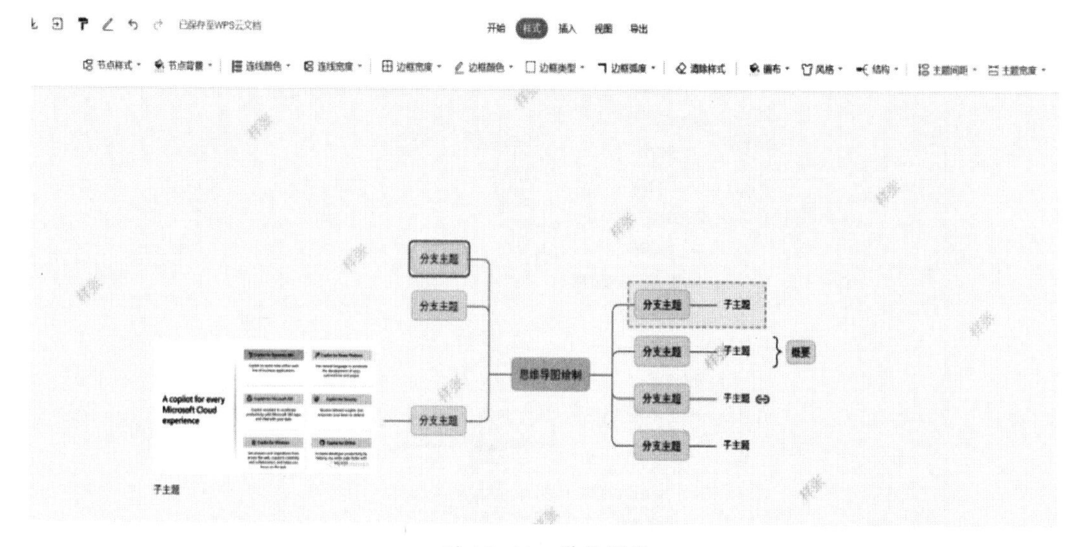

图 13-14　样式调整

（5）插入其他元素。在“插入”选项卡中手动插入“标签”“任务”“备注”“图标”“代码块”，如图 13-15 所示。

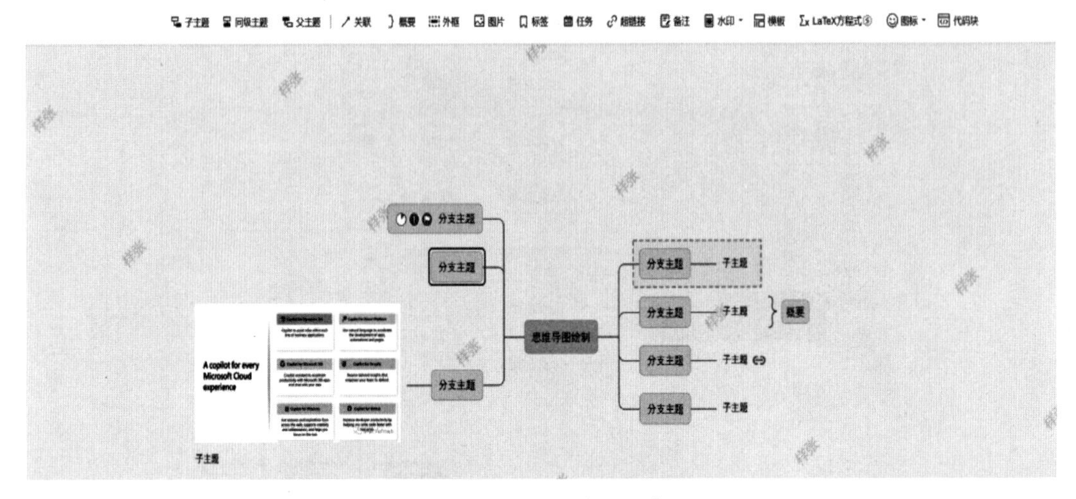

图 13-15　插入其他元素

（6）模式切换。在“视图”选项卡中可以切换“大纲模式”和“脑图模式”，如图 13-16 所示。

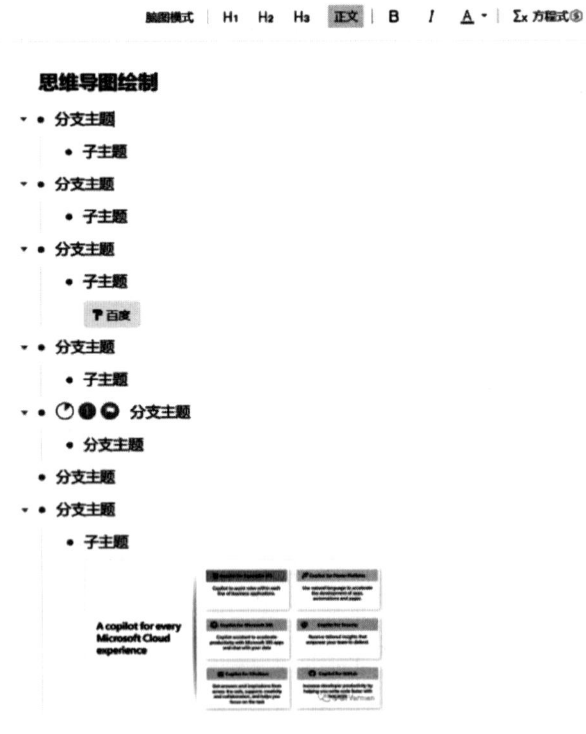

图 13-16　模式切换

实训任务

制作“大学生社团成立申请流程”图

流程图作为一种标准化文件，具有直观、简洁的呈现方式。通过流程图，可以清晰地了解工作流程，明确各自的职责和任务，从而确保工作的高效性和准确性。小明同学在学校学生会工作，现在需要制作一份“大学生社团成立申请流程”图，完成效果如图 13–17 所示。

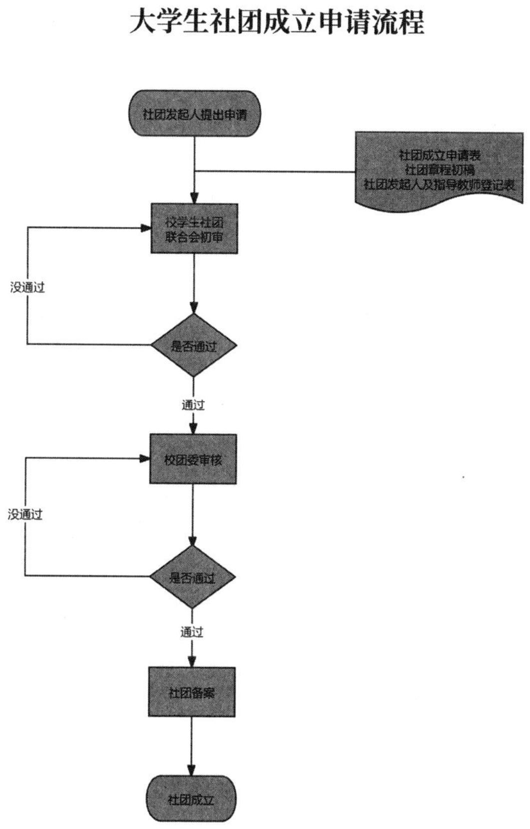

图 13–17　流程图成品

1. 新建空白流程图

在 WPS Office 中选择“新建”命令中的“流程图”，在弹出的窗口中选择“新建空白流程图”，如图 13–18 所示。

2. 绘制流程图

（1）设置流程图标题。将左侧图形面板“基本图形”中的“文本”拖入绘图区，输入“大学生社团成立申请流程”。单击右侧属性栏的“图形样式”，设置字体为“思源宋体”，字号为“25px”，上下间距为“1.25”倍，字体颜色为“黑色”，加粗，如图 13-19 所示。

图 13-18　新建空白流程图

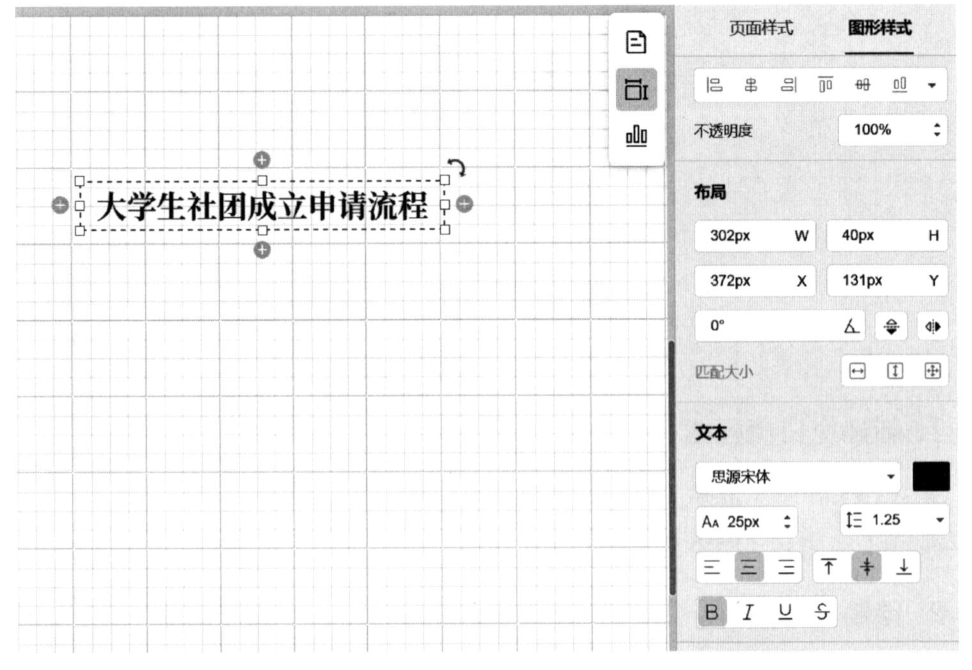

图 13-19　设置流程图标题

（2）绘制流程节点。将左侧图形面板“基本图形”中的“开始 / 结束”节点拖入绘图区，输入“社团发起人提出申请”。选中“开始 / 结束”节点后，单击节点下方的“+”，自动生成流向线，在弹出的窗口中选择“矩形”流程节点符号，输入“校学生社团联合会初审”，如图 13–20 所示。

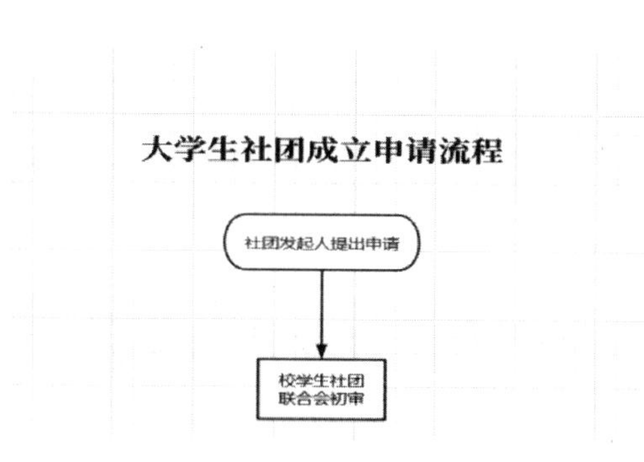

图 13–20　绘制流程节点

（3）绘制文档节点。将左侧图形面板“Flowchart 流程图”中的“文档”节点拖入绘图区，并拖拽左侧“+”，将流向线指向“校学生社团联合会初审”节点，在“文档”节点中输入“社团成立申请表、社团章程初稿、社团发起人及指导教师登记表”，如图 13–21 所示。

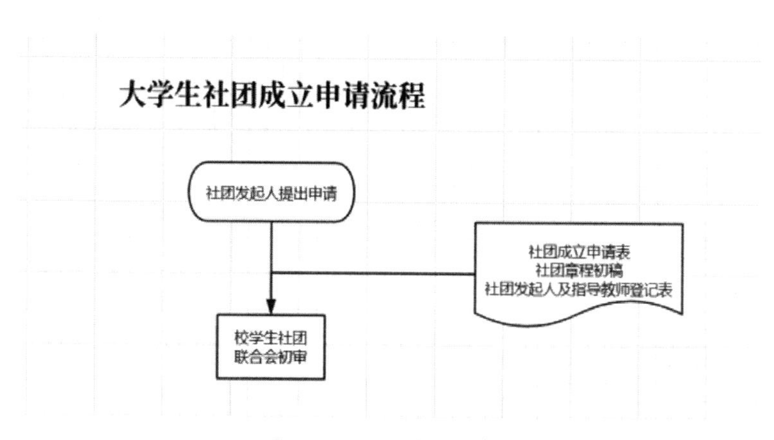

图 13–21　绘制文档节点

（4）绘制完成所有流程节点。选中“校学生社团联合会初审”节点后，单击节点下方的“+”，在弹出的对话框中选择“菱形”判断流程节点符号，输入“是否通过”。“通过”则向下流转至“校团委审核”节点，没通过则流转至“校学生社团联合会初审”重新补充修改资料。双击流向线可输入文字，如上操作，绘制完成其他流程节点。

学习单元 14

智能表单制作与移动办公

一、智能表单制作

智能表单是 WPS Office 套件中的一个重要工具，用户可以快速创建符合各种场景需求的表单，如调查问卷、报名表、申请表等。智能表单支持互动对话和拍照识别方式，使用户可以直观地填写表单内容，大大提高了表单的填写效率和准确性。

1. 新建表单

在 WPS Office 中选择“新建”命令中的“智能表单”，在弹出的对话框中可以选择“新建空白”“极速创建”“复制我的表单”和“应用模板”，如图 14–1 所示。

（1）新建空白。单击表单选项中的“新建空白”按钮，打开一个空白表单窗口，表单的结构主要由四部分组成，如图 14–2 所示，其说明见表 14–1。

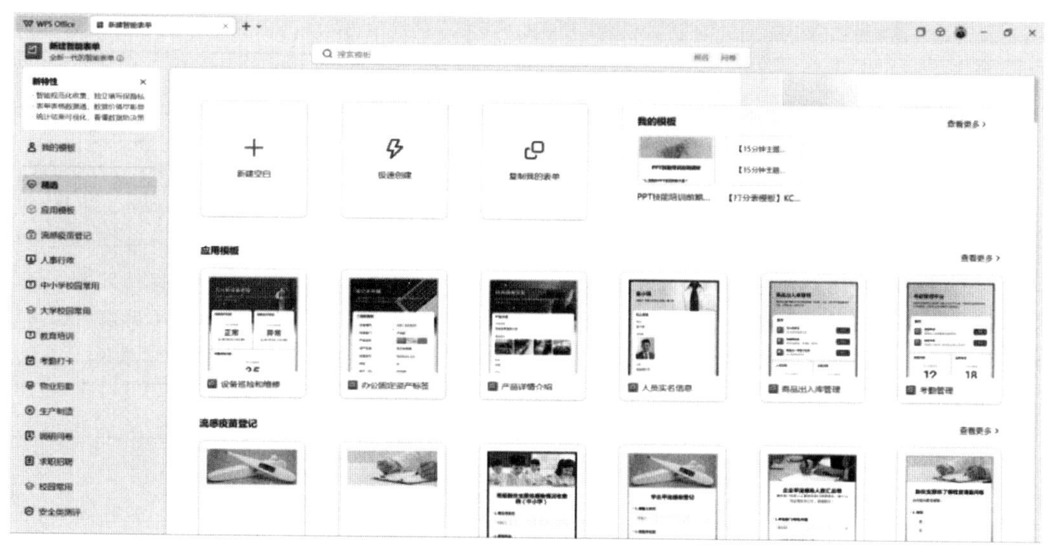

图 14-1　新建空白表单

图 14-2　智能表单界面

表 14-1　智能表单界面说明

界面内容	说明
①题型题库区	这里提供了一些常见的题型，供用户使用，如填空题、单选题、多选题、图片题等；还有一些常用模板，如人员身份收集涉及的姓名、手机号、身份证号等；题库区可以根据日常需要建立
②表单页面	这里包含表单标题、表单描述、表单题目，以及表单提交成功后跳转页

续表

界面内容	说明
③功能区	分为编辑、设置、外观、分享、统计、协作、预览、保存草稿、发布并分享、设置（保存为模板、创建副本、打印表单、文件管理）。单击“编辑”切换为表单页面，单击“设置”切换到表单设置，单击“外观”切换为计算机、手机的外观设置，可配置背景颜色和图片。单击“分享”可以查看分享的链接和二维码，以及一些其他分享渠道设置。单击“统计”可以对表单的填写结果进行统计和分析，并支持结果的分享和导出。单击“协作”可以添加表单的共同编辑和管理人员。表单设计完成后可以单击“发布并分享”生成链接和二维码
④设置栏	可针对所选择的全局页面或题目进行选项设置

“新建空白”目前支持新建如图 14–3 所示的九类表单。

图 14–3　表单分类

（2）极速创建。“极速创建”目前支持通过智能识别文本和导入表格数据创建表单，也可以通过导入试题创建考试，如图 14–4 所示。

图 14–4　极速创建

（3）复制我的表单。“复制我的表单”可以复用之前创建过的表单。

（4）应用模板。应用模板是指可以直接使用模板市场中的表单模板快速生成表单。

2. 编制和使用智能表单

（1）填写表单标题和描述。在 WPS Office 中选择“新建”选项卡中的“在线表单”，单击“新建空白”按钮，打开表单的设计页面，填写表单标题和表单描述，如图 14–5 所示。

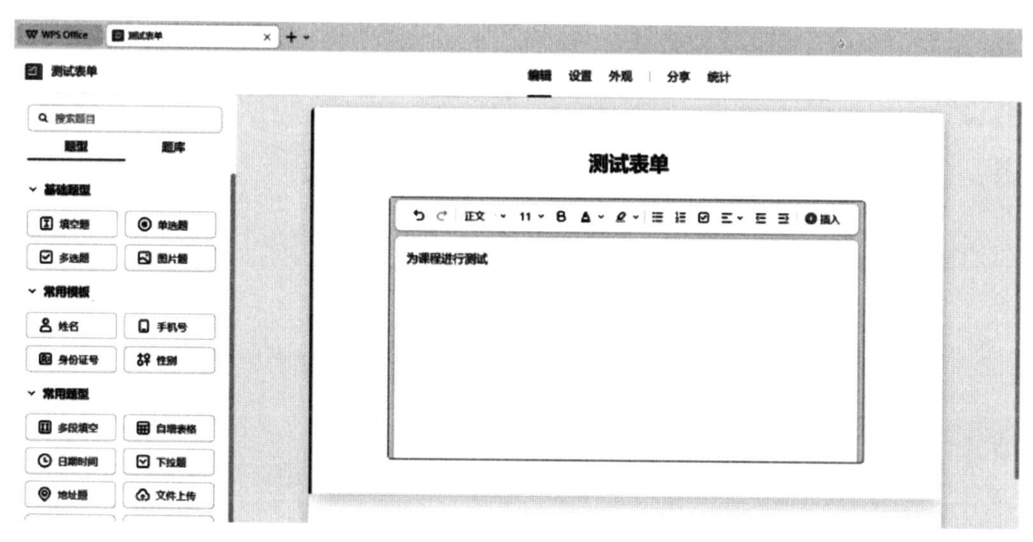

图 14–5　填写表单标题和描述

（2）设置表单题目。从左侧“题型题库区”点选相应的题目，表单页面出现题目，单击题目，可在右侧“设置栏”对该题目进行设置，如设置必填项、设置不允许重复等，如图 14–6 所示。

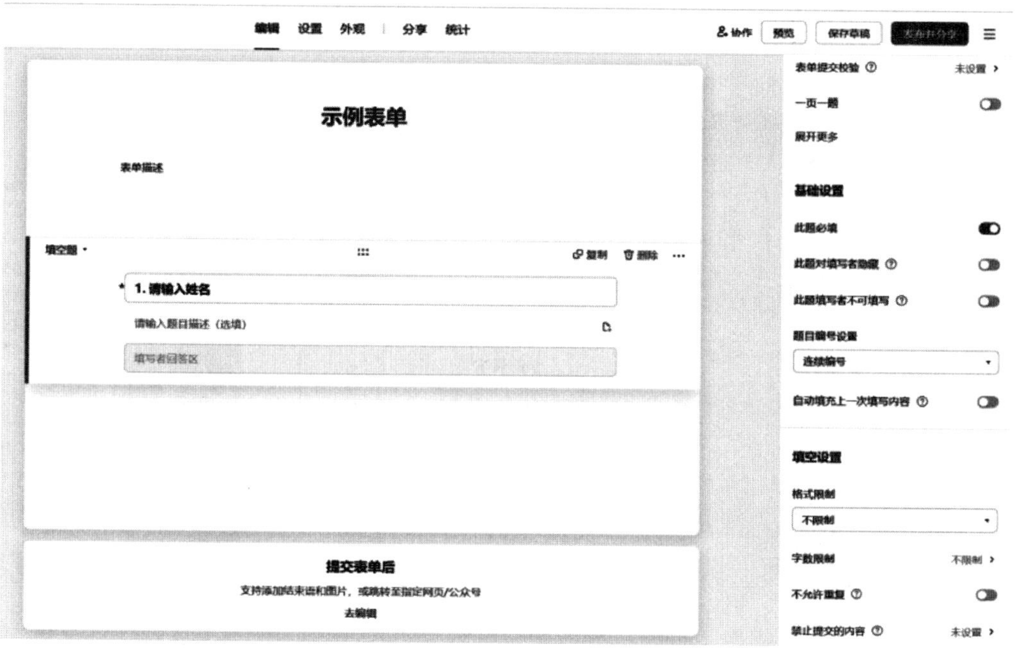

编辑　设置　外观　分享　统计
协作　预览　保存草稿　发布并分享
示例表单
表单描述
填空题
复制　删除
1. 请输入姓名
请输入题目描述（选填）
填写者回答区
提交表单后
支持添加结束语和图片，或跳转至指定网页/公众号
去编辑
表单提交校验　未设置
一页一题
展开更多
基础设置
此题必填
此题对填写者隐藏
此题填写者不可填写
题目编号设置
连续编号
自动填充上一次填写内容
填空设置
格式限制
不限制
字数限制　不限制
不允许重复
禁止提交的内容　未设置

图 14–6　设置表单题目

（3）设置表单内容。所有表单题目设置完成后，切换至“设置”页面，对整个表单进行设置，如设置填写的有效时间、填写人员范围、填写时是否需要登录、是否匿名、每个用户允许填写的次数等，如图 14–7 所示。

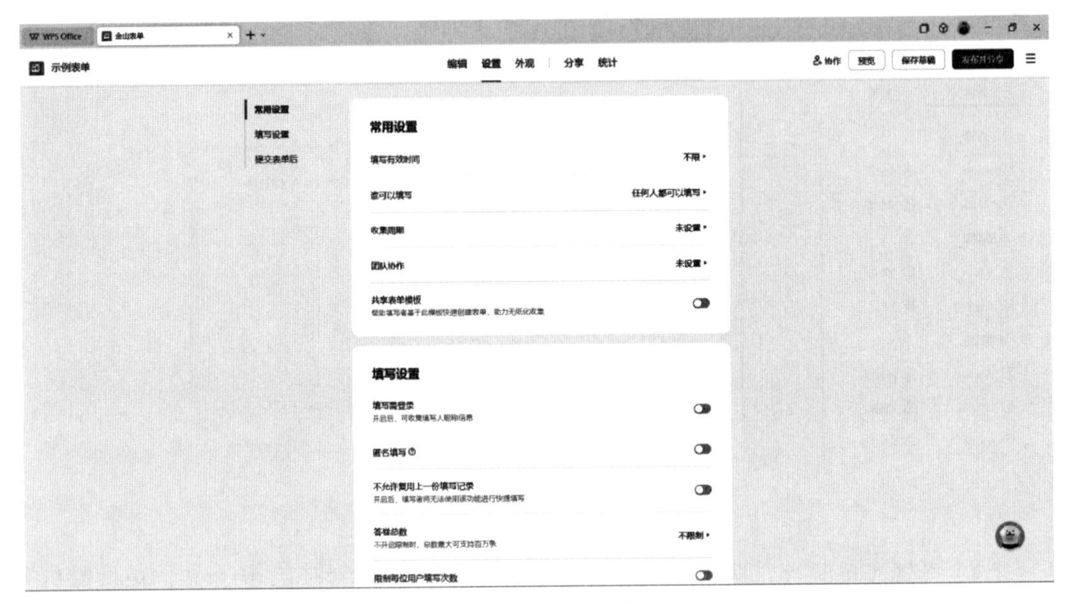

图 14–7　设置表单

（4）设置表单外观。为了使表单更美观，可以在“外观”页面设置页面图片和背景颜色，可以分别在计算机和手机环境下预览，如图 14–8 所示。

图 14–8　设置表单外观

（5）保存并发布。设置完成后，单击右上角“保存并发布”，自动跳转至“分享”页面，将生成的链接或者二维码分享给用户，如图 14-9 所示。

图 14-9　保存并发布

（6）表单统计。表单填写时限内，表单创建者可以在“统计”中查看填写情况，如图 14-10 所示。

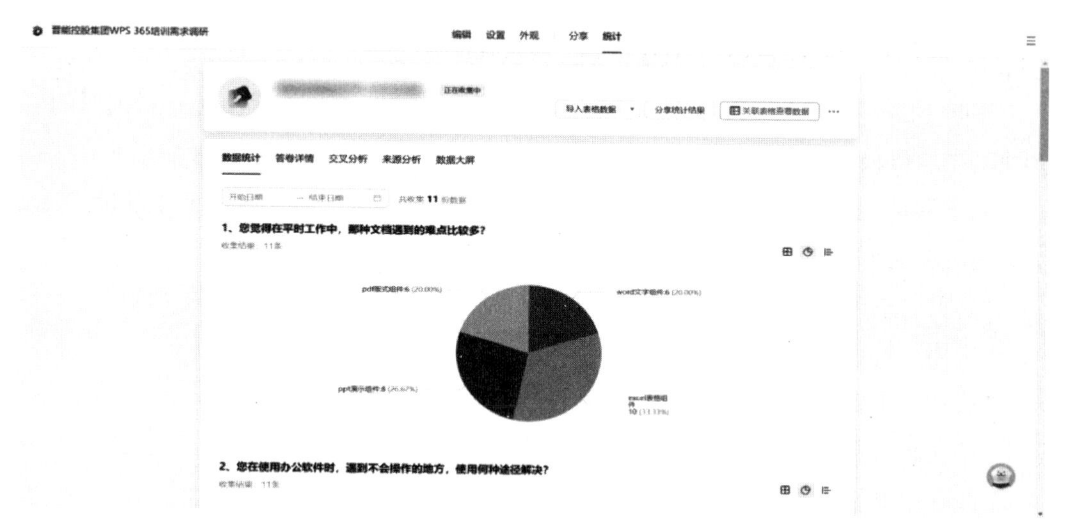

图 14-10　表单统计

（7）查看数据。表单填写结束后，可以单击右上角“关联表格查看数据”，对表单统计结果进行详细查看，如图 14-11 所示。

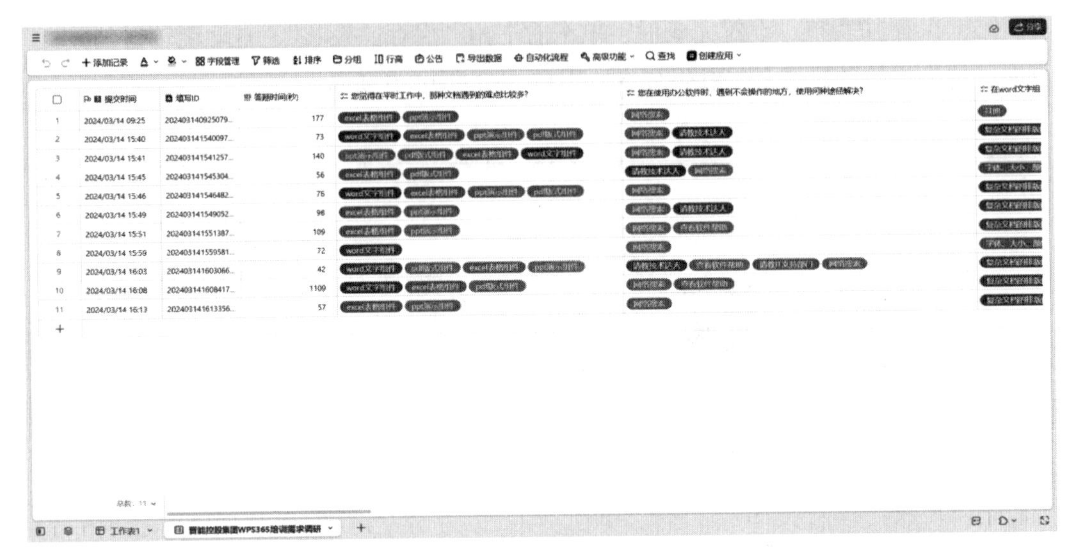

图 14-11　关联表格查看数据

二、使用 WPS Office 进行移动办公

WPS Office 的移动 App 客户端是 WPS Office 办公软件中的重要组成部分，可以实现文档云同步，让用户在移动设备上不受时间和空间的限制查看和编辑文档；同时也支持文档的分享协作，使很多工作在移动端就可以协同处理和安排。

1. WPS Office 移动 App 客户端介绍

WPS Office 移动 App 目前支持所有主流的手机和平板端，在手机和平板内置的应用市场中均可轻松下载安装。

各个移动端 App 虽然界面稍有区别，但是区别并不大，基本分为五个功能界面，如图 14-12 所示。

“首页”包含最近浏览过的文档、共享文档、星标文档、标签归档的文档。

“文档”就是云文档，可以查看其中存储的文档。

“服务”主要是 WPS 提供的效率工具和团队工具。

“稻壳儿”展示的是一些常用的文档模板。

“我”主要展示的是一些设置和信息。

2. WPS Office 移动 App 使用

（1）打开文档。在主要使用的 WPS Office 客户端启用“文档云同步”功能，最近使用的文档就会同步到登录同一个账号的 WPS Office 移动端 App 中，用手指点击文档

即可在移动端打开文档。

（2）查看文档。单击文档下端的“适应屏幕”，可以让文档更适合移动端阅读。点击“工具”，可以对文档进行保存、导出、审阅、标记等操作，如图 14–13 所示。

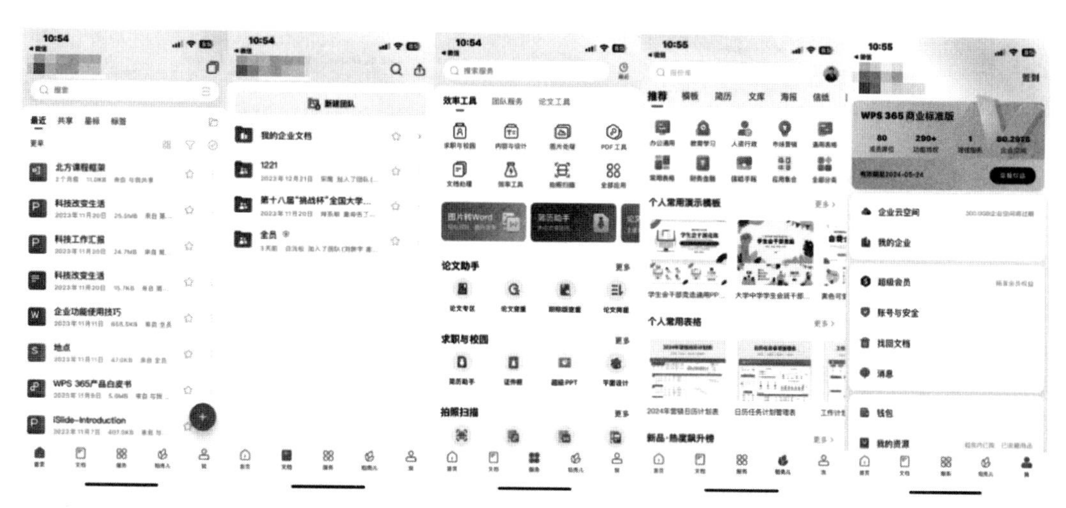

图 14−12　WPS Office 移动 App 客户端功能界面

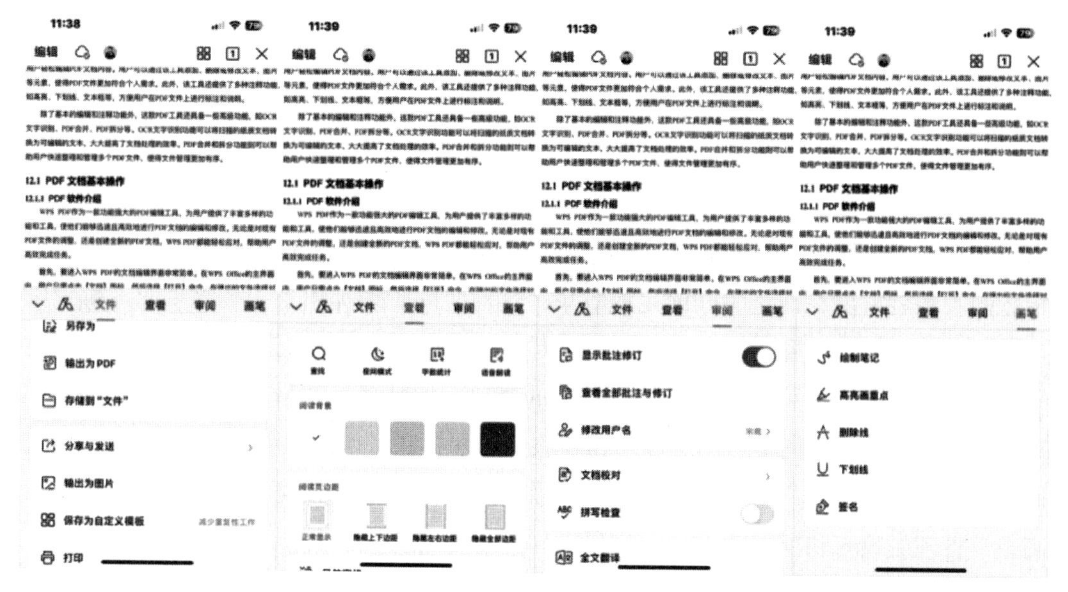

图 14−13　查看文档

（3）分享文档。点击“分享”可以对文档进行分享和协作设置，可将文档以链接、文件、二维码等形式进行分享，如图 14–14 所示。

（4）编辑文档。点击左上角的“编辑”可以对文档进行编辑与修改，操作完成后点击左上角“完成”按钮，如图 14–15 所示。

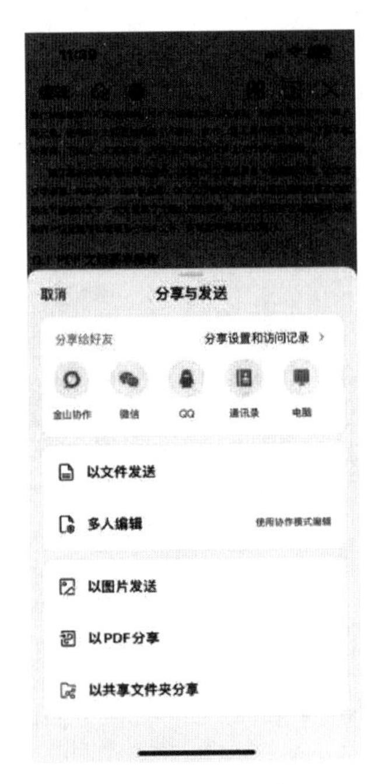

图 14-14　分享协作文档

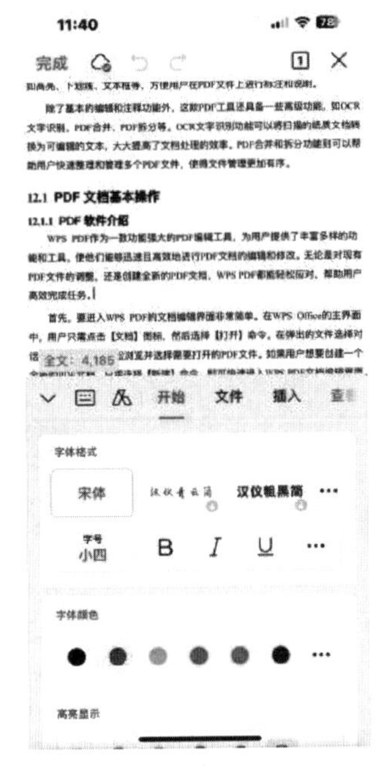

图 14-15　编辑文档

实训任务

制作“2024 年春季有机化学作业收集”智能表单

大学生的作业类型较多，包括论文、报告、设计、编程、实验报告等，每种类型的作业有其特定的格式和要求，收集时需要分别对待。而且作业都有明确的截止时间，指派的收集者需要在截止时间前完成收集，这对时间管理提出了很高的要求。部分学生可能对作业不够重视，或者因为个人原因未能按时提交作业，这增加了收集的难度。学生在提交作业时，可能出现信息不一致的情况，如姓名、学号、班级等基本信息填写错误，这增加了后期整理的难度。作业收集后保存和备份也是一个需要关注的问题。通过“WPS 智能表单”收集大学生的日常作业是一种高效、便捷的方式，可以大大提高教学管理的效率和准确性。

小明是化学课代表，需要协助老师收集同学的作业，本任务以“2024 年春季有机化学作业收集”为例，通过 WPS 智能文档功能完成对智能表单的设计和使用。

1. 新建智能表单

在 WPS Office 中选择“新建”选项卡中的“在线表单”，在弹出的对话框中选择“文件收集”，如图 14-16 所示。

图 14-16 新建“文件收集”表单

2. 设置题目

在表单标题处输入“2024 年春季有机化学作业收集”；在左侧“题型”区搜索“班级”，将“公共题库”中的“你所在的班级是?”题型插入；根据实际情况修改题目及选项，如图 14-17 所示。

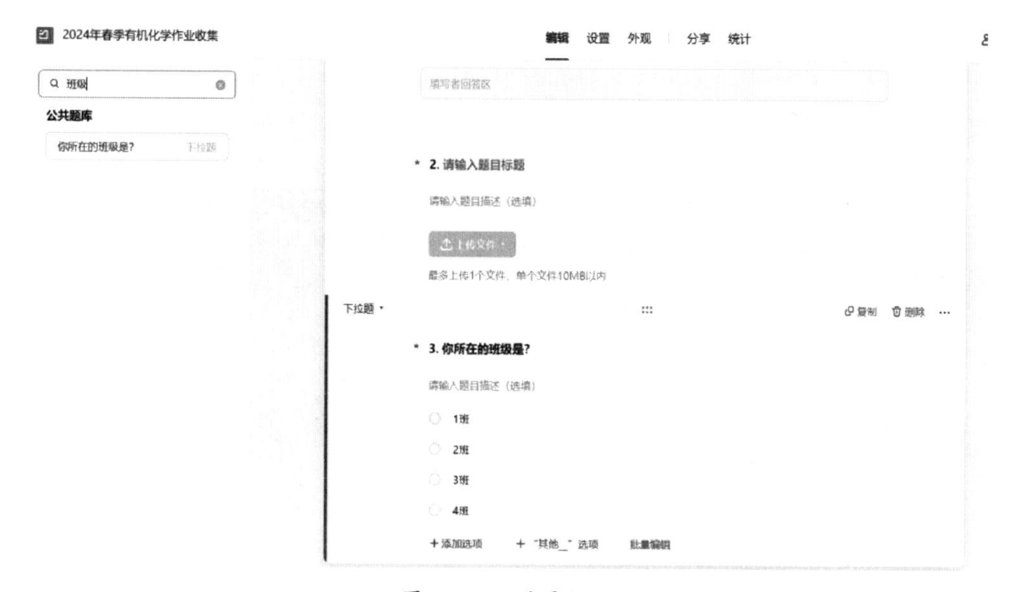

图 14-17 设置题目

3. 设置文件上传题型

在左侧“题型”区中的“文件上传”处进行设置，在右侧属性栏设置文件命名方式为“姓名 + 班级”，设置按照班级创建分类文件夹，设置单个文件大小限制为“50M”，设置文件数量限制为“5 个”，如图 14-18 所示。

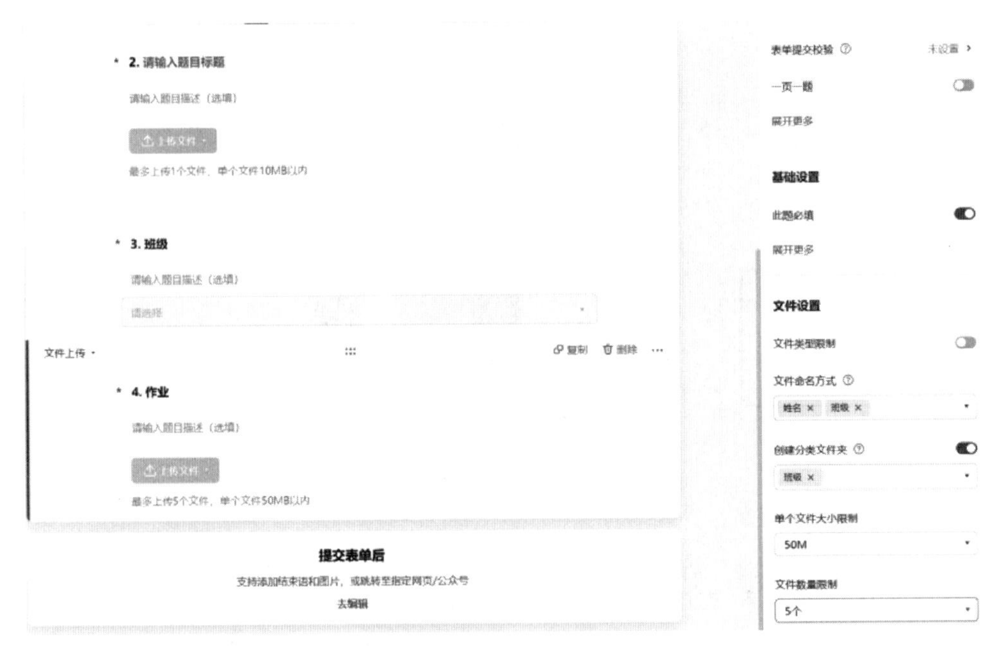

图 14–18　设置文件上传题型

4. 设置作业收集时间

在“设置”页面中，设置收集的有效时间，包括限制开始时间与限制结束时间，如图 14–19 所示。

图 14–19　设置作业收集时间

5. 设置限制每位用户填写次数

设置限制每位用户填写次数为“总共仅限 1 次”，如图 14-20 所示。

填写设置

填写需登录

开启后，可收集填写人昵称信息

匿名填写

不允许复用上一份填写记录

开启后，填写者将无法使用该功能进行快捷填写

答卷总数 不限制

不开启限制时，总数最大可支持百万条

限制每位用户填写次数

总共仅限1次

图 14-20　设置限制每位用户填写次数

6. 保存并分享

在外观中设置图片为“第二行第三个”，单击右上角“保存并分享”，生成分享链接和二维码，如图 14-21 所示。

图 14-21　保存并分享

7. 检查表单设置情况

在我的云文档的“应用”文件夹“我的表单”中检查表单是否存在，如图 14-22 所示即为表单和文件夹设置成功的界面。

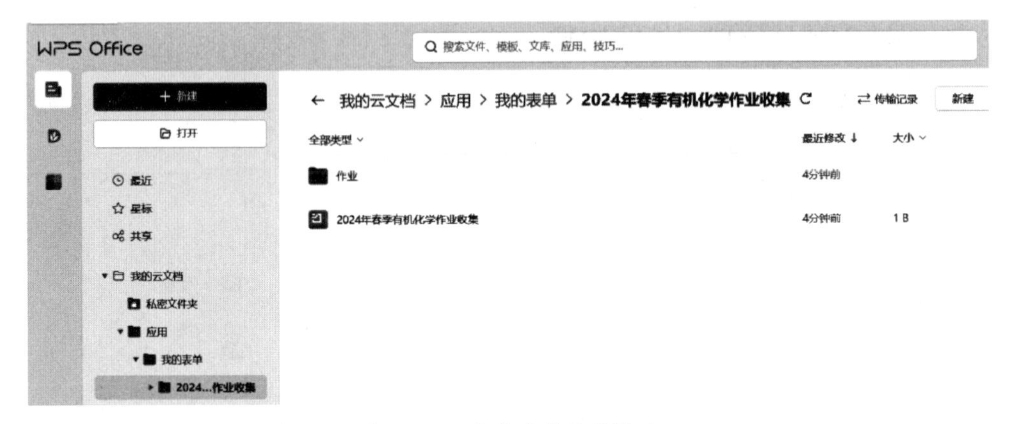

图 14-22 检查表单设置情况

附录1 WPS办公软件应用专项职业能力考核规范

一、定义

运用相关技能，使用WPS Office软件，以WPS文字、WPS表格、WPS演示文稿为基础，兼顾WPS其他应用处理模块，通过“理论+实践”的学习，具备文本的编辑、排版、打印，应用数据表格对数据进行处理、分析和可视化操作，工作型演示文稿的制作、演示等能力。

二、适用对象

运用或准备运用WPS办公软件应用能力求职、就业的人员。

三、能力标准与鉴定内容

能力名称：WPS办公软件应用　　　　职业领域：

工作任务	操作规范	相关知识	考核比重
（一）WPS文字应用	1. 能完成文档的创建与操作 2. 能完成文档的编辑 3. 能完成文档的排版 4. 能完成文档的美化	1. 文档的不同视图知识 2. 文档表格的快速计算功能 3. 对图片进行多种效果处理 4. 用智能图形模板绘图 5. 创建和更新目录 6. 插入脚注、尾注等引用内容 7. 在导航窗格中快速定位与编辑 8. 利用样式美化文档 9. 超链接与交叉引用 10. 图表题注的设置方法 11. 页眉页脚的美化 12. 项目符号和多级编号知识 13. 分页、分节等分隔符的应用	30%

续表

工作任务	操作规范	相关知识	考核比重
（二）WPS 表格应用	1. 能完成工作簿与工作表的创建 2. 能完成工作表的数据管理 3. 能完成保护工作簿和工作表的制作 4. 能完成工作簿的保存和打印	1. 单元格条件格式 2. 应用与检查数据的有效性 3. 数据的类型 4. 数字格式的设置与转换 5. 数据填充技巧 6. 公式的输入与引用方式 7. 常用的函数类型 8. 常用的公式类型 9. 用排序、筛选和高级筛选进行数据处理 10. 数据分类汇总及合并 11. 创建数据透视表 12. 编辑和美化图表 13. 保护和发布数据	30%
（三）WPS 演示文稿应用	1. 能完成演示文稿的创建 2. 能完成演示文稿的编辑 3. 能完成演示文稿的排版 4. 能完成演示文稿的动画制作 5. 能完成演示文稿的美化	1. 图片的创意裁剪 2. 在线图片的分类和筛选 3. 用公式编辑器编写公式 4. 使用版式与幻灯片母版统一演示文稿风格 5. 设置音频、视频播放 6. 插入音频、视频的超链接 7. 合并演示文稿 8. 文本动画的设置与应用 9. 使用组合动画制作复杂动画效果 10. 文档加密 11. 备份恢复 12. 演示文稿格式转换	30%
（四）WPS 其他应用	1. 能使用流程图和思维导图创建工作计划 2. 能使用 PDF 创建规范文档 3. 能使用表单功能收集数据 4. 能使用 WPS 云文档共享信息	1. 创建和修改流程图 2. 创建和修改思维导图 3. 将文档转换为 PDF 文档 4. 修改 PDF 文档 5. 将 PDF 文档转换为其他 WPS Office 格式 6. 加密和保护 PDF 文档 7.WPS 表单组件 8. 创建和分享 WPS 表单 9. 使用 WPS 手机版进行移动办公 10. 在云端共享和修改 WPS 文档	10%

四、鉴定要求

（一）申报条件

达到法定劳动年龄，具有相应技能的劳动者均可申报。

（二）考评员构成

考评员应具备一定的技术支持能力，包括考试系统的安装、调试及常见网络问题的解决能力；每个考评组中不少于 3 名（含）考评员。

（三）鉴定方式与鉴定时间

鉴定方式采用机考形式。每个学员独立完成，考核时长不少于 90 min。

（四）鉴定场地与设备要求

考场配套计算机需要安装 WPS 办公应用考试平台和 WPS 办公软件。每个座位有固定台面，考场采光良好。主要设备包括计算机 40 台、桌椅 40 套、网络设备 1 套。

附录 2　WPS 办公软件应用专项职业能力培训课程规范

培训任务	学习单元	培训重点难点	参考学时
（一） WPS 文字应用	1. 文字基础操作	重点：WPS 文字的窗口界面组成 难点：文档内容的编辑与格式化	15
	2. 文档中的表格基础操作	重点：表格的创建 难点：表格的数据处理	
	3. 常规文档排版	重点：文档图文混排 难点：文档页面布局	
	4. 长文档排版	重点：视图与样式的应用 难点：在长文档中插入对象的方法	
（二） WPS 表格应用	5. 表格基础操作	重点：WPS 表格的基本概念 难点：表格样式设置	15
	6. 公式与函数应用	重点：公式与函数基础知识 难点：常用函数的使用	
	7. 数据可视化操作	重点：图表的类型 难点：图表的创建与编辑	
	8. 数据管理与分析	重点：数据有效性 难点：数据的合并与汇总	
（三） WPS 演示文稿应用	9. 演示文稿基础操作	重点：WPS 演示文稿的基本概念 难点：演示文稿的操作	10
	10. 图文混排及美化	重点：演示文稿的图文混排 难点：演示文稿的美化	
	11. 交互优化设计	重点：演示文稿的交互设计 难点：演示文稿的动画设计	
（四） WPS 其他应用	12. PDF 文件应用	重点：PDF 文档的基本操作 难点：PDF 文档的编辑	10
	13. 流程图与思维导图制作	重点：流程图和思维导图的基本概念 难点：流程图和思维导图的绘制方法	
	14. 智能表单制作与移动办公	重点：智能表单的概念 难点：智能表单的制作方法	
总学时			50

注：参考学时是培训机构开展的理论教学及实操教学的建议学时数，包括现场教学、自学自练等环节的学时数。